硬件电路与产品
可靠性设计

朱 波 编著

U0228526

清華大学出版社

北 京

内 容 简 介

本书作者长期工作在研发一线,结合自己多年设计经验编写本书,从硬件电路和产品设计等方面系统地论述了产品可靠性。全书共分为6章:第1章是器件选型可靠性设计,详细讲述了器件选型原则、器件失效分析、元器件筛选方法、供应商管理方法;第2章从电路简化设计、接口防护、电路耐环境设计等方面阐述了硬件可靠性设计;第3章梳理了产品的硬件测试,分别讲述了信号质量测试、信号时序测试、硬件功能测试和硬件性能测试;第4章叙述了PCB可靠性设计,详细讲解了PCB器件布局和PCB走线设计;第5章从研发过程可靠性评审来解读产品可靠性设计,重点讲解了产品研发各阶段的评审内容;第6章以一款手持智能终端的设计为具体案例,完整地讲述了产品的研发过程和产品可靠性设计要点。

本书适合硬件设计人员、PCB设计工程师、产品经理、高校电子专业学生阅读,也可作为产品可靠性设计、电路设计等方面的培训教材。

图书在版编目(CIP)数据

硬件电路与产品可靠性设计/朱波编著. —北京:清华大学出版社,2022.8(2024.8重印)
ISBN 978-7-302-61372-5

Ⅰ. ①硬… Ⅱ. ①朱… Ⅲ. ①硬件—电子电路—电子产品可靠性—电路设计
Ⅳ. ①TN702

中国版本图书馆CIP数据核字(2022)第124634号

责任编辑:杨迪娜   薛   阳
封面设计:杨玉兰
责任校对:韩天竹
责任印制:丛怀宇

出版发行:清华大学出版社
　　　　网　　址:https://www.tup.com.cn,https://www.wqxuetang.com
　　　　地　　址:北京清华大学学研大厦A座　　　　邮　　编:100084
　　　　社 总 机:010-83470000　　　　　　　　　　邮　　购:010-62786544
　　　　投稿与读者服务:010-62776969,c-service@tup.tsinghua.edu.cn
　　　　质量反馈:010-62772015,zhiliang@tup.tsinghua.edu.cn
　　　　课件下载:https://www.tup.com.cn,010-83470236
印 装 者:小森印刷霸州有限公司
经　　销:全国新华书店
开　　本:170mm×240mm　　印　张:16.75　　　　字　　数:340千字
版　　次:2022年9月第1版　　　　　　印　　次:2024年8月第4次印刷
定　　价:69.00元

产品编号:094708-01

很高兴在此向读者介绍本书。作者从事了二十多年的硬件设计工作,一直想写一本关于硬件电路和产品可靠性设计的书籍,以区别于市面上同类的电子书籍。经过反复的构思,终于在 2021 年年初下定决心编写书稿。若想把硬件电路、产品设计和产品可靠性讲得非常清楚,并非一件容易的事。一开始想用纵向方法来讲解,比如从硬件设计和产品设计两个垂直领域来讲解产品可靠性,但这样受限于两个知识领域,知识内容不够完整。又想用横向的方法来讲解,比如从同类产品的设计分析和设计比较来讲述产品的可靠性,但这样没有办法讲解垂直领域的知识。最后认为以产品研发过程来讲解产品可靠性设计比较合理,同时把横向和纵向知识融入进来,以产品可靠性为中心,从硬件电路、产品设计、流程设计、产品测试层面来讲述如何提升产品的可靠性。

本书采取问题简单化、功能具体化的编写逻辑,重点讲解设计过程和设计方法,如把产品可靠性分解到每个模块,再分解到每个器件,层层分析讲述设计过程。把电路可靠性拆分为电路简化设计、接口防护、器件参数计算、电路耐环境设计等方面,讲述基础部件的设计方法,从而构造一个可靠的电路。另外,在讲解设计过程和设计方法的同时,配以案例说明,让读者更好理解。本书涉及电路基础理论的知识不多,对硬件设计人员来说,经过高校的学习已经有了一定的电路基础理论,快速进行产品的硬件设计和设计一款优秀可靠的电子产品是本书编写的目的。

本书力图用清晰简洁和形象化的语言来讲解技术知识,以增加阅读乐趣,以及加深读者对知识点的理解。在描述产品硬件、软件和结构三者关系时,形象地做出比喻“软件是控制中心,硬件是躯体,结构是外衣外套,硬件叱咤江湖,软件通过控制硬件来统治江湖”。在讲述产品可靠性、产品外观和产品性能重要性时,形象比喻“始于外观、忠于性能、久于可靠”。

在信息充分发达的当今,很多人已习惯碎片化阅读。本书在编写的时候已经考虑了读者的碎片化阅读需求,本书的知识体系既具有连贯性,又具有独立性,读者可以选择其中的部分章节来阅读,也可以根据目录来查找自己感兴趣的知识点进行学习。

本书主要讲述硬件电路与产品可靠性设计,接下来会推出《硬件电路与产品设计》系列书籍,殷切期望得到广大读者的支持。

　　感谢清华大学出版社杨迪娜老师的大力支持,帮助引导我顺利地完成了书稿。

　　深知读者对科技类书籍要求越来越高,虽然在编写的过程中力求做到合理、准确,然而水平有限,书中难免存在不足与疏漏之处,敬请广大读者批评指正,在此表示衷心的感谢。

朱　波

于深圳

目录
CONTENTS

第1章

元器件选型可靠性设计

1.1　概述

作为一名硬件工程师,您是否会有这样的体会?研发出来的新产品刚向市场推广没有多久,就被厂家告知某某器件停产了,成熟的产品在市场上由于某个器件损坏导致整机不能正常工作。对于停产的器件,接下来的工作是不得不寻找相似类型的元器件来替代这个停产的物料,重新做电路、重新画 PCB。针对器件损坏问题,要做电路的全面排查。要减少这种情况的发生,元器件选型就非常重要。

元器件的可靠性是产品硬件可靠性的基础,一个产品由多个组件、部件组成,而每一个部件、组件均由元器件组成,因此,元器件是一个产品的基础。如果将一个产品比作金字塔的话,那么元器件则是这个金字塔的塔基。从可靠性角度出发,如果没有可靠的元器件,则没有可靠的产品。元器件的可靠性可从两方面来理解,一方面是元器件本身所固有的设计和生产过程中所确定的可靠性特性,即固有可靠性;另一方面是元器件在使用过程中实际所展现出来的可靠性特性,称为使用可靠性。

元器件选型可以用一个流行的话语"干得好不如嫁得好"来形象说明,干得好是指电路设计得好,嫁得好是指元器件选型选得好。一个可靠的电路首先是元器件选得好,硬件工程师好比厨师,虽然不管种菜,但炒出来的味道受到菜的来料品质影响,而不同菜的来料品质又受到水、肥料、气候等条件的影响。同样的道理,在元器件选型的时候,要根据具体的电路规避器件的弱点,利用好元器件的固有可靠性。如电解电容的 ESR 值较大,在实际的电路中电解电容可以搭配陶瓷电容一起使用,既解决了 ESR 值大的问题,也解决了电容容量不够的问题。

1.2 元器件选型原则

优先选用标准的、通用的、自动化水平高的元器件,慎重选用新品种物料和非标准器件。标准的、通用的、自动化水平高的元器件工艺技术成熟、供货稳定。新品种物料和非标准器件,往往采用较为独特的生产制造工艺,生产出来的元器件一致性较差,非常容易造成元器件批次问题。

1. 普遍性原则

所选的元器件应是被广泛使用验证过的,尽量少使用冷门、偏门的元器件,以减少开发风险。在功能、性能、使用率都相近的情况下,尽量选择成熟的元器件,新的元器件存在供应商和元器件本身质量的双重风险。

(1)高性价比原则:同等情况下尽量选择性价比较高的元器件,降低成本。

(2)采购方便原则:尽量选择容易买到、供货周期短的元器件。

(3)持续发展原则:尽量选择在可预见的时间内不会停产的元器件,禁止选用停产的元器件,优选生命周期处于成长期、成熟期的元器件。

(4)可替代原则:尽量选择 PIN 对 PIN 引脚兼容的器件,以方便器件的替换。

(5)向上兼容原则:尽量选择以前老产品用过的元器件。

(6)资源节约原则:尽量用上元器件的全部功能和引脚。

(7)可制造性原则:在满足产品功能和性能的条件下,元器件封装尽量选择表贴型、间距宽的型号,降低生产难度,提高生产效率。

(8)器件可维修性原则:应考虑器件安装、拆卸、更换是否方便。

2. 元器件参数的考虑

元器件数据手册中的参数说明了元器件的工作条件,元器件只有在其工作条件的范围内才能可靠运行,选型时要充分考虑元器件参数。

(1)元器件电气参数。元件电气参数规定了其能经受最大施加的电应力。以发光二极管举例说明,发光二极管的主要电气参数有允许功耗 P_m、最大正向直流电流 IF_m、最大反向电压 VR_m、正向工作电压 VF。允许功耗 P_m 是允许加在发光二极管两端正向直流电压与流过它的电流之积的最大值,超过此值,发光二极管将发热、损坏。最大正向直流电流 IF_m 是允许加在发光二极管两端最大的正向直流电流,超过此值可能损坏发光二极管。最大反向电压 VR_m 是允许加在发光二极管两端的最大反向电压,超过此值,发光二极管可能被击穿损坏。正向工作电压 VF 是发光二极管正常工作电压,低于此电压时发光二极管不能发光。常用的 0603 发光二极管的电气参数如表 1.1 所示。

表 1.1 0603 发光二极管的主要电气参数

参数名称	条件	最小值	中间值	最大值	单位
正向工作电压 VF		3.0			V
允许功耗 P_m				0.07	W
最大正向直流电流 IF_m				25	mA
最大反向电压 VR_m			6	10	V
峰值波长	$IF_m=20mA$	620		630	nm
半光强视角	$IF_m=20mA$		130		deg
光强	$IF_m=20mA$	70		160	cd

（2）元器件工作温度范围。元器件在实际电路中的工作温度范围应等于或低于器件的额定工作温度范围，同时还需要考虑器件在额定工作温度范围内电气参数的温度特性。例如，二极管 PN 结对温度很敏感，温度降低时正向电流减少，二极管正向特性曲线向右移动，导通压降增大。

（3）元器件封装特性。对于集成电路来说，有塑料封装、陶瓷封装和金属封装。塑料封装集成电路的优点是成本低、重量轻、高频寄生效应弱，便于自动化生产；缺点是气密性差、吸潮、不易散热、易老化。陶瓷封装集成电路的优点是气密性好、散热能力强、高频绝缘性能好；缺点是成本高。金属封装集成电路的优点是气密性好、散热能力强、具有电磁屏蔽能力、可靠性高；缺点是成本高、引脚数有限。

3. 降额使用元器件

元器件失效的一个重要原因是由于元器件工作在其允许的应力水平之上，为了提高元器件可靠性，延长其使用寿命，应降额使用元器件。降低施加在元器件上的电应力、热应力、机械应力等，使实际使用应力适当低于其额定应力，实际使用应力以电路最差的状况来确定其应力值。不同的器件类型对应力的敏感程度不相同，如 CMOS 器件对静电、浪涌敏感，主要考虑电应力对其的损伤。连接器对机械应力敏感，使用过程中主要考虑机械应力对其的影响。

4. 元器件热设计

元器件的热失效是由于高温导致元器件的材料劣化而造成的，产品小型化使得 PCB 上的电子元器件密度越来越高，不同元器件之间通过传导、辐射和对流产生的热耦合也越来越大。在元器件选型过程中，必须充分考虑元器件热设计，一般情况下，当元器件的温升超过 25°时要采取有效的散热措施。

5. 器件静电损伤

半导体器件在制造、存储、运输及装配过程中，由于仪器设备、材料及操作者的相对运动，均可能因摩擦而产生几千伏的静电电压。当器件与这些带电体接触时，带电体就会通过器件引脚放电，引起器件失效。因此在器件每个流通环节要考虑如何规避静电对器件的损伤，静电损伤具有隐蔽性、潜伏性、随机性和复杂性，如表 1.2 所示。

表 1.2　静电损伤器件的特点

特　点	描　述
隐蔽性	人体不能直接感知静电,除非发生静电放电,即使发生静电放电,人体也不一定能有电击的感觉,人体感知静电的放电电压是 2~3kV
潜伏性	有些电子器件受到静电损伤后,性能没有明显的下降,但放电过程给器件造成了内伤,形成了潜在的隐患,当再有稍微超标的电应力加载到该器件上时,将导致器件失效
随机性	器件从生产出来后直到生命周期结束的过程都会受到静电的威胁,静电的产生具有随机性,静电放电也是瞬间发生的
复杂性	很多电子元件都比较精细,微小的结构被静电损伤后,往往需要用复杂的设备才能分析,且即便进行了分析,也难以与其他原因造成的损伤区别开来。有时会误把静电损伤失效当作其他失效,忽略了真正的损伤原因

元器件是构成电路的基本元素,在进行元器件选型的时候,要了解每个元器件的构造、特性、关键参数和元器件在电路中所起的作用,以及环境因素对元器件失效模式的影响,以便合理选择元器件的规格,并正确使用该元器件。

1.3　新引入元器件的检测和筛选

新引入的元器件是指从新供应商导入的元器件或者是老供应商引入新型号的元器件。新元器件由于没有经过验证测试,可能会由于元器件本身固有的缺陷或其制造工艺的控制不当,在使用中容易形成与时间或应力有关的失效。为了保证新引入元器件的可靠性,满足产品质量要求,对新引入的元器件要进行元器件的检测和筛选。

1.3.1　元器件检测

对常用的元器件,可以通过简单可行的方法进行检查,以判断元器件制造工艺的可靠性,从如下三方面来进行。

(1) 外观质量检查。通过外观质量检查能发现一些电子元器件的早期缺陷和运输过程中的损坏,外观必须完好,表面无凹陷、划伤、裂纹等缺陷,外部有涂层的元器件必须无脱落和擦伤。可以用 X 光设备和显微镜进行外观检查,X 光机可以检测各类工业元器件的内部构造,能对装片、热压工艺中的潜在缺陷以及硅片裂纹等进行检测。高倍显微镜对器件外观检测也非常有用,在 200 倍显微镜下可以鉴别和分析各种金属、合金材料、集成电路、液晶面板的组织结构,高倍显微镜下的集成电路如图 1.1 所示。

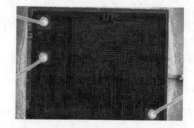

图 1.1　高倍显微镜下的集成电路

（2）元器件封装尺寸检查。检查元器件的封装结构尺寸,品质良好和生产工艺控制严格的元器件,元器件封装结构尺寸符合其数据手册中的公差要求。用较为精确的仪器测量元器件的尺寸,记录测试结果,根据测试结果判断元器件的封装尺寸是否符合要求。对于开关类和连接器类的器件,除了检查器件封装尺寸,还需要做机械结构配合方面的检查,如开关类元件,手感良好、接插件松紧适宜是最基本的要求。各种电子元器件均有自身特点,检查时要按各元器件的具体要求来确定检查内容。

（3）参数性能检测。要进行元器件参数性能指标的测试,用通用或专门的测试仪器来检测,普通的元器件可用数字万用表检测。在使用万用表进行检测时,要注意万用表的正确使用。万用表测量大电流或者高电压时有专门的插孔,选择量程时要注意在约为满刻度的80%以内误差较小,若不好确定范围,要从最大量程逐步转换。另外,在使用万用表时,人体不可接触表笔的金属部分,确保测量准确。

用示波器测量时,示波器机壳必须接地,检查电源电压是否与仪器工作电压相符,测试前应首先估算被测信号的幅度大小,若不明确,可先将示波器的 V/DIV 选择开关置于最大挡,避免因电压过高而损坏示波器。注意扩展挡位旋钮的位置,大部分示波器都设有扩展挡位旋钮,测量时一定要检查这些旋钮所处的状态,否则会引起读数错误。采用示波器测试高压电路时,要特别注意安全,建议单手操作,不要触及设备和其他接地物体,更不要接触高压测试点。正确使用示波器的探头,示波器探头使用很简单,但其实有讲究,首先是探头的带宽,通常会在探头上写明多少 MHz,如果探头的带宽不够,示波器的带宽再高也是无用的。另外就是探头的阻抗匹配,探头的阻抗匹配是指探头与示波器电路的阻抗匹配,主要是电容效应。当阻抗不匹配时,高频信号会在探头与示波器的接口上产生反射,从而产生振荡影响测量出来的波形。再有,探头有一个选择量程的小开关×10 和×1,当选择×1挡时,信号是没经衰减进入示波器的,而选择×10 挡时,信号是经过衰减到 1/10再到示波器的。因此当探头使用×10 挡时,应该将示波器上的读数扩大 10 倍(有些示波器,在示波器端设置了×10 挡,以配合探头使用,直接读数即可)。

1.3.2　元器件筛选

元器件的筛选与元器件的检测目的不一样,元器件检测是判断元器件的功能和性能是否符合其规格书中的要求,而元器件的筛选是判断元器件批量可靠性和对元器件失效性进行验证。在进行元器件筛选时,首先要根据元器件特性制定合理的筛选测试案例,然后进行具体筛选测试,再根据筛选测试结果判断元器件是否合格。筛选测试案例越多,应力条件越严格,越容易发现问题,其筛选效率也就越高。筛选效率 W、筛选耗率 L、筛选淘汰率 Q 的定义如下。

$$筛选效率\ W = \frac{剔除次品数}{实际次品数}$$

$$筛选耗率\ L = \frac{好品损坏数}{实际好品数}$$

$$筛选淘汰率\ Q = \frac{剔除次品数}{进行筛选的总数}$$

理想的可靠性筛选应使 $W=1$，$L=0$，这样才能达到可靠性筛选的目的。

Q 值大小反映了器件在筛选过程中存在问题的大小，Q 值越大表示器件的可靠性越差。

1. 元器件筛选的原则

进行元器件筛选时，首先须了解元器件的失效机理，元器件的类型不同，其失效机理就不相同，可靠性筛选的条件也就不同。其次，在了解元器件失效机理的基础上，探索性进行大量的可靠性实验和筛选摸底实验，从而逐步建立起各类元器件的筛选项目和筛选应力，元器件筛选方案的制定要掌握以下几个原则。

(1) 元器件筛选的目的是要能有效地剔除早期失效的产品。

(2) 为提高筛选效率，可进行强应力筛选。

(3) 合理选择能暴露失效的最佳应力顺序。

(4) 为了制定合理有效的筛选方案，必须了解各有关元器件的特性、材料、封装及制造技术。

2. 元器件筛选的方法

通常采用加速实验来进行元器件的筛选，电子元器件的失效大多数是由于内部和表面的各种物理或化学变化所引起的，这种失效与环境因素有密切的关系。在加速环境下化学反应速度大大加快，失效过程也得到加速，使得有缺陷的元器件能及时暴露，如下为几种筛选方法。

(1) 高低温储存。高低温储存筛选方法简单易行、费用可控，在许多元器件上都可以施行，通过高低温储存以后可以初步判断元器件的参数性能稳定性，高温环境可以设置在最高结温下储存 $48 \sim 96\text{h}$。

(2) 功率老化。元器件在热电应力的作用下，能很好地暴露元器件内部和表面的多种潜在缺陷，常用的电子元器件在额定功率条件下老化几十小时能够暴露器件内部和表面失效现象。

(3) 温度循环实验。电子产品在使用过程中会遇到不同的环境温度条件，在热胀冷缩的应力作用下，热匹配性能差的元器件就容易失效。温度循环筛选利用了极端高温和极端低温间的热胀冷缩应力，能有效地剔除有热性能缺陷的器件。常用的温度循环实验筛选条件是 $-50 \sim +80℃$，循环 $5 \sim 10$ 次。

(4) 离心加速度实验。离心加速度实验也叫恒定应力加速度实验，恒定应力加速度筛选实验通常在半导体器件上进行，利用高速旋转产生的离心力作用于器件上，可以剔除黏合强度过弱、内引线匹配不良的器件，可选用 $12\,000\text{g}$ 离心力加速度持续实验 5min。

(5) 工作振动和冲击实验。对元器件进行振动或冲击实验的同时进行电性能的监测常被称为工作振动和冲击实验，这项实验能模拟产品使用过程中的振动、冲击环境,能有效地剔除瞬时短路、断路等机械结构不良的元器件。如对继电器、连接器等接触类器件的筛选,需要进行工作振动和冲击实验。典型的振动条件可以设置为频率 20～2000 Hz,加速度 $20 \times 9.8 \mathrm{m/s}^2$,扫描 2 周期。

筛选和检测是新元器件引入过程中的重要验证环节,对于优质元器件,通过筛选和检测后,元器件性能仍然不会有减弱,以此可以判断元器件符合设计要求。对于劣质元器件,由于其固有的缺陷,筛选和检测实验后一般都会出现一定比例的故障,或者是元器件性能减弱,以此判断不能使用该元器件或者慎重使用。

1.4　元器件失效分析

元器件的主要失效模式包括但不限于开路、短路、烧毁、爆炸、漏电、功能失效、电参数漂移、非稳定失效等,元器件失效分析是一个复杂的过程,元器件一旦失效了,作为硬件设计人员,千万不要敬而远之,而应该进行原因的分析和故障的排除。

1.4.1　元器件失效原因

元器件失效跟选用的供应商和器件本身品质有相当大的关系,同时,元器件失效也受温度、湿度、电压、机械、电磁场的影响,元器件失效原因可以分为以下四种类型。

(1) 元器件本身存在的潜在因数(内因)。元器件在使用一定时间后出现故障,这种情况,需要与元器件供应商一起解决,分析元器件的工作机理、失效模式。如经过分析这种潜在的失效模式是不能避免的,电路上要考虑使用替代的电路,不再使用该类元器件。如钽电容的失效模式是着火、爆炸,在开关电源上禁止使用钽电容,用电解电容来代替钽电容。

(2) 因使用环境或者电路设计缺陷导致元器件损坏(外因)。这种情况,不是元器件自身品质的问题,从电路上和通过重新选择元器件来解决。首先要找到元器件失效的规律,进行故障的重现。如确定是电路设计缺陷,在电路上做修改。如不是电路设计的原因,从产品使用环境来找出规律,更换元器件,找到适用于该应用环境的元器件。

(3) 元器件自然老化。某些元器件的使用寿命比较短,产品设计时要充分考虑到,如锂电池的使用寿命,其充电次数是有限制的,一般情况下,400～700 个循环次数后锂电池将不能再使用了。电解电容也是有寿命的,尤其是在纹波电流比较大的时候,电解电容的寿命会受到影响。对于容易出现自然老化的元器件,在设计的时候要做到心里有底,合理规避,必要的时候在产品说明书中给出提示,避免元器件自然老化带来的产品问题。元器件的老化与产品使用环境有很大关系,当环境温度变高时,元器件的使用寿命变短。如电解电容在 105℃ 的环境温度条件下寿命仅为 2000h;而环境温度降低到 60℃,其寿命是 15 000h;当环境温度降低到 40℃,寿命可达约 80 000h。常用铝贴片电解电容的规格和寿命如表 1.3 所示。

表 1.3　常用铝贴片电解电容的规格和寿命

参　数	特　性
工作温度范围	−40～105℃
电容量允许误差	±20%(20℃,120Hz)
使用寿命	① 105℃使用寿命 2000～3000h ② 60℃使用寿命 15 000h ③ 40℃使用寿命 80 000h
耐久性	在 105℃环境中,不超过额定电压的范围内叠加额定纹波电流,连续100h 后,待温度恢复到 20℃进行测量时,应满足电容量变化率±20%、损失角正切值 300%以下、漏电流在规格值以内

（4）元器件来料问题。元器件本身品质不合格导致器件失效,这种情况不需要做太多的分析,只需加强供应商选择,以及加强来料检验控制,选择有品质保证和来料一致性较好的供应商。

1.4.2　元器件失效模式

元器件失效模式有突然失效、退化失效、局部失效。突然失效是灾难性失效,这是元器件参数急剧变化而造成的,这一失效形式通常表现为短路或开路状态,原因复杂,如元器件因焊接不牢造成开路,或因灰尘微粒使器件引脚短路,或者是元器件本身品质问题。退化失效,即衰变失效,是由于元器件制造公差、温度系数变化、材料变质、电压力负荷改变、外界电源电压波动、逐渐老化等引起的,使元器件参数逐渐变坏,退化失效从设计上是很难避免的,如电池类器件,电池本身就是一个逐渐趋于退化的过程。局部失效主要是针对复杂集成电路而言,集成电路的引脚会由于环境或者电应力原因导致部分引脚失效,产品丧失部分功能。

据统计,80%左右的电子产品故障,是由于元器件使用不当造成的,远远高于元器件本身的故障,元器件失效涉及面非常广,贯穿于元器件的选取、产品研发、电路设计、采购、生产制造的全过程。

1.4.3　元器件失效规律

虽然说每个电子元器件的失效是一个随机事件,并且是偶然发生的,但元器件的失效仍然会呈现出一定的规律性。从产品的生命周期来分析,元器件失效率曲线的特征是两端高、中间低,呈浴盆状。

（1）元器件早期失效。元器件早期失效期出现在产品开始工作的初期,其特点是失效率较高,但产品随着实验时间或工作时间的增加失效率迅速下降。

（2）元器件偶然失效。元器件偶然失效期出现在早期失效期之后,是产品的正常工作期,其特点是失效率比早期失效率小得多,且产品稳定。失效率几乎与时间无关,可近似为一常数,这个时期的元器件失效由偶然不确定因素引起,失效发生的时间也是随机的,因此称为偶然失效期。元器件的偶然失效一般情况不需要进行元器件的失效分析,就算得出了分析结果,个案也不具备普遍的说服力。但要注意元器件偶然失效的概率,如果概率较高,可能不再是偶然失效。

(3) 元器件耗损失效。元器件耗损失效期出现在产品的后期,其特点刚好与早期失效期相反,失效率随工作时间增加而上升,耗损失效是由于产品长期使用,元器件已经被过度损耗、磨损、老化、疲劳所致。元器件的后期失效主要是针对机械类器件和材料类器件,这类器件的机械磨损和材料老化随时间成正比关系。

1.4.4　阻容、电感、集成电路失效分析

阻容、电感和集成电路是随时随地都会用到的元器件,这三类元器件在电子电路中使用最为普遍。学习和掌握这些常用元器件的性能、用途,以及掌握这些元器件的失效模式,对提高元器件选型能力和提高元器件失效分析能力有重要意义,同时对提高自身的硬件设计能力也有很大帮助。

1. 电阻失效分析

电阻的失效模式表现为开路、阻值漂移、断裂三方面。开路主要失效机理为电阻膜烧毁或大面积脱落,电阻基体断裂,电阻引线帽与电阻体脱落;阻值漂移是电阻膜有缺陷或退化,基体有可动钠离子和保护涂层不良;断裂是电阻体焊接工艺缺陷,电阻焊点污染,引线机械应力损伤。电阻是电路设计中数量用得最多的元件,但不是损坏率最高的元件。电阻损坏以开路最多,阻值变大较少见,阻值变小也十分少见。碳膜电阻、金属膜电阻这两种电阻应用最广,其损坏的特点一是低阻值(100Ω 以下)和高阻值(100kΩ)的损坏率较高,中阻值(如几百 Ω 到几十 kΩ)的极少损坏。电阻的失效模式取决于电阻使用的环境和电阻本身内部结构。贴片电阻的内部结构如图 1.2 所示。

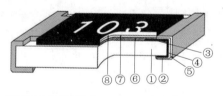

①	氧化铝基板	⑤	外部电极（SN）
②	底部电极（银）	⑥	电阻层（RuO_2）
③	上部电极（银/钯）	⑦	初级外涂层（玻璃）
④	阻隔层（Ni）	⑧	第二保护层（环氧树脂）

图 1.2　贴片电阻的内部结构

电阻的导电膜层一般用气相淀积方法获得,在一定程度上存在无定型结构,按热力学观点,无定型结构均有结晶化趋势。在比较极限的工作条件或环境条件下,导电膜层中的无定型结构均以一定的速度趋向结晶化,即导电材料内部结构趋于

致密化,从而引起电阻值的下降,结晶化速度随温度升高而加快。

电阻器失效机理是多方面的,在较为恶劣的环境条件下所发生的各种理化过程是引起电阻器失效的主要原因,主要有硫化、温度和气压影响、氧化和机械损伤。电阻长期在硫化环境下,如产品在污染严重的化工厂使用,容易导致电阻阻值变大,甚至变成开路。把硫化失效的电阻放到显微镜下观察,可以发现电阻电极边缘出现黑色结晶物质,进一步分析成分,黑色物质是硫化银晶体,原因是电阻被来自空气中的硫给腐蚀了。温度和气压是影响气体吸附与解吸的主要环境因素,对于物理吸附,降温可增加平衡吸附量,升温则反之,由于气体吸附与解吸发生在电阻体的表面,因此对电阻器的导电膜层影响较为显著,阻值变化可达10%左右。氧化是较为漫长的过程,氧化过程由电阻体表面开始,逐步向内部深入。除了贵金属与合金薄膜电阻外,其他材料的电阻体均会受到空气中氧的影响,氧化的结果是阻值增大,电阻膜层愈薄氧化影响就愈明显,防止氧化的根本措施是密封或者采用有机材料涂覆、灌封。PCB板涂三防漆是常用的方法,虽然不能完全防止保护层透湿或透气,但能起到延缓氧化或吸附气体的作用。机械损伤是指电阻在焊接过程和PCBA运输过程中的损伤,电阻的电阻体、引线帽在超过一定的机械强度压力后,将造成电阻的基体塌陷、引线帽损坏、引线断裂,从而导致电阻器失效。

2. 电容失效分析

电容器的种类很多,不同种类的电容器其电路作用不同,失效模式也大不相同。最容易失效的电容是电解电容,电解电容使用寿命的评判依据是电容量下降到额定(初始值)的70%以下。新电解电容器的电解液充盈,电解液随时间推移缓慢下降,随着负荷过程中电解液不断被杂质损伤,电解液逐渐减少。到了使用后期,电解液逐渐减少导致电解液黏稠度增大,电解液就难于充分接触经腐蚀处理的粗糙的铝箔表面上的氧化膜层,这样就使电解电容器的极板有效面积减小,即阳极、阴极铝箔容量减少,引起电容量急剧下降。电解电容寿命的长短决定于这个电解液,电解液没了,电容也就失效了。正常使用情况下,电解液消耗速率是非常慢的,至少5年。电解液挥发的速度主要取决于温度,而电解电容内部的温度,取决于环境温度和纹波电流。如果是用在电源纹波比较小的场合,那么电解电容的温度主要由环境温度决定。如果是用在纹波电流比较大的场合,电解电容的温度主要由纹波电流决定。另外,电解电容的ESR也不能忽略,比如用在开关电源里面,因为电容ESR的存在,电解电容会主动发热。电解电容寿命评估测试方法如下。

$$L_t = \text{Life} \times 2^{(T_0 - T_x)/10} \times 2^{(T_1 - T_{x1})/10} \tag{1-1}$$

其中,L_t 为使用寿命值,Life为规格书中的寿命值,T_0 为最高额定工作温度,T_x 为实际的环境温度,T_1 为允许温升,T_{x1} 为额定温升。

需要注意的是,各个厂家的寿命计算公式不尽相同,在进行电解电容选型时,要通过公式计算得出电容寿命,以计算出来的寿命值来判断该电解电容是否可以选用。

3. 电感失效分析

电感是一种常见的被动元件,常用在 LC 振荡电路、中低频滤波电路、DC-DC能量转换电路中。电路中用得最多的是贴片式电感,贴片式电感失效模式主要是电感线圈烧穿、焊接开路、磁路破损。如选取的贴片电感额定电流较小,同时电路中存在大的冲击电流,将造成电感线圈烧穿,电感线圈烧穿导致电感开路。回流焊时急冷急热,使电感内部产生应力,导致有开路隐患的电感的缺陷变大,造成电感开路。电感在制造过程中,由于电感烧结不好或其他原因,造成磁体强度不够、脆性大,在贴片时受外力冲击造成磁体破损。

4. 集成电路失效分析

集成电路的损坏有两种,分别是彻底损坏和部分引脚功能缺失。彻底损坏基本上都是功率损伤造成的。部分引脚功能缺失是指与正常同型号集成电路对比,其中一只或几只引脚阻值异常和伏安特性曲线异常,引脚不能按软件控制逻辑输出需要的高电平和低电平。集成电路的内部逻辑复杂,一颗芯片集成的器件可达几千万个,要想彻底找到芯片内部真正的失效器件实属大海捞针,进行集成电路失效分析必须借助先进的技术和设备,并需要具有半导体芯片制造工艺知识的人员开展分析,分析费用较高、周期长。因此,针对集成电路的失效分析主要是如何预防芯片的失效,找到预防芯片失效的方法,或者是利用简单、有效、实用的方法进行失效原因的查找,以便后续从电路设计上和生产工艺上进行合理规避。

1) 外观分析法

外观分析法是从外观来分析集成电路的失效原因,集成电路损坏后,在不损害分析样品、不去掉芯片封装的情况下,直接针对 PCBA 上的芯片进行分析。检查芯片封装是否有明显的缺陷,如塑脂封装是否开裂、芯片的引脚是否接触良好、芯片是否有高温发黄,等等。

X 光检查是利用 X 射线的透视性对被测样品进行 X 射线照射,样品的缺陷部分会吸收 X 射线,这样 X 射线照射成像后缺陷部分可以被发现。X 射线检测主要是用来检测集成电路引线损坏的问题,根据集成电路的尺寸大小选择合适的波长成像,可以初步判断芯片损坏的区域。

扫描声学显微镜检测是利用超声波探测集成电路内部的不同点,根据反射时间和反射距离可以得到检测波形。然后再对比正常样品的波形,找出波形的不同点,针对不同点进行分析,不同点的位置是芯片的什么逻辑功能,从而确定损坏的原因。

微光显微镜分析是一种实用且效率较高的分析方法,原理是侦测集成电路内部所放出的光子。电子空穴对(Electron Hole Pairs)会放出光子,微光显微镜可侦测和定位非常微弱的发光,由此捕捉各种缺陷,进行故障的定位。图 1.3 是微光显微镜下看到的芯片内部的图片,左侧是性能完好的集成电路,右侧是部分损坏的集成电路。

图 1.3　微光显微镜下集成芯片内部电路的图片

2) 电路分析法

电路分析法只适用于集成电路部分损坏的情况,如果芯片所有功能都丧失,电路分析法则没有意义。具体分析思路是根据 PCB 板图和原理图,结合芯片失效现象,逐步缩小缺陷部位的电路范围,找到芯片失效的功能引脚。找到芯片失效的功能引脚后,测量该引脚的电气参数值,如工作点电压、电流、伏安特性曲线等。再对比正常芯片的工作点电压、电流、伏安特性曲线,找到不同点确定失效原因。

3) 有损切割分析

无损坏芯片的分析技术只能对集成电路的明显缺陷做出判断,而对于存在于芯片内部电路上的缺陷则无能为力。如果需要彻底弄清楚芯片失效的具体内部逻辑单元,就需要进行有损切割分析。有损切割分析技术包括切片分析、电性物理分析、扫描电子显微镜分析、透射电子显微镜分析和 VC 定位技术分析等。一般情况下,有损切割分析是芯片厂家做的工作,这里不做详细讲述,对于使用芯片的终端厂家或者设备厂家不建议做集成电路的有损切割分析,因为分析周期非常长。

1.4.5　失效分析的意义

失效分析是对电子元器件失效机理、失效原因的诊断过程,是提高电子元器件可靠性的必由之路。元器件在设计、生产到应用等各个环节中都有可能失效,失效分析贯穿于电子元器件的整个寿命周期。因此,需要找出导致器件失效的前因后果,确定其失效模式,防止相同失效模式和失效机理在相同的元器件上重复出现。另外,失效分析不仅是为了了解、评价电子元器件的可靠性水平,更重要的是要改进、提高电子元器件的可靠性。所以,从使用现场或可靠性实验中获得失效器件后,必须对它进行各种测试、分析,将分析结果反馈给设计、制造、管理等有关部门,采取有效纠正措施。归纳起来,失效分析的意义有以下几点。

(1) 通过失效分析,使设计得到改进,可发现较为深层次的设计问题。

(2) 通过了解引起失效的物理现象得到预测可靠性模型公式。

(3) 为合理选择元器件、正确使用元器件提供设计依据。

(4) 通过分清偶然失效和批次缺陷,为整批元器件的使用和报废提供决策依据。

（5）在工艺控制、器件筛选、加速应力实验等方面，为元器件生产厂家和质量监督部门制定合理的最佳实验方法。

（6）失效分析是降低单板返修率和提高产品可靠性的重要手段，对于元器件使用者来说，当选定一种元器件之后，设计应用方案可能还存在涉及元器件选型和使用的可靠性隐患。在产品开发、测试、生产、市场应用等不同阶段，这些潜在的元器件问题会不断以失效的方式暴露出来，通过失效分析，可以找出高失效元器件失效的根本原因，对降低单板返修率具有重要意义。

1.5　供应商管理

通用电气公司前 CEO 杰克·韦尔奇说过"采购和销售是公司唯一能'挣钱'的部门，其他任何部门发生的都是管理费用"。这种说法似乎有点儿道理，公司与供应商的良好合作关系不仅可以节省成本，还可以加快项目进度和提升产品质量。这间接地意味着公司可以向客户提供更好的产品，形成企业的良性循环。大量事实证明，采购是企业成本控制的重要环节，采购环节节约 2%，企业利润将增加5%～10%。如果采购环节的管理薄弱，会导致采购成本持续攀升、采购物料的质量起伏不定、资金占用有增无减，给企业经营造成一定影响。企业在激烈的市场竞争下，如何提高产品质量、降低成本是每个企业必须面对的难题，供应商质量管理和采购成本管理已成为企业急需挖掘的利润增长点。

1.5.1　选择供应商的依据

供应商的开发和供应商的选择是公司采购体系的核心工作之一，供应商开发的工作内容主要包括分析、寻找合格供应商和供应商评估，供应商选择的工作内容主要有询价、价格谈判、合同条款签订等。供应商的开发和供应商的选择的基本原则是"Q. C. D. S"原则，也就是质量、成本、交付与服务并重的原则。

在这四项原则中，质量因素是最重要的。在进行供应商开发时首先要确认供应商是否建立了一套稳定、有效的质量保证体系，以及确认供应商是否具有保障产品质量相应的设备、工艺能力和质量控制流程。选定一个合格的供应商是一个科学评判的过程，合格的供应商不但是产品质量的保证，还能有效降低采购成本、运输成本、延期成本等。

（1）企业规模是选择供应商的最重要标准之一。规模大的企业是经过了长时间累积逐渐成长壮大起来的，在企业成长过程中不断对产品进行改良，有完善的质量变更流程。任何涉及产品修改的地方都会进行严格控制。同时由于企业规模大，企业内部的人员分工明确、技术能力也相对较好，各种良性因素会使企业的产品愈趋完善。因此，选择规模大的企业，其产品在品质方面有较好的保证。大量的实践经验告诉我们,唯有企业的规模是客观存在的,质量体系流程、品质变更记录、生产工艺管控流程等方面可能存在做表面文章和有临时补充的情况,不能完全依靠流程和记录的审查来判读供应商的真实能力。

(2)供应商在行业内的知名度是选择供应商的主要依据。有一定知名度的企业暗示了企业有较高水平的质量管理体系,有良好的上下游客户,其产品已经得到了大量客户的验证。器件的品质是需要时间积累和验证的,选用这样的器件在品质上会有很好的保障。

(3)供应商的质量体系组织结构是保证其产品质量的核心要素。质量体系组织结构是指企业为实现企业质量目标而进行的分工协作,在职务范围、责任、权力方面所形成的组织结构。有了清晰的质量体系组织结构,企业中的各个质量管理职能才能有效地发挥应有的作用。搭建一个符合企业自身质量体系的组织架构对企业产品的质量控制将起到十分重要的作用,如果公司没有质量体系组织结构或质量体系组织结构不合理,产品质量管理像是一盘散沙,产品的品质控制将存在非常大的风险。在考察供应商质量体系组织结构时,应重点考察组织结构的分工,尤其是品质部门的组织结构。品质部门的组织结构不能太复杂,层级太多会导致品质问题反馈速度非常慢,从发现问题、分析问题到解决问题可能需要经过烦琐的流程。

1.5.2　选择供应商的方法与步骤

从整个供应链体系来看,供应商的选择是整个供应链的源头。产品研发型公司,任何一个产品的需求信息最终都会分解为采购信息,而需求的满足程度则要追溯到供应商对订单的实现程度。优秀的供应商是企业的宝贵资源,企业之间的竞争已经延伸到对优秀供应商的竞争。如何选到优秀的供应商,就供应商的选择方法和步骤而言,没有哪种方法和步骤是完美无缺的,关键是选择方法要条理化、层次化,构造出一个条理清晰、高效实用的选择方法,选择出门当户对、合作愉快、品质可控的供应商。选择供应商的步骤如图 1.4 所示。

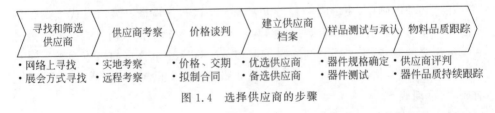

图 1.4　选择供应商的步骤

1. 选择和筛选供应商

在选择和筛选供应商之前,要对供应商所处的行业有所了解。只有对供应商所在的行业有所了解后,在与供应商沟通的时候才能正确表达对所选器件的具体需求。关于供应商信息的收集,一般是线上和线下结合的方式来收集供应商信息,线下的方式有参加行业展览会、熟人介绍、供应商自荐等方式。收集完供应商信息后，进行初步筛选，去除明显不符合要求的供应商，确定需要进一步进行沟通的供应商。第一次联系供应商，重点把需求告知对方，同时也介绍一下自己公司的规模和器件的使用场景，如所选器件用在什么样的产品上、产品的使用环境、每个月的用量是多少等。推荐自己的同时也是为了更好地了解对方。同类型的供应商至少要联系两家以上，在跟供应商进行交流的过程中，要逐步提高自己对行业的认识。使用统一标准的供应商情况登记表来管理供应商提供的信息，信息应包括供应商的注册地、注册资金、主要股东结构、生产场地、设备、人员、主要产品、主要客户、生产能力等。通过分析这些信息，评估供应商的生产能力、供货的稳定性和成本优势等，进一步缩小供应商范围，输出一份供应商考察名单。

2. 考察供应商

在与供应商进行了沟通，并整理了登记信息以后，对供应商已经有了初步认识。考察供应商最重要的一点就是要验证供应商所说的话是不是真的，能不能看到像他们所描述的那样的场景。考察供应商的人员团队要搭配合理，不能只有采购部门的人，品质部门和研发部门的人员也需要参加，生产部门、财务部门、计划部门、物流部门可以选择性参与考察。采购人员、研发人员和品质人员在考察供应商的时候，相互之间分工合作。采购人员重点考察供应商的规模、交期、付款等商务信息；研发人员从产品品质方面来考虑，对供应商的设计能力、检验能力和工艺设备能力等方面进行考察；品质人员重点考察供应商质量体系组织结构、品质控制流程、相关的实验设备等。

（1）供应商规模考察。从供应商企业所在行业的知名度、影响力、企业合作过的大客户、硬件设施、行业的信誉度等方面考察，实地查看供应商的经营场地规模和人员规模。

（2）物料与产品控制流程考察。考察供应商物料和产品控制流程，详细了解从原材料进货检验至产品出货各环节的检验手法与检验工具，没有好的检验手法与检验工具很难生产出合格的产品。在考察流程的同时要注意查看具体的检验设备和检验工具，流程是软实力，设备是硬实力，只有两者结合才能发挥作用。查看设备的使用记录，如果有设备而不去用，就形同虚设。可以让品质人员现场具体操作设备进行演示，一方面考察品质人员对设备使用的熟练度，另一方面也可以确定设备是否可用。

（3）合作意向考察。考察时要看对方的合作态度，是否将自己看成是重要客户，供应商高层领导或关键人物是否重视彼此的合作。可以用这样的方式来试探供应商的合作意向，如提出所选的元器件与现有产品对比可能存在小的修改，存在定制的可能，询问供应商是否愿意配合修改，由此考察供应商的配合度。全球经济一体化的条件下企业间的竞争已经转变为组织群之间的竞争，质量已不是由一家企业来单独完成的，而是由产业链上的各个组织成员共同协作完成的，选择合作意向高的供应商能与供应商达成双赢互利。

（4）供应商考察表。考察完成后,输出供应商考察表,供应商考察表内容如表 1.4 所示,可采用打分的方式得出评判结果。

表 1.4　供应商考察表

评价项		A(优秀)5 分	B(合格)3 分	C(不合格)1 分	评价记录
经营能力	经营方针				
	经营层能力				
	财务能力				
技术和人员能力	工艺能力				
	设备技术水准				
	人员能力				
成本优势	价格水准				
	起订量				
	降价应对能力				
	物流优势				
工程与流程管理	计划管理能力				
	质量管理体系				
	采购(外包)能力				
	作业管理				
	品质管理				
	现场 5S 管理				
行业排名	企业规模				
	行业排名				
客户群体	客户细分市场				
	主要客户所在行业				
总评					

3. 价格谈判

价格谈判要抓住重点,以保证产品的质量为前提。首先,在保证产品质量的前提下心里要有个参考底价,千万不要一味地追求低价,毕竟合格的器件需要一定的材料成本和生产成本。如果价格明显低于成本价或者市场价,肯定是没办法达成交易的,除非对方给你次品,或者是处于市场滞销的尾货。其次,在与供应商进行价格谈判之前,要确定手上已经有了几家供应商的初步报价,对行情有了一定的了解。在跟供应商谈判的过程中,供应商一般会强调他们产品的差异性在哪里,然后再在此基础上抬价或是没有降价的余地,这个时候若提前明确那些差异其实在市场上是可替代的,是属于同质化的,那么他们想要加价的期望肯定会落空。另外,在谈判的过程中,不是进就是退,在这个博弈的过程中,如果彼此都没有办法说服对方,不能达成一致目标的话,这个时候可以换一种方法,可以把另外一家供应商的价格适当透露给对方,货比三家,选择性价比最高的供应商。最后,价格确定下来后必须有书面依据,不管跟供应商经历了几轮谈判,价格一旦确定,双方拟制报价单,并双方签字生效。双方签署的报价单上最好写明报价的有效期,明确在多长时间内不能涨价或者确定涨价的幅度,避免供应商随时提出涨价的要求。

4. 建立供应商档案

价格确定后,建立供应商档案,供应商档案包括供应商的基础数据和供货质量数据。供应商的基础数据是供应商的基本情况,如公司名称、地址、电话、联系人、报价合同、器件清单等。供应商的供货质量数据是指供应商供货批次的质量记录,供货质量数据需要逐步完善。在供应商日常供货的过程中,要对其供货情况进行详细记录,如供货的品质、供货的及时性等,每次对供应商进行评价之后应及时录入系统,以备随时查验。

5. 样品测试与承认

样品的测试与承认由测试部门和研发部门主导,样品的测试按每类器件的测试规范来测试,需要进行器件的功能测试和性能验证。测试合格后启动物料承认,物料承认书要准确填写物料编号等方面的信息,物料编号包括承认物料的编号和生产厂家的物料编号。研发人员填写好这些信息后,发给供应商进行信息的确认,双方确认填写信息正确后,走承认书的签发流程和对样品进行封样。承认书的签发流程,不同种类的物料主审人可以不一样,电子料由硬件部负责人主审,结构料由结构部负责人主审。另外还需要制作一份电子档物料承认书,把电子档的承认书导入物料管理平台,方便后续查询。

6. 物料品质跟踪

可以从器件生产直通率和器件年返修率方面来跟踪物料的品质。器件生产直通率跟生产工艺有关,也跟物料本身的品质有关,要确定影响生产直通率是生产工艺的问题还是器件来料问题。如果是生产工艺问题,从生产工艺改善来解决;如果是器件本身问题,需要重新对该器件进行评估,找到解决措施或者更换器件。一般来说,器件的年返修率在千分之一以下属于正可接受现象,如超过此范围,要进行器件的失效分析。

1.5.3 供应商考评

供应商考评是对已经导入的供应商和正在为企业提供服务的供应商进行综合考核的过程。对供应商进行考评的前提是收集了一定的考评数据,考评数据的收集靠平时的积累,重点记录优秀数据和缺陷数据,普通数据如交付日期、交付地点、交付数量等,只需简单记录,否则会带来巨大的工作量。考评供应商的时候主要以优秀数据和缺陷数据来考评,考评体系应遵循以下几个原则。

(1)简明可执行原则。考评体系的评价指标简明可执行,也就是指标体系的每一个指标必须容易获得数据来源,切忌把考评体系做得过于复杂。如果数据收集项太多,导致数据收集过程非常困难和数据收集时间周期长,势必将非常难执行。

（2）可比性原则。考评体系的评价指标要考虑到同类供应商可比性的原则，通过该指标，能够判断同类供应商中，哪些是优质供应商，哪些是普通供应商和需要淘汰的供应商。

（3）灵活可修改性原则。考评体系的评价指标应具有足够的灵活性，不同物料供应商的评价维度差别很大，考评体系可以根据供应商的特点删减和增加评价指标项。

（4）考评指标具体化。考评指标是能够被量化的指标，推荐仅从以下指标来考评供应商。

① 器件使用平均合格率。器件使用平均合格率是否符合厂家给出的指标，在设计合理和使用合理的前提下，器件使用平均合格率＝（合格产品数/产品总数）×100%。

② 来料抽检缺陷率。来料抽检缺陷率＝（来料抽检缺陷总数/抽检样品总数）×100%。

③ 来料批次合格率。来料批次合格率＝（合格来料批次/来料总批次）×100%。

④ 准时交货率。准时交货率＝（准时交货次/总交货次数）×100%。

⑤ 器件年返修率。在设计合理和使用合理的前提下，器件年返修率＝（12个月产品返修总量/12个月内市场上产品总量）×100%（产品生命周期内）。

⑥ 平均价格比率。平均价格比率＝[（供应商的供货价格－市场评价价格）/市场平均价格]×100%。

（5）可考评原则。确定好考核指标后，还应组建考评小组，组员以来自采购、质量、研发三个部门的人员为主，这三个部门经常与供应商交流，对供应商有一定的了解。组员必须要有客观评价和团队合作精神，评价小组需得到企业最高领导层的支持，以便顺利地开展工作。考评方法主要是根据考评指标数据的统计进行量化打分考核，同时对考评结果要进行认真分析，不同器件类型考核指标可能会存在细微的差别，不同规模的供应商指标数据可能也不一样，以价格和品质来考评才是最科学的依据。

（6）供应商分类。根据考评结果，对供应商进行分类，供应商可分为战略供应商、优选供应商、普通供应商、不合格供应商。战略供应商是指对公司有重要意义的供应商，须进行重点维护，例如，它们是提供核心技术的供应商。对于不合格供应商，要将其档案从正常供应商档案中单独分离出来，分区放置避免再采购其器件，注意不能彻底删除，避免又选到该供应商。

1.6　常用元器件选型指导

本节对常用电子元器件的选型进行阐述，从元器件分类、选型与设计注意事项、厂家推荐这三方面来进行说明。电子元器件是组成硬件电路的最小单元，了解和掌握常用的电子元器件选型、分类并能正确选用和使用是进行硬件电路设计的前提,也是硬件电路可靠性设计的基础保障。电路设计就是各种电子元器件有效组合以实现产品所需要的功能,电子元器件服务于硬件电路设计,硬件电路反过来也会影响电子元器件。电子元器件种类繁多,由于篇幅的限制,不可能做到对每一类电子元器件都进行总结,希望读者看了常用几类元器件的选型指导后能够举一反三。

1.6.1　电阻

电阻也称为电阻器,是一种限流元件,阻值不变的称为固定电阻,阻值可变的称为电位器或者可变电阻器。电路原理图上或者文档描述中用字母 R 来表示,单位为 Ω,电流通过电阻会产生能量损耗。电阻在电路中起到分压、分流的作用,在高速电路信号中起到阻抗匹配等作用。

电阻在电子电路中是应用数量最多的元件,在电子产品与设备中约占元件总数的 20% 以上。电阻主要用途是稳定和调节电路中的电流和电压,其次还可作为整流、匹配、分流器、分压器、稳压电源中的取样电阻、电路中的偏置电阻等。电阻按功率、器件封装和阻值形成不同的系列,最常用的是贴片电阻,电阻常用的标识方法如下。

$2\Omega2$ 表示电阻值为 2.2Ω。

4K7 表示电阻值为 $4.7\text{k}\Omega$。

6M8 表示电阻值为 $6.8\text{M}\Omega$。

1. 电阻的分类

电阻器有不同的分类方法,按材料分有碳膜电阻、水泥电阻、金属膜电阻和线绕电阻等不同类型,按功率分有 1/16W、1/8W、1/4W、1/2W、1W、2W 等额定功率的电阻,按用途分有普通电阻、热敏电阻和压敏电阻等。几种常用的电阻特性如下。

(1)线绕电阻。用合金的导线绕制而成,用高阻合金线绕在绝缘架上,外层涂有耐热的釉绝缘层或绝缘漆。绕线电阻具有较低的温度系数、阻值精度高、稳定性好、耐热耐腐蚀等特点,缺点是高频性能差、时间常数大。绕线电阻主要适用于精密仪表、电信仪器、电子设备等交直流电路中,用来做分压、降压和分流。

(2)碳膜电阻。在瓷管上镀上一层碳,将结晶碳沉积在陶瓷棒骨架上而制成,碳膜电阻器成本较低、性能稳定,阻值范围宽、温度系数和电压系数低,是目前应用最广泛的电阻。

(3)金属膜电阻。在瓷管上镀上一层金属,用真空蒸发的方法将合金材料蒸镀于陶瓷棒骨架的表面。金属膜电阻比碳膜电阻的精度高,具有稳定性好、工作频率范围宽、噪声电动势小、温度系数小等特点。

(4)热敏电阻。也叫保险电阻或者自恢复保险丝等,当电路出现故障而使其功率超过标定的额定功率时,串联在电路中的热敏电阻会像保险丝一样熔断使连接电路断开,从而起到了保险丝的作用。

(5) 压敏电阻。一种限压保护器件,当过电压出现在压敏电阻的两极时,压敏电阻可以将电压钳位到一个相对固定的电压值,从而实现对后级电路的保护。压敏电阻的主要参数有阈值电压、通流容量、结电容、响应时间等。

(6) 敏感电阻。是指电阻值对于某种物理量(如温度、湿度、光照、电压、机械力,以及气体浓度等)具有敏感特性,当这些物理量发生变化时,敏感电阻的阻值就会随物理量变化而发生改变,呈现不同的电阻值。根据对不同物理量敏感,敏感电阻器可分为湿敏电阻、光敏电阻、压敏电阻、力敏电阻、磁敏电阻等类型。敏感电阻器的作用已越来越广泛和重要,不同类型的敏感电阻器其参数完全不一致,选用时不仅要注意其额定功率、最大工作电压、标称阻值,更要注意电阻温度系数、阻值变化方向等。

电阻分类如图 1.5 所示。

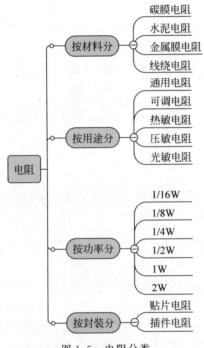

图 1.5 电阻分类

2. 选型与设计注意事项

(1) 通用电阻的选型随着电子产品的不断往前发展而发生非常大的变化,10年前的设计与现在相比,已经不能同日而语,目前正往小型封装和全贴片封装两个方向发展,色环电阻已经用得非常少了。

(2) 根据产品的生产制造工艺来选择电阻,如果公司的产品基本全部是贴片工艺,那么贴片电阻是首选,即使用到大功率的电阻,也应尽量选用贴片电阻。目前贴片电阻最大功率可以做到1W,封装形式是2512。如果是波峰焊工艺,就需要考虑使用插件电阻,或者是 0603 封装尺寸以上的贴片电阻,点红胶波峰焊工艺对 PCB 和器件封装有很严格的要求。

（3）选择 0402 封装是当前的趋势,0201 的封装也逐渐成为主流,在 PCB 空间要求越来越有限制的情况下,选择小封装的器件是非常必要的。0805 和 0603 的封装已经用得比较少了,除非是有功率要求的电路,或者用在电源模块上。

（4）电阻精度方面,最常用的碳膜电阻,1％精度和 5％精度的价格已经基本没有差别了,建议都选用 1％精度的电阻。电路设计中会大量使用电阻,避免有些分压电阻对电阻精度有要求,而选用 5％精度的电阻,会导致设计出问题。如器件库中所有的电阻都是 1％精度,在绘制原理图的时候选用电阻非常方便。

（5）电阻的功率与封装尺寸关系。0201 封装是 $1/20\text{W}$,0402 封装是 $1/16\text{W}$,0603 封装是 $1/10\text{W}$,0805 封装是 $1/8\text{W}$,1206 封装是 $1/4\text{W}$。电阻在做上拉、下拉或者阻抗匹配的时候,基本不用考虑电阻的功率问题,$1/20\text{W}$ 都能满足要求。如果电阻用在限流的电路上,要考虑电阻的功率。

（6）在精度要求非常高的电路中,应选择金属膜电阻,金属膜电阻采用高温真空镀膜技术将镍铬或类似的合金紧密附在瓷棒表面形成皮膜,经过切割调试以达到精密阻值。精度可以达到 0.01%,工作温度范围为 $-55\text{℃} \sim +155\text{℃}$。

（7）电阻的稳定性。电阻虽然是稳定性较高的元器件,但如果用在精度要求特别高的场合,要考虑电阻阻值的稳定性,电阻在外界条件（温度、湿度、电压、时间、频率等）作用下电阻值会有变化。对电阻值要求非常高的电路中,要考虑电阻的温度效应,温度越高电阻越大,温度越低电阻越小,当温度降低到一定程度时某些材料电阻消失（类似超导现象）。电阻器的阻值与其所加电压有关,其变化可以用电压系数来表示,电压系数是外加电压每改变 1V 时电阻器阻值的相对变化量。随着工作频率的提高,电阻器本身的分布电容和电感所起的作用越来越明显。电阻器随工作时间的延长会逐渐老化,电阻值逐渐变化（一般情况电阻会增大）。

3. 厂家推荐

推荐的电阻生产厂家如表 1.5 所示。

表 1.5 推荐的电阻生产厂家列表

厂 家 名 称	厂 家 介 绍
国巨股份有限公司	国巨股份有限公司创立于 1977 年,是中国台湾第一大无源元件供货商、世界第一大电容器制造厂,是一家拥有全球产销据点的国际化企业。主要产品有传统碳膜、皮膜金属、氧化皮膜、无导线、线绕电阻,以及厚膜贴片电阻、薄膜贴片电阻、网络电阻,贴片排阻等
Murata Manufacturing Co.,Ltd.（村田）	Murata Manufacturing Co.,Ltd.（村田）成立于 1944 年,其产品广泛用于消费类、家电、工业和汽车电子领域,具备非常专业的和精密的生产工艺。产品种类丰富,涵盖电阻、电感、静电保护器件、传感器、时钟元件、声音元件、电源分立器件、滤波器、隔离器和射频模块

续表

厂 家 名 称	厂 家 介 绍
广东风华高新科技股份有限公司	广东风华高新科技股份有限公司(以下简称风华高科)成立于 1984 年,是一家专业从事高端新型元器件、电子材料、电子专用设备等电子信息基础产品研发的高新技术企业。风华高科自进入电子元器件行业以来,实现了跨越式的发展,现已成为国内大型新型元器件科研、生产和出口基地,拥有自主知识产权及核心产品关键技术的国际知名新型电子元器件行业大公司。风华高科具有完整与成熟的产品链,致力于成为世界一流的电子元器件整合配套供应商及解决方案提供商,为客户提供一次购齐的信息基础产品超级市场服务和协同设计增值服务。主营产品有片式多层陶瓷电容器(贴片电容)、片式电阻器、片式电感器、超小型铝电解电容器、片式钽电解电容器、片式二极管、三极管、厚膜混合集成电路、电流电压传感器等
四川永星电子有限公司	四川永星电子有限公司为国家大型无源类电子元件生产企业,现为中国电子元件"百强企业",公司具有 50 年电子元器件研发制造经验。拥有多条自动化生产线,年产量达 100 亿只以上,主营产品有电阻器、电位器、传感器和电子组件等
厚声集团	厚声集团在中国台湾、昆山、厦门、深圳与东南亚(泰国)等国家和地区拥有完善的研发团队、制造工厂及遍布全球的销售团队和营销服务网络。公司主要生产和销售贴片电阻、贴片电感、插件电阻、插件电感、水泥电阻、功率电阻等各类固定电阻
旺诠科技	旺诠科技创立于 1994 年,在中国台湾、昆山与马来西亚拥有三座生产基地,专注于贴片电阻与排阻生产制造和研发
陕西华星电子集团有限公司	陕西华星电子集团有限公司位于陕西省咸阳市,始建于 1958 年。主要研制和生产以电子功能陶瓷为基础的电容器、压敏电阻、装置瓷及各类电阻器;以压电技术为基础的石英晶体谐振器、滤波器和 SMD 振荡器;以敏感技术为基础的红外光电器件;以电子产品制造为基础的工业窑炉、电子专用设备和仪器等
四川永星电子有限公司	四川永星电子有限公司成立于 1966 年,拥有现代化生产线二十余条,电阻器年产能达 100 亿只以上。产品的主要技术指标达到 IEC 国际标准和国家军用标准。主要生产各类电阻器、电位器,应用于航天、航空、船舶、通信、轨道交通、智能电网、清洁能源、仪器仪表等领域

1.6.2 电容

电容也叫电容器,两个相互靠近的极板,中间是一层不导电的绝缘介质,这就构成了电容器。两个极板之间加上电压时,电容器会存储电荷,电容器电容量的基本单位是法拉(F)。在电路设计中用字母 C 表示,法拉(F)是一个非常大的单位,实际的电路中,经常用微法、纳法、皮法来表示电容的容值,1法拉(F)=1000 毫法(mF);1 毫法(mF)=1000 微法(μF);1 微法(μF)=1000 纳法(nF);1 纳法(nF)=1000 皮法(pF)。电容器的两个极板如图 1.6 所示。

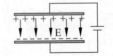

图 1.6　电容器的两个极板

在直流电路中,电容器相当于断路,电容器是一种能够存储电荷的元件,也是最常用的电子元件之一,经常说到的阻容器件指的就是电阻和电容。使用在交流电路中的电容,电容器充放电的过程随时间成一定的函数关系,这个时候在极板间形成变化的电场,而这个电场也是随时间变化的函数。因此电流是通过电场的形式在电容器间通过的。关于电容在电路中的作用,最常用的是滤波、耦合和去耦,电容具有隔断直流、连通交流、阻止低频的特性。

(1)滤波。电容在电路中起到滤波作用,滤波电容将一定频段内的信号滤波去除。在电源电路上滤波电容会经常用到,电容配合其他器件通过充放电滤波得到稳定的直流电源,用在电源中的滤波电容一般都是电解电容和陶瓷电容,且容量较大,在 μF 级左右。

(2)耦合。用在耦合电路中,可以称为电路中的耦合电容,在放大器电路中经常使用,起到隔直流通交流作用。

(3)退耦。退耦电容连接电路中的电源与 GND 之间,退耦电容在芯片的电源脚中经常用到,防止电路通过电源形成的正反馈通路而引起的寄生振荡,以及防止供电电路中所形成的电流波动对电路的正常工作产生影响。

(4)高频消振。电容用在高频消振电路和音频负反馈放大器电路中,消除可能出现的高频自激和消除放大器可能出现的高频啸叫。

(5)谐振。用在 LC 谐振电路中的电容称为谐振电容,电容和电感并联使用,当电容器放电时,电感有一个逆向的反冲电流给电感充电。当电感的电压达到最大时电容放电完毕,之后电感开始放电,电容开始充电。

(6)旁路。旁路电容是将混有高频电流和低频电流的交流电中的高频电压成分旁滤掉。旁路电容与去耦电容的差别:对于同一个电路来说,旁路(bypass)电容是把输入信号中的高频噪声作为滤除对象,而去耦(decoupling)电容是把输出信号的干扰作为滤除对象。

(7)定时。用在定时电路中的电容器称为定时电容,通过电容充电、放电进行时间的控制,起到控制时间常数大小的作用。

(8)负载电容。负载电容是指用在石英晶振的两个引脚上的电容,负载电容常用的电容值有 16pF、20pF、30pF、50pF,负载电容要根据晶体规格进行适当的调整,通过调整可以将谐振器的工作频率调到标称值。

1. 电容的分类

电容的种类非常多,按照构造可分为固定电容、可变电容和微调电容;按电解质可分为电解电容、有机介质电容、无机介质电容和空气介质电容等;按材料可以分为瓷介电容、涤纶电容、电解电容、钽电容和聚丙烯电容等;按电路的用途可分为旁路电容、滤波电容、耦合电容、去耦电容、储能电容和匹配电容等。这里主要介绍电路中经常用到的电容。

电容的分类如图 1.7 所示。

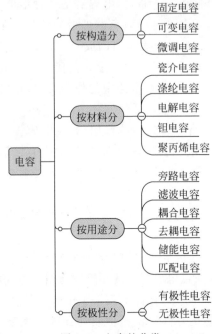

图 1.7 电容的分类

(1) 铝电解电容。铝电解电容由铝圆筒作负极，里面装有液体电解质，插入一片弯曲的铝带作正极制成。铝电解电容的优点是容量可以做得很大，缺点是漏电大、稳定性差、有正负极性。铝电解电容适宜用于电源滤波或者低频电路中，使用的时候正负极不能接反。

(2) 钽电容。钽电容性能优异，是所有电容器中体积小而又能达到较大电容量的产品，容易制成适于表面贴装的小型和片型元件，适应了元器件小型化发展的需要。但钽电容由于大量采用高比容钽粉价格较昂贵。电路设计时按电源的正、负方向接入电流，如果接错不仅电容器发挥不了作用，而且漏电流很大，短时间内部发热，将破坏氧化膜使电容失效。另外，由于钽电容内部没有电解液，很适合在高温下工作，有较长的使用寿命和可靠性的优势。

(3) 陶瓷电容(Ceramic Capacitor)。陶瓷电容器也称为瓷介电容器或独石电容器，在电路中广泛用到。陶瓷电容根据结构的不同可分为单层陶瓷电容、引线式多层陶瓷电容和片式多层陶瓷电容器(Multi-layer Ceramic Capacitors，MLCC)三类。多层陶瓷电容器是在单层陶瓷电容技术的基础上，采用多层堆叠的工艺来增加层数，其电容量与电极的相对面积和堆叠层数成正比，从而满足电子产品对于容量的需求。

多层陶瓷电容具有优良的特性。①容量范围大、体积小，相对于单层电容，片式多层陶瓷电容器的多层堆叠技术使得其具有更大的电容量，同时具有超小体积，目前产品尺寸正向 0201、01005 发展。②低等效串联电阻，片式多层陶瓷电容器的 ESR 一般只有几兆欧到几十兆欧，与其他类型的电容器相差多个数量级，ESR 较小代表运行时元件自身散发热量较少,将大部分能量用于电子设备的运作而不是以热能的形式耗费,提高运行效率的同时也提高了电容器的使用寿命。③额定电压高,片式多层陶瓷电容经由陶瓷高温烧结工艺使其结构致密,相比其他材质的电容,耐电压特性更优秀,电压系列也更宽,可满足不同电路的需求。④高频特性好,材料的发展使得片式多层陶瓷电容在各频段都有合适的陶瓷材料来实现低 ESR和阻抗,用在高频电路中性质良好。⑤无极性,片式多层陶瓷电容没有正负极,生产装配和维修非常方便。陶瓷电容的分类如表 1.6 所示。

表 1.6　陶瓷电容的分类

名　称	优　点	缺　点	应 用 范 围
单层陶瓷电容	耐压高,频率特性好	电容的容量小	主要应用在高频和高压电路中
引线式多层陶瓷电容	温度范围宽、电容容量范围宽、介质损耗小、稳定性高	体积相对较大	主要应用在旁路、滤波和谐振电路中
片式多层陶瓷电容	温度范围宽、体积小、电容容量范围宽、温度性高,适应自动化贴片生产,且价格相对较低	电容量相对于电解电容尚不够大	主要应用在储能、旁路、滤波、耦合等电路中

(4) 涤纶电容(Polyester Capacitor)。涤纶电容用两片金属箔作电极,夹在极薄绝缘介质中,介质是涤纶。涤纶薄膜电容介电常数较高、体积小、容量大、稳定性较好,且耐压值比较高,大量使用在电源电路中。常见涤纶电容的容量、电压范围和工作温度分别是:容值范围 470pF～4.7μF,额定电压范围 63～630V,工作温度范围 −55～125℃。

2. 选型与设计注意事项

(1) 在满足要求的情况下,尽可能多选择陶瓷电容。陶瓷电容具有比较好的温度系数,受温度影响电容变化量较小。陶瓷电容的 ESR(等效串联电阻,ESR＝Rsd＋Rsm)以 mΩ 为单位,如果设备输入的阻抗是 1Ω 而电容的 ESR 是 0.8Ω,约40% 的功率将由于 ESR 损耗而被电容消耗掉,在所有的射频电路设计中,选用低损耗(低 ESR)是一项重要考虑。陶瓷电容没有极性区分,在贴片焊接的时候,生产工艺非常方便。对于有极性电容来说,在焊接的时候必须要确保正负极的精准性,连接出现错误就会导致电容损坏,甚至是爆炸,而对于没有极性的陶瓷电容则不需要担心正负极接反。

(2) 在部分特殊应用场合,需要考虑电容的使用寿命。尤其是使用电解电容的电路,电解电容的寿命终结一般定义为电容 C、漏电流 I、损耗角 Q,这三个参数衰退超出一定范围,就意味着电容失效。在影响电容寿命的众多因数中,温升是最关键的因数,温升对电容寿命的影响,可以根据阿列纽斯理论(Arrhenius Theory)进行计算。该理论主要认为电容寿命随温度上升而降低,从而得到用于计算寿命的环境温度函数 $f(T)$。通常情况下,可以通过电容厂家提供的规格书来判断电解电容在不同温度环境下的使用寿命,如某些电解电容器明确规定在 85℃ 的环境温度条件下寿命仅为 1000h;而环境温度降低到 60℃,则寿命可以延长到约 10 000h;当环境温度降低到 40℃,则寿命可达约 80 000h。另外,电解电容器的使用寿命与纹波电流的大小也有一定关系。

(3) 在振荡电路、延时电路、调音电路中,电容容值应尽可能与计算值一致。同时注意电容值的精度要求,而在退耦电路中,对电容的容值要求没有那么严格,通常选择 $0.1\mu F$ 或者 $0.01\mu F$ 的电容。

(4) 在精度要求高的电路中选择 NPO 电容。NPO、X7R、Z5U 和 Y5V 的主要区别是它们的填充介质不一样,相同的封装由于填充介质不同所组成的电容器的容量、介质损耗、容量稳定性差别都比较大。NPO 电容是电容量和介质损耗最稳定的电容器之一,温度在 $-55\sim+125$℃ 变化时电容量变化为 $(0\pm30)\,ppm/℃$,同时,NPO 电容值的漂移范围为 $-0.05\%\sim0.05\%$,相对于 $\pm2\%$ 的薄膜电容来说可以忽略不计。

(5) 导电性聚合物电容器用途比较广泛。其突出的优点是具有极低的等效串联电阻(ESR),同时封装做得很小而容量却做得非常大($10\sim2700\mu F$)。具有优异的温度特性,在 $-55\sim105$℃ 温度范围内,电容量和 ESR 可以保持稳定的温度特性,非常适合用于开关电源的滤波电路中。

(6) 根据使用频率的高低选择电容器种类。由于不同类型电容器的频率性能差别非常大,因此在不同的工作频率电路中一定要考虑到电容器的频率特性是否与电路工作频率相符,不同种类电容器有自己合适的使用频率范围,工作频率的过高或过低可能导致电路信号特性达不到设计要求。如电路的工作频率非常高,而且电路信号强度较弱,此时多层陶瓷电容器是最佳的选择。

(7) 根据交流纹波电流大小来选择电容器。电容在电源滤波电路中使用时,电容器必须承受一定频率和一定幅值的交流电压和交流电流导致的发热冲击,同时电容器还必须承受在开关的瞬间不可避免的直流高电压大电流浪涌。使用在类似电路中的电容器,如果只是考虑到电容的直流耐压值和电容量是远远不够的,还须考虑到电容器的耐纹波能力,电容器耐纹波能力的排序是卷绕式涤纶电容器≥片式氧化铌电容器≥高分子片式钽电容器≥液体铝电容器≥液体钽电容器。

3. 厂家推荐

推荐的电容生产厂家如表 1.7 所示。

表 1.7　推荐的电容生产厂家列表

厂 家 名 称	厂 家 简 介
东京电气化学工业株式会社(TDK)	东京电气化学工业株式会社(TDK)作为世界著名的电子工业品牌,一直在电子原材料及元器件上占有领导地位。其产品广泛应用于工业、通信、家用电器以及消费电子产品领域,主营产品有电容器、电感、变压器、射频器件、光学器件、电磁干扰抑制器件、电源模块、传感器、磁芯等
尼吉康株式会社	尼吉康株式会社(NICHICON CORPORATION)于 1950 年创立,总部在日本,主要从事电容器产品的开发和生产,有全系列的电容产品。其生产的铝电解电容器拥有一流的性能,铝电解电容器的性能取决于电解液与电极箔,尼吉康株式会社拥有同行业高水平的扩展表面积的"蚀刻"以及"电解液开发"的技术力量
Murata Manufacturing Co.,Ltd.(村田)	Murata Manufacturing Co.,Ltd.(村田)成立于 1944 年,其产品广泛用于消费类、家电、工业和汽车电子领域,具备非常专业的和精密的生产工艺。产品种类丰富,涵盖电容、电感、静电保护器件、传感器、时钟元件、声音元件、电源分立器件、滤波器、隔离器和射频模块
广东风华高新科技股份有限公司	广东风华高新科技股份有限公司(以下简称风华高科)成立于 1984 年,是一家专业从事高端新型元器件、电子材料、电子专用设备等电子信息基础产品研发的高新技术企业。风华高科自进入电子元器件行业以来,实现了跨越式的发展,现已成为国内大型新型元器件科研、生产和出口基地,拥有自主知识产权及核心产品关键技术的国际知名新型电子元器件行业大公司。主营产品有片式多层陶瓷电容器(贴片电容)、片式电阻器、片式电感器、超小型铝电解电容器、片式钽电解电容器、片式二极管、三极管、厚膜混合集成电路、电流电压传感器等
国巨股份有限公司	国巨股份有限公司创立于 1977 年,是中国台湾第一大无源元件供货商、世界第一大电容器制造厂,是一家拥有全球生产销售和服务机构的国际化企业,其中的 MLCC 片式多层陶瓷电容器和钽电容器产销量世界领先
基美公司(KEMET)	基美公司(KEMET)是全球知名的电容器生产商之一,在无源电子技术领域占有全球领先地位。公司总部位于美国,在中国、墨西哥、德国、英国、印度尼西亚等十多个国家和地区拥有多个生产基地,并拥有遍布全球的销售和分销网络,业务范围涉及大型工业应用、新能源、消费类电子、通信、基础设施等多个领域
深圳市宇阳科技发展有限公司	深圳市宇阳科技发展有限公司(以下简称宇阳科技)自 2001 年成立以来,一直致力电容器产品的研发、生产与销售。公司先后在东莞及安徽投入巨资建成国际标准化产业园,搭建完成当今世界最先进的全套 MLCC(片式多层陶瓷电容器)生产线。经过近二十年的发展,宇阳科技在 MLCC 的自主研发和规模化生产方面建立了坚实的基础。目前宇阳微型及超微型 MLCC(01005、0201、0402 尺寸)产量占比超过 90%,微型化产品占比居行业首位,微型化总产量也跃居全球前三位

1.6.3 二极管

二极管是由一个 PN 结加上相应的电极引线及管壳封装而成,在一块完整的硅片上,用不同的掺杂工艺使其一边形成 N 型半导体另一边形成 P 型半导体后,两种半导体的交界面附近的区域为 PN 结。PN 结的每端都带电子,这样排列使电流只能从一个方向流动。当没有外加电压时,由于 PN 结两边载流子浓度差引起的扩散电流和自建电场引起的漂移电流相等而处于电平衡状态。当外界有正向电压偏置时,外界电场和自建电场的互相抑消作用使载流子的扩散电流增加引起了正向电流。当外界有反向电压偏置时,外界电场和自建电场进一步加强,形成在一定反向电压范围内与反向偏置电压值无关的反向饱和电流。二极管和电阻、电容、电感等元器件进行合理的组合连接,构成不同功能的电路,可以实现对交流电整流,对调制信号检波、限幅和钳位,以及对电源电压的稳压续流等多种功能。

(1) 二极管正向特性。外加正向电压时,在正向特性的起始部分,正向电压很小,不足以克服 PN 结内电场的阻挡作用,正向电流几乎为零,这一段称为死区。这个不能使二极管导通的正向电压称为死区电压,当正向电压大于死区电压以后,PN 结内电场被克服,二极管正向导通,电流随电压增大而迅速上升。在正常使用的电流范围内,导通时二极管的端电压几乎维持不变,这个电压称为二极管的正向电压,也叫门槛电压或阈值电压,硅二极管的正向导通压降约为 $0.6 \sim 0.8\text{V}$,锗二极管的正向导通压降约为 $0.2 \sim 0.3\text{V}$。

(2) 二极管反向特性。外加反向电压没有超过一定范围时,通过二极管的电流是少数载流子漂移运动所形成的反向电流。由于反向电流很小,二极管处于截止状态,这个反向电流又称为反向饱和电流或漏电流。二极管的反向饱和电流受温度影响很大。一般硅管的反向电流比锗管小得多,小功率硅管的反向饱和电流在 nA 数量级,小功率锗管在 μA 数量级。温度升高时,半导体受热激发,少数载流子数目增加,反向饱和电流也随之增加。

(3) 二极管击穿特性。当外加反向电压超过某一数值时,反向电流会突然增大,这种现象称为二极管电击穿。引起电击穿的临界电压称为二极管反向击穿电压,电击穿时二极管失去单向导电性。如果二极管没有因电击穿而引起过热,则单向导电性不一定会被永久破坏,在撤除外加电压后,其性能仍可恢复。如击穿电压加载时间过长或者是加载击穿电压过高,二极管会永久损坏,因此使用时应避免二极管外加的反向电压过高。反向击穿按机理分为齐纳击穿和雪崩击穿两种情况。在高掺杂浓度的情况下,因势垒区宽度很小,反向电压较大时,破坏了势垒区内共价键结构,使价电子脱离共价键束缚,产生电子-空穴对,致使电流急剧增大,这种击穿称为齐纳击穿。另一种击穿为雪崩击穿,当反向电压增加到较大数值时,外加电场使电子漂移速度加快,从而与共价键中的价电子相碰撞,把价电子撞出共价键,产生新的电子-空穴对。新产生的电子-空穴被电场加速后又撞出其他价电子,载流子雪崩式地增加,致使电流急剧增加,这种击穿称为雪崩击穿。一般情况下,二极管的齐纳击穿和雪崩击穿同时存在,在较低电压反向击穿时以齐纳击穿为主,在较高电压反向击穿时以雪崩击穿为主。

二极管的性能可用其伏安特性来描述,在二极管两端加电压 U,然后测出流过二极管的电流 I。电压与电流之间的关系 $I = f(U)$ 即是二极管的伏安特性曲线,如图 1.8 所示,I 坐标轴表示电流,U 坐标轴表示电压。

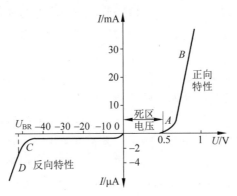

图 1.8 二极管的伏安特性

1. 二极管分类

按电路功能来分,二极管可分为整流二极管、开关二极管、肖特基二极管、齐纳二极管和高频二极管。按内部构造来分类,有点接触型二极管和面接触型二极管。按封装形式来分,有插件二极管和贴片二极管。贴片二极管有矩形和圆柱形,矩形贴片二极管一般为黑色。贴片二极管有单管式和对管式之分,单管式贴片二极管内部只有一个二极管,而对管式贴片二极管内部有两个二极管。单管式贴片二极管有两个端极,一般标有白色横条的为负极,另一端为正极,也有些单管式贴片二极管有三个端极,其中一个端极为空脚。对管式贴片二极管根据内部两个二极管的连接方式不同,可分为共阳极对管和共阴极对管,两个二极管正极共用即为共阳极对管,两个二极管负极共用即为共阴极对管。下面是几种常用二极管的介绍。

(1)整流二极管。整流二极管是指对一定频率的交流电进行整流的二极管,整流二极管可用半导体锗或硅等材料制造,硅整流二极管的击穿电压高,反向漏电流小,高温性能良好。通常高压大功率整流二极管都用高纯单晶硅制造(掺杂较多时容易反向击穿),这种二极管的结面积较大,能通过较大电流。但工作频率不高,一般在几十千赫以下,整流二极管主要用于各种低频半波整流电路或者全波整流电路中。

(2)开关二极管。顾名思义,开关二极管是指具有开关功能的二极管,此二极管具有正向施加电压时电流通过(ON),反向施加电压时电流停止(OFF)的性能。开关二极管从截止(高阻状态)到导通(低阻状态)的时间叫开通时间,从导通到截止的时间叫反向恢复时间,两个时间之和称为开关时间。一般反向恢复时间大于开通时间,故在开关二极管的使用参数上只给出反向恢复时间,开关二极管的开关速度是相当快的,像硅开关二极管的反向恢复时间只有几纳秒,即使是锗开关二极管,也不过几百纳秒。开关二极管具有开关速度快、体积小、寿命长、可靠性高等特点,广泛应用在开关电路、检波电路和自动控制电路中。

(3) 肖特基二极管。肖特基二极管最主要的特性是开关频率高、正向压降低、正向导通电流大,反向恢复时间极短(可以小到几纳秒),正向导通压降仅 0.3V 左右,而整流电流却可达到几千毫安。典型的肖特基整流管的内部电路结构是以 N 型半导体为基片,在上面形成用砷作掺杂剂的外延层,阳极使用钼或铝等材料制成阻挡层,用二氧化硅(SiO_2)来消除边缘区域的电场,提高管子的耐压值。N 型基片具有很小的通态电阻,在基片下边形成 N+阴极层,其作用是减小阴极的接触电阻。同时通过调整结构参数,N 型基片和阳极金属之间便形成肖特基势垒。肖特基二极管最大的缺点是其反向偏压较低及反向漏电流偏大。

(4) 齐纳二极管。齐纳二极管的特点是能够保护电路对象免受瞬态过电压脉冲以及接近直流的过电压脉冲的影响。在设备电源线中,当电路开关时,可能会产生长达几毫秒的长脉冲宽度开关浪涌。齐纳二极管的作用是保护下一级半导体器件免受开关浪涌和频率接近直流的过电压的影响,同时也可以保护半导体器件免受宽度为几百纳秒的静电放电和脉冲宽度为微秒量级的感应雷电浪涌的影响。电路中使用齐纳二极管有助于提高产品的可靠性,齐纳二极管具有 5.6～82V 的各种齐纳电压规格,齐纳二极管被广泛应用在消费电子产品和工业电子产品中。

(5) 高频二极管。高频二极管的内部结构与普通二极管不同,它是在 P 型、N 型硅材料中间增加了基区 I,构成 P-I-N 硅片。由于基区很薄,反向恢复电荷很小,不仅大大减小了二极管的反向恢复时间,还降低了瞬态正向压降,使管子能承受较高的反向工作电压。高频二极管具有开关特性好、反向恢复时间短、正向电流大、体积小等优点,广泛用于开关电源、脉宽调制器(PWM)、不间断电源(UPS)、交流电机变频调速和高频加热等电路中。

(6) 点接触型二极管和面接触型二极管。点接触型二极管的 PN 结结面积很小(结电容量小,PN 结具有电容器效应),因此不能通过较大电流,但其高频性能好,故一般适用于高频信号的检波和小电流的整流,也可用作脉冲数字电路的开关器件。面接触型二极管的 PN 结结面积大(结电量大),故可通过较大的电流(可达上千安培),但其工作频率较低,故一般用在低频电路和大电流的整流电路中。

二极管分类如图 1.9 所示。

2. 选型和设计注意事项

(1) 按二极管的主要参数来选用二极管。二极管主要的参数有正向额定工作电流、反向电流、反向电压、二极管正向压降。①二极管额定正向工作电流,正向工作电流是指二极管长期连续工作时允许通过的最大正向电流值,电流通过管子时会使管芯发热,温度上升,温度超过容许限度就会使管芯过热而损坏。因此二极管工作过程中不要超过二极管额定正向工作电流值,并进行适当进行降额设计(80%

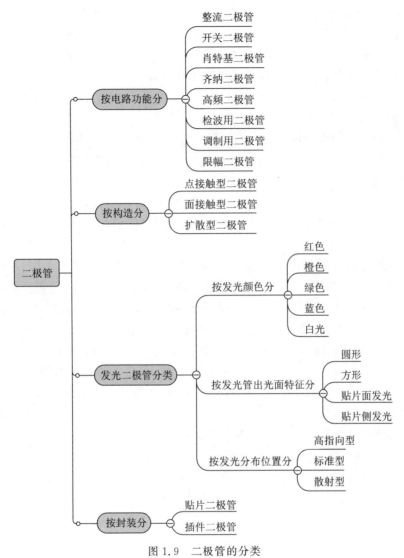

图 1.9　二极管的分类

的降额设计),常用的 1N4001~1N4007 型锗二极管的额定正向工作电流为 1A。
②最高反向工作电压,加在二极管两端的反向电压高到一定值时,会将管子击穿,
失去单向导电能力,为了保证二极管可靠工作,要限制最高反向工作电压值,普通
的二极管反向耐压为 50V 左右,可以满足大部分的电路要求,如 1N4001 二极管反
向耐压为 50V。③反向电流,反向电流是指二极管在规定的温度和规定反向电压
作用下,流过二极管的反向电流,反向电流越小,管子的单方向导电性能越好,值得
注意的是,反向电流与温度有着密切的关系,大约温度每升高 10℃ 反向电流增大
一倍。例如锗二极管,在 25℃ 时反向电流若为 $250\mu A$,温度升高到 35℃,反向电流
将上升到 $500\mu A$,以此类推。在使用电池的电路中尤其要注意二极管的反向漏电

流,很多纽扣电池的时钟电路,在有外电的时候是时钟电路由 3.3V 供电,当没有外电的时候通过两个二极管切换到纽扣电池供电,这个时候其中的一个二极管就存在反向漏电流。④二极管正向压降,二极管正向压降是指在规定的正向电流下,二极管的正向导通后的电压降,是二极管能够导通的正向最低电压,小电流硅二极管的正向压降约 0.6~0.8 V,锗二极管正向压降约 0.2~0.3 V,大功率的硅二极管的正向压降在 1V 左右。

(2) TVS 二极管选用和设计注意事项。TVS(Transient Voltage Suppressor,瞬态二极管)与 ESD(Electro-Static Discharge,静电释放)器件的差别:TVS 管保护电路是靠击穿,击穿后相当于短路,可以承受电流能力大,主要用来防雷击浪涌,特点是吸收能量大,但反应速度较慢;ESD 是小功率放电加钳位,过流能力不强,主要是防静电,特点是吸收能量小,但反应速度快。它们的应用场合也是不同的,TVS 一般用于初级和接口的保护,而 ESD 主要用于板级的保护,选择 TVS 时一般看器件的封装和功率,选择 ESD 器件一般看 ESD 防护等级和电容值。

① TVS 管的选型。首先要确定被保护电路中的连续工作电压和瞬间浪涌功率,TVS 管的额定瞬态功率要大于电路中可能出现的最大瞬态浪涌功率,TVS 管的截止电压要大于被保护电路的最高工作电压,TVS 管的最大钳位电压要小于后级被保护电路中的损坏电压,确定好 TVS 管最大钳位电压后,其峰值脉冲电流要大于瞬态浪涌电流。对于数据接口的电路保护,还需注意选取具有合适电容的TVS 二极管,比如当信号频率或传输速率较高时应选用低电容系列的 TVS 管。关于单向 TVS 管和双向 TVS 管的选择,TVS 管有单向与双向之分,单向 TVS 管的特性与稳压二极管相似,双向 TVS 管的特性相当于两个稳压二极管反向串联。一般情况下,直流保护电路大多选单向 TVS 管,交流保护电路大多选双向 TVS 管,多路保护电路选 TVS 阵列器件,大功率保护电路选专用保护模块。

② TVS 管设计注意事项。TVS 管规格书手册中给的只是特定脉宽下的吸收功率峰值,而实际电路中的脉冲宽度是变化不定的,设计时候要做到心中有数,对宽脉冲要降额应用,要注意 TVS 二极管的稳态平均功率是否在安全范围之中,还要考虑温度变化,一般情况下,瞬态抑制 TVS 二极管在 −40~85℃ 都能正常工作。另外,在 PCB 设计时,TVS 瞬态抑制二极管的走线距离接口端尽量短一些,以保证外部引入的浪涌先经过 TVS 管再到被保护的器件,如果浪涌条件比较恶劣,在TVS 管和被保护器件之间要增加热敏电阻保护。

(3) 二极管封装向微型、超微型和片状化发展。在具体的使用中,对于玻璃壳二极管,焊接时要防止电烙铁直接接触玻璃壳。对稳压二极管不能加正向电压,稳压二极管在工作时应反接,并串联一只电阻,电阻起限流作用,当输入电压变化时通过该电阻调节稳压管工作电流,从而起到稳压作用。关于电源电路中续流二极管的选用,续流二极管的封装不能选太小的封装,续流电流往往比较接近二极管的额定工作电流,同时有开关损耗,要选用较大的封装,否则在散热上存在较大风险。

（4）光电二极管设计注意事项。光电二极管是反向工作的,光电流是在一定反向电压下入射光强为某一定值时流过管子的反向电流,光电二极管的光电流一般为几十微安,并与入射光强度成正比。光电二极管将光信号转变成电信号,从而实现对光量的监测。由于光电二极管输出的信号都是微弱信号,在实际的应用电路中,对光电二极管输出的信号要进行放大,放大电路的偏置电压要重点考虑,根据光线亮度范围来设置偏置电压,在有光和无光之间取中间值作为偏置电压。

3. 厂家推荐

推荐的二极管生产厂家如表 1.8 所示。

表 1.8　推荐的二极管生产厂家

厂家名称	厂家简介
意法半导体(ST)	意法半导体(ST)集团于 1987 年成立,是由意大利的 SGS 微电子公司和法国 Thomson 半导体公司合并而成。意法半导体是业内半导体产品线最广的厂商之一,从分立二极管与晶体管到复杂的片上系统(SoC)器件,再到包括参考设计、应用软件、制造工具与规范的完整的平台解决方案,其主要产品类型有三千多种。意法半导体是各工业领域的主要供应商,拥有多项先进技术与世界级制造工艺
安森美半导体(ON Semiconductor)	安森美半导体(ON Semiconductor)总部在美国。产品系列包括电源和信号管理、逻辑、分立及定制器件,产品应用在汽车、通信、计算机、消费电子、工业、LED 照明、医疗、航空等领域。二极管系列的产品有肖特基二极管、整流器二极管、ESD 保护二极管、小信号开关二极管、齐纳二极管、RF 二极管等
广东风华高新科技股份有限公司	广东风华高新科技股份有限公司(以下简称风华高科)成立于 1984 年,是一家专业从事高端新型元器件、电子材料、电子专用设备等电子信息基础产品研发的高新技术企业。风华高科自进入电子元器件行业以来,实现了跨越式的发展,现已成为国内大型新型元器件科研、生产和出口基地,拥有自主知识产权及核心产品关键技术的国际知名新型电子元器件行业大公司。其二极管产品有片式二极管、开关二极管、稳压二极管、肖特基二极管和容变二极管等
江苏长晶科技有限公司	江苏长晶科技有限公司是一家以自主研发、销售服务为主体的半导体产品研发、设计和销售公司,公司成立于 2018 年 11 月,前身为江苏长电股份科技有限公司分立器件部门(长电科技成立于 1972 年),总部位于江苏南京,在深圳、上海、北京、中国香港等地设立子公司、分公司及办事处。公司主营二极管、三极管、MOSFET、LDO、DC-DC、频率器件、功率器件等产品,拥有一万五千多个产品系列和型号,产品广泛应用于各消费类、工业类电子领域
南通康比电子有限公司	南通康比电子有限公司专业制造整流二极管、贴面二极管、硅桥式整流器、MOS 管等功率器件。经过二十余载的发展,年生产半导体器件成品零件达 60 亿只,现已成为集研发、生产、服务于一体的半导体器件供应服务商,产品广泛应用于各类消费电子、通信电子、家电、节能照明、汽车电子、风能、太阳能光伏等行业

1.6.4　电感

电感是一种储能元件,当线圈中通以电流 i,在线圈中就会产生磁通量 Φ 并存储能量,表征电感存储磁场能力的参数叫电感量,用 L 表示。电感器的结构类似于变压器,电感一般由骨架、绕线、磁芯、屏蔽罩、封装材料等组成。骨架泛指绕制线圈的支架,大多数是将漆包线或纱包线环绕在骨架上,再将磁芯、铜芯或者铁芯等装入骨架的内腔以提高其电感量。骨架通常采用塑料、胶木、陶瓷制成,根据实际需要可以制成不同的形状,也有很多小型电感器不使用骨架,而是直接将漆包线绕在磁芯上。绕线是电感器的基本组成部分,绕组有单层和多层之分,单层绕组又有密绕(绕制时导线一圈挨一圈)和间绕(绕制时每圈导线之间均隔一定的距离)两种形式。多层绕组有分层平绕和蜂房式绕法等多种方法。磁芯一般采用镍锌铁氧体或锰锌铁氧体材料,有"工"字形、柱形、帽形、"E"形、罐形等多种形状。屏蔽罩是指外层的金属屏蔽部分,会增加线圈的损耗。封装材料是将线圈和磁芯等密封起来,采用塑料或环氧树脂等材料。

电感具有阻止交流电通过而让直流电顺利通过的特性,直流信号通过线圈时电阻压降很小,当交流信号通过线圈时,线圈两端将会产生自感电动势。自感电动势的方向与外加电压的方向相反,阻碍交流的通过。所以电感器的特性是通直流、阻交流,频率越高线圈阻抗越大。电感器在电路中经常和电容器一起工作,构成 LC 滤波器、LC 振荡器等。

1. 电感的分类

按感值分类,电感有固定电感、可变电感;按导磁性质分类有空芯线圈、铁氧体线圈、铁芯线圈、铜芯线圈;按工作性质分类有天线线圈、振荡线圈、扼流线圈、陷波线圈、偏转线圈;按线圈结构分类有单层线圈、多层线圈、蜂房式线圈;按工作频率分类有高频电感、低频电感;按结构特点分类有磁芯线圈、可变电感线圈、无磁芯线圈。电感的分类如图 1.10 所示。

电感作为电子元器件产业中的三大无源器件之一,占据了电子元件配套用量的 10% 左右,在电子行业中占据了极为重要的角色,电感的主要用途是筛选信号、过滤噪声、稳定电流及抑制电磁波干扰(EMI)。按封装来分,电感器可分为插装电感器、片式电感器两类。片式电感器又可分为叠成片式电感器、绕线片式电感器、编织型片式电感器和薄膜片式电感四类,其中,叠成片式电感器和绕线片式电感器是最常用的两类片式电感器。

绕线片式电感是传统绕线电感器小型化的产物,而叠成片式电感采用多层印刷技术和叠层生产工艺制作,体积比绕线片式电感器要小。绕线片式电感的特点是电感量范围广(mH～H)、电感精度高、损耗小(即 Q 值大)、过电流大、制作工艺继承性强、简单、成本低等,不足之处是在进一步小型化方面受到限制。叠成片式电感具有良好的磁屏蔽性、烧结密度高、机械强度好的特点,叠成片式电感与绕线

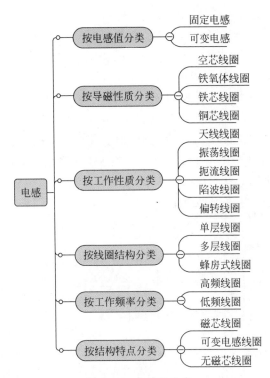

图 1.10　电感的分类

片式电感相比,具有尺寸小、有利于电路的小型化、磁路闭合等优点。由于叠成片式电感磁路是闭合的,使用叠成片式电感对周围元器件干扰较小,也不容易受到周围元器件的干扰。另外,叠成片式电感采用一体化结构,具有可靠性高、耐热性好、可焊性好、形状规则等特点,适合自动化表面安装生产,不足之处是生产工艺复杂、成本高、电感量小、Q 值小。

一体成型电感将会是未来电感发展的趋势,一体成型电感目前作为最新的贴片式电感器,在行业内部受到了相当的欢迎。一体成型电感体积小、电流大、可以进行机械全自动化生产,同时一体成型电感的物理特性也优于普通的贴片电感和工字电感。一体成型电感在 2015 年以前由于生产规模和工艺的原因价格昂贵,从2016 年起,很多电感厂商扩大一体成型电感生产规模,目前价格与普通电感已经持平。一体成型电感具有较小的直流电阻、低噪声等特点,应用于各种不同类型的电源滤波电路,尤其是 CPU 供电的应用,同时一体成型电感具有较高的机械可靠性,也常常被用于汽车行业电子产品中。相比于普通的电感器,一体成型电感具有以下优点。

(1) 全封闭磁屏蔽结构,磁路进行闭合,抗电磁干扰强,而且磁芯与绕线紧密,因而还可以避免噪声,可高密度在 PCB 上贴装,对周围器件干扰影响非常小。

(2) 采用低损耗合金粉末压铸,低阻抗,具有很高的强度,适用于高可靠要求的车用、军用、医用和航空航天等行业。

（3）一体成型的结构坚实牢固，电感精度好，耐用不生锈。

（4）拥有小体积和大电流的特点，在高温环境下，能够保持优良的温升电流及饱和工作电流特性。

（5）使用混合材料，做工精细，生产一致性高。

（6）一体成型电感工作温度范围较宽，一般为－40～120℃。

（7）具有更高的电感和更小的漏电感，而且使用寿命比一般的电感要长。

一体成型电感也叫模压贴装式电感，包括磁体和绕组本体，成型过程先是有一个绕组，后将具有金属磁性材料粉末灌装压铸而成，电感引脚从侧面引出并回弯成型。一体成型贴片式电感封装如图 1.11 所示，一体成型贴片式电感外形图如图 1.12 所示。

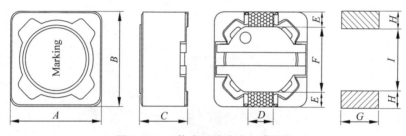

图 1.11　一体成型贴片式电感封装

图 1.12　一体成型贴片式电感外形图

2. 选型和设计注意事项

（1）电感量与电感量的允许误差选择。电感量是指电感技术规格书中电感的标称值，电感以 H、mH、μH 为单位，误差有 F 级（±1%）、G 级（±2%）、H 级（±3%）、J 级（±5%）、K 级（±10%）、L 级（±15%）、M 级（±20%）、P 级（±25%）、N 级（±30%）之分，一般情况下选 J、K 或 M 级。用于耦合或作为普通的扼流圈的电路中，对精度要求不高，综合成本因数可选择 M 级精度电感。如果是用在 DC-DC 或者是调谐电路中，则精度要求比较高，需选择 J 级精度或 H 级精度的电感。电感量的大小取决于线圈的匝数、绕制方法和磁芯材料等多种因素，一般情况下，线圈的匝数越多、绕制线圈越集中，则电感量越大，线圈内有磁芯的比无磁芯的电感量大，磁芯导磁率大的则电感量大，线圈的面积越大电感量也越大。设计电路的时候,需寻找能够满足稳定性和输出电流要求的最小电感值,不能盲目选择较高值的电感来代替低感值的电感(比如用 6.8μH 代替 3.3μH),这样不仅导致器件价格偏高,同时也不能满足电路的要求,电感值的选择根据实际电路进行计算,得出较为准确的数值。

（2）电感的额定电流(I_{rms})和饱和电流(I_{sat})选择。电感的额定电流是指电感正常工作时的标称电流,饱和电流是避免电感进入磁饱和状态的电流值,饱和电流往往要比额定电流大。进入磁饱和状态后,电感的电感量会变小,电感会失去一定电感特性,电路可能无法正常工作。大部分电感厂商一般取电感值下降到 20% 的电流为 I_{sat},也有少量厂商设为下降 30%,选型时要特别注意这一点。如果电路中实际工作电流超过电感的饱和电流,有可能会因为电感量下降产生机械噪声,或者是电感量下降幅度过大造成电流纹波超出后级电路最大允许范围而导致电路无法正常工作。

（3）关注电感的直流阻抗。电感的直流阻抗是指电感通过直流电时的电阻值,这个参数影响最大的就是发热损耗,所以在选型的时候电感的直流阻抗越小损耗越少,减小直流阻抗与电感尺寸小型化等条件略有冲突,一般情况下,电感值越大、电感尺寸越小的电感直流阻抗越大。设计过程中需根据具体电路进行分析,最小的直流电阻为几 mΩ,大直流电阻有几 Ω。

（4）关注电感的自谐振频率(Self-Resonant Frequency)。当电路的频率低于自谐振频率时,电感感抗随频率增加而增加,当频率等于自谐振频率时电感感抗达到最大值,当频率高于自谐振频率时,电感感抗随频率增加而减小。在电感作为扼流电感(扼流圈/扼流器)使用时,应该让信号的最高频率在电感自谐振频率处。其他电路如 DC-DC 的电感续流,按经验值要使信号频率小于电感自谐振频率来选择。电感作滤波用时,只需要其感性的作用,因此其越接近于理想电感越好,信号频率要远小于谐振频率。在这一点上与电容是不同的,电容用于滤波电路,需要最小阻抗,所以电容在谐振频率处滤波效果是最好的。风华高科其中一款电感的频率特性曲线如图 1.13 所示。

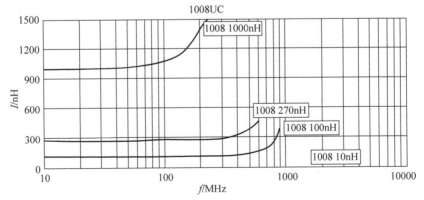

图 1.13　电感的频率特性曲线

（5）电感的品质因数 Q 值。Q 值的大小表明电感线圈损耗的大小，其 Q 值越大线圈的损耗越小，反之其损耗越大。根据使用场合的不同，对品质因数 Q 的要求也不同。对调谐回路中的电感线圈，Q 值要求较高，因为 Q 值越高，回路的损耗就越小，回路的效率就越高。对于续流、滤波或高频扼流圈来说，Q 值可以低一些，也可以不做要求。在实际的电感制造过程中，Q 值的提高往往受到一些因素的限制，如导线的直流电阻、线圈骨架的介质损耗、铁芯和屏蔽引起的损耗等。因此线圈的 Q 值不可能做得很高，通常 Q 值为几十至一百。品质因数 Q 值是表示线圈质量的一个物理量，电感 Q 值是当线圈在某一频率的交流电压下工作时，线圈所呈现的感抗和线圈直流电阻的比值。

$$Q = \omega L / R \tag{1-2}$$

其中，Q 是电感的品质因数；ω 是电路谐振时的频率；L 是线圈的电感量；R 是线圈的总损耗电阻，它是由直流电阻、高频电阻介质损耗等组成的。

（6）电感的串并联使用。在某些场合，电感量比较难符合实际的要求，可以考虑用电感的串联、并联来使用，但要注意电感串联、并联后，对电感的对称性要求比较高，要选精度较高的电感，如果将两只或两只以上的电感线圈串联起来，则总电感量是增大的，串联后的总电感量 $L_串$ 计算公式如下。

$$L_串 = L_1 + L_2 + L_3 + L_4 + \cdots \tag{1-3}$$

线圈并联起来以后总电感量是减小的，并联后的总电感量 $L_并$ 计算公式如下。

$$L_并 = 1/(1/L_1 + 1/L_2 + 1/L_3 + 1/L_4 + \cdots) \tag{1-4}$$

（7）功率电感选型要点。功率电感在电子产品中使用十分广泛，选择功率电感主要关注感值、直流电阻、饱和电流、温升电流、测试频率等参数。测试频率经常容易被忽略，很多工程师认为电感值和频率是没关系的，但实际上不同频率下的电感值是有差异的，大多数电感的测试频率越高感值就越高，因此在选择功率电感时要知道实际电路应用频率和电感的测试频率，如果相差太大就有可能出现电感实际应用感值和规格感值不同的情形。

（8）共模电感设计注意事项。电路中共模电感大部分用来解决 EMC 问题，共模电感是一个以铁氧体为磁芯的共模干扰抑制器件。它由两个尺寸相同、匝数相同的线圈对称地绕制在同一个铁氧体环形磁芯上，形成一个四端器件。当流过共模电流时磁环中的磁通相互叠加，从而具有相当大的电感量，对共模电流起到抑制作用。而当两线圈流过差模电流时，磁环中的磁通相互抵消，几乎没有电感量，所以差模电流可以无衰减地通过。电路设计和选型的时候要注意选择所需滤波的频段，针对滤波的频段共模阻抗越大越好，根据共模电感数据手册中阻抗频率曲线来选择，另外也要注意差模阻抗对信号的影响，尤其用在高速端口时。

（9）电感的 PCB Layout 注意事项。电感要靠近主器件，如尽可能靠近 DC-DC Converter。功率电感与其稳压电容在表层所构成的区域，其下方一律不准有敏感信号的走线，功率电感下方要净空。

3. 厂家推荐

推荐的电感生产厂家如表1.9所示。

表1.9 推荐的电感生产厂家

厂 家 名 称	厂 家 简 介
广东风华高新科技股份有限公司	广东风华高新科技股份有限公司成立于1984年,是一家专业从事高端新型元器件、电子材料、电子专用设备等电子信息基础产品生产的高新技术企业。风华高科自进入电子元器件行业以来,实现了跨越式的发展,现已成为国内大型新型元器件科研、生产和出口基地,拥有自主知识产权及核心产品关键技术的国际知名新型电子元器件行业大公司。其电感产品有贴片电感、插件电感、贴片磁珠、贴片功率电感等
东京电气化学工业株式会社(TDK)	作为世界著名的电子工业品牌,东京电气化学工业株式会社(TDK)一直在电子原材料及元器件上占有领导地位。其产品广泛应用于工业、通信、家用电器以及消费电子产品领域,主营产品有电感、电容、变压器、射频器件、光学器件、电磁干扰抑制器件、电源模块、传感器、磁芯等
Murata Manufacturing Co., Ltd.(村田)	Murata Manufacturing Co.,Ltd.(村田)成立于1944年,其产品广泛用于消费类、家电、工业和汽车电子领域,具备非常专业的和精密的生产工艺。产品种类丰富,涵盖电感、电容、静电保护器件、传感器、时钟元件、声音元件、电源分立器件、滤波器、隔离器和射频模块
台庆精密电子(香港)有限公司	台庆精密电子(香港)有限公司成立于1998年,是电感组件专业服务供货商,生产与销售服务据点涵盖中国台湾、中国香港、亚洲、欧洲与美国等地区。主营高电流功率电感、电磁干扰抑制滤波器、助听器/胎压检测电感等,广泛应用在汽车电子、安防、无人机、智慧家居、智慧穿戴、医疗和通信领域
深圳顺络电子股份有限公司	深圳顺络电子股份有限公司成立于2000年,是专业从事各类片式电子元件研发、生产和销售的高新技术企业。产品包括电感、微波器件、敏感器件、精密陶瓷及模组类五大产业,广泛运用于通信、消费类电子、计算机、汽车电子、新能源、网通和工业电子等领域,2019年,旗下的叠成片式电感产能和绕线片式电感产能位于全球前五名
深圳市麦捷微电子科技股份有限公司	深圳市麦捷微电子科技股份有限公司成立于2001年3月,公司主营业务为研发、生产及销售片式功率电感、滤波器及片式LTCC射频元器件等新型片式被动电子元器件,并为下游客户提供技术支持服务和元器件整体解决方案。产品广泛用于通信、消费电子、航空电子、计算机、互联网应用产品、LED照明、汽车电子、工业设备等领域
深圳振华富电子有限公司	深圳振华富电子有限公司成立于2001年,是一家国家级高新技术企业,专业致力于磁性元件、微波元件、传感器元件、电子模块和功能组件的研发和生产,主要产品包括全系列片式电感器、磁珠、LTCC滤波器、电源滤波器、变压器等,产品广泛应用于通信、消费电子、汽车电子、计算机、医疗设备等领域

1.6.5　三极管

三极管也称为半导体三极管或者双极型晶体管,是一种电流控制的半导体器件。三极管是半导体基本元器件之一,具有电流放大作用,是电子电路的核心元件,是在一块半导体基片上制作两个相距很近的 PN 结,两个相近的 PN 结把整块半导体分成三部分,中间部分是基区,两侧部分是发射区和集电区,三极管有 PNP 和 NPN 两种。

三极管的电流放大作用是利用基极电流的微小变化去控制集电极电流的巨大变化,以 NPN 型硅三极管为例,从基极 B 流至发射极 E 的电流叫作基极电流 I_b,从集电极 c 流至发射极 e 的电流叫作集电极电流 I_c。这两个电流的方向都会流出发射极,因此发射极 E 上就用了一个箭头来表示电流的方向。基极电流很小的变化,会引起集电极电流很大的变化,且变化会满足一定的比例关系:集电极电流的变化量是基极电流变化量的 β 倍,即电流变化被放大了 β 倍,所以把 β 叫作三极管的放大倍数(β 一般为几百)。共射极三极管放大电路如图 1.14 所示。

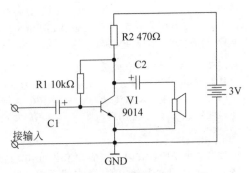

图 1.14　共射极三极管放大电路

在三极管放大电路中,需要增加适当的偏置电路,由于三极管 BE 结的非线性(相当于一个二极管),基极电流必须在输入电压大到一定程度后才能导通(对于硅管,常取 0.7V)。当基极与发射极之间的电压小于 0.7V 时,基极电流就可以认为是零。但实际中要放大的信号往往远比 0.7V 要小,不加偏置的话,这么小的信号就不足以引起基极电流的改变。如果事先在三极管的基极上加上一个合适的偏置电流,图 1.14 中的电阻 R1 的作用就是用来提供这个电流的,当一个小信号跟这个偏置电流叠加在一起时,小信号就会导致基极电流的变化,而基极电流的变化,就会被放大并在集电极上输出,从而形成了放大电路。增加偏置的另一个原因是输出信号范围的要求,如果没有加偏置,只能对那些增加的信号放大,而对减小的信号无效(因为没有偏置时集电极电流为零)。加上偏置电压后,事先让集电极有一定的电流,当输入的基极电流变小时,集电极电流就可以减小,当输入的基极电流增大时,集电极电流就增大,这样减小的信号和增大的信号都可以被放大了。

1. 三极管分类

按材质分,三极管有硅管和锗管,其主要区别是结压降不同。锗管的正向压降较低,约为 0.3V,硅管的正向压降较高,约为 0.7V。硅管的热稳定性好,锗管的热稳定性差,目前使用的三极管一般都是硅管。

按结构分,三极管的种类有 NPN 型和 PNP 型。PNP 型三极管的集电区和发射区是 P 型半导体,中间的基区是 N 型半导体,而 NPN 管的集电区和发射区是 N 型半导体,中间的基区是 P 型半导体。PNP 管工作时,发射极接高电压,集电极接低电压。而 NPN 管工作时,发射极接低电压,集电极接高电压。

按功率分,三极管有小功率管、中功率管和大功率管。功率小于 1W 的三极管一般认为是小功率管,功率大于 1W 的可以称为大功率管。最常用的 9011、9012、9013、9014、9015、2N2222A、2SC8050、2SC8550 都是小功率三极管,2SD1427、2SD1431 等是大功率三极管。

按工作频率来分,三极管有低频三极管和高频三极管。低频三极管是指特征频率在 100MHz 以下的三极管,高频三极管的特征频率可高达 8GHz 或更高。

按封装结构分类,三极管可分为金属封装三极管、塑料封装(简称塑封)三极管、玻璃壳封装三极管、表面贴片式三极管和陶瓷封装三极管等。

按功能和用途分类,三极管可分为低噪声放大晶体管、中高频放大晶体管、低频放大晶体管、开关晶体管、达林顿晶体管、高反压晶体管、带阻晶体管、带阻尼晶体管、微波晶体管、光敏晶体管和磁敏晶体管等多种类型。

2. 选型与设计注意事项

(1) 大部分的电子产品设计中,使用三极管都是用三极管的开关特性,非常少用到三极管的放大作用。目前功率放大器芯片和运算放大器芯片已经非常便宜了,放大电路建议使用集成芯片来做。采用三极管设计的放大电路,偏置电压和集电极电压设置不合理经常出现信号失真的情况,另外,分立放大电路不可避免地存在效率偏低的问题。

(2) 半导体三极管是电流型驱动器件,在具体的电路设计中,要根据电路的元件参数计算三极管的工作状态,饱和导通、放大、截止是三极管的三种状态,要清楚地知道三极管的工作状态是否满足电路的要求。

(3) ICM 集电极最大允许电流。三极管工作时,当集电极电流超过额定值时,它的电流放大倍数 β 将下降,同时还会导致三极管损坏,实际电路设计时,降额使用 ICM 电流值,经验值按 70% 降额使用,尤其是对于驱动继电器等功率大的模块,要根据负载功率来选择合适的 ICM 电流的三极管。

(4) BVCEO(三极管基极开路时,集电极-发射极反向击穿电压)。具体电路中,如在集电极与发射极的电压超过这个数值,可能会使三极管产生很大的集电极电流,造成三极管击穿,实际电路可以按 70% 降额设计。

(5) PCM(集电极最大允许耗散功率)。三极管在工作时,集电极电流在集电极上会产生热量而使器件发热,如耗散功率过大,三极管将烧坏。需要注意,三极管给出的最大允许耗散功率一般是在加有一定规格的散热片情况下的参数,如不采取散热措施,要降额使用该参数。

(6) 器件维修。在产品维修的过程中,拿到一只三极管又无法查到它的参数时,可以根据封装尺寸来推测器件参数,小功率的三极管大部分都是 SOT-23 贴片封装和 TO-92 插件封装,碰到这两种封装,可以初步判断它们的 PCM 为 200 ～ 400mW,ICM 在 400mA 左右,最大不能超过 1.2A。关于如何判断三极管是 PNP 型还是 NPN 型,用万用表的 Ω 挡测试,挡位选择 R×100 挡位或者 R×1K 挡位,找出这只三极管的基极后,再根据基极与另外两个电极之间的 PN 结的方向来确定该只三极管是 PNP 型还是 NPN 型。

(7) 根据实际的电路来选择三极管的具体型号。如用于组成音频放大电路应该选择低频管,用于组成宽频带放大电路应该选择高频管或者超高频管,用于组成数字电路可以选择普通的开关管。如特殊情况若要求 B 极与 E 极间导通电压非常低应选择锗管。

(8) 三极管的热效应。在晶体管手册中给出的电气参数,通常是常温(25℃)下的值。因此,如果器件在较高环境下工作,晶体管工作的实际参数要远低于器件手册中的额定参数,否则会造成结温上升,而结温升高又会使 I_{CBO} 和 I_{EBO} 电流更进一步增大而形成雪崩现象。设计上如何避免这样的情况?主要从散热方面来解决,首先管子应避免靠近发热元件,减小周围温度变化对三极管的影响,其次管子要增加散热片,散热装置应垂直安装,以利于空气自然对流。

(9) 工作在开关状态的三极管,因 BVEBO 一般较低,所以要考虑在基极回路中加保护电路(串联电阻),以防止发射结被击穿。如集电极负载为感性(继电器的工作线圈),应在线圈两端并联续流二极管,以防止线圈反电动势损坏三极管。另外,用于开关电路的三极管,应选用集电极电流 I_c 大、饱和压降小的三极管,对管的耐压要求可适当放宽,因为耐压和电流是一对互相矛盾的参数,若两全其美的话必然会增加成本。其次,为了能使管子完全处于饱和状态或截止状态,除了选好器件之外,基极的电流控制也很重要,可适当增加基极电流 I_b。

3. 厂家推荐

三极管国产化已逐渐成为主流,其性能和参数指标跟国外品牌已不相上下,建议使用国产化的三极管,推荐的三极管生产厂家如表 1.10 所示。

表 1.10　推荐的三极管生产厂家

厂家名称	厂家简介
广东风华高新科技股份有限公司	广东风华高新科技股份有限公司成立于 1984 年,是一家专业从事高端新型元器件、电子材料、电子专用设备等电子信息基础产品研发的高新技术企业。风华高科自进入电子元器件行业以来,实现了跨越式的发展,现已成为国内大型新型元器件科研、生产和出口基地,拥有自主知识产权及核心产品关键技术的国际知名新型电子元器件行业大公司。其三极管产品有通用三极管、数字三极管和高频三极管等
江苏长晶科技有限公司	江苏长晶科技有限公司是一家以自主研发、销售服务为主体的半导体产品研发、设计和销售公司,公司成立于 2018 年 11 月(公司前身为江苏长电股份科技有限公司,长电科技成立于 1972 年),总部坐落于江苏南京江北新区研创园,在深圳、上海、北京、中国香港等地设立子公司、分公司及办事处。公司主营三极管、二极管、MOSFET、LDO、DC-DC、频率器件、功率器件等产品的研发、设计和销售,拥有一万五千多个产品系列和型号,产品广泛应用于各消费类、工业类电子领域
常州银河世纪微电子股份有限公司	常州银河世纪微电子股份有限公司(银河微电)是一家专注于半导体分立器件研发、生产和销售的高新技术企业,具备 IDM 模式下的一体化经营能力。产品线涵盖分立器件芯片、整流器件、保护器件、小信号、MOSFET、碳化硅、光电器件、模拟 IC 等,可为客户提供适用性强、可靠性高的系列产品及技术解决方案,满足客户一站式采购需求。公司产品广泛应用于计算机及周边设备、家用电器、适配器及电源、网络通信、汽车电子、工业控制等领域
深圳深爱半导体股份有限公司	深圳深爱半导体股份有限公司成立于 1988 年 2 月,公司拥有 5in 双极功率器件芯片生产线、MOS 器件芯片生产线和一条 6in 芯片生产线,封装生产线具备 TO 系列、SOT/SOP 系列封装形式的各类功率器件的规模生产能力,是少数具有前、后工序生产线的功率半导体器件制造企业,主导产品如双极功率晶体管、功率 MOSFET、功率二极管、LED 驱动 IC、电源管理 IC 等在业内享有较高声誉

1.6.6　电源管理芯片

电源管理芯片在电路中起到电压的转换作用。电源管理芯片的范围比较广,既包括电源转换芯片,也包括电源管理类芯片。在电子设备系统中担负起对电能的变换、分配、检测及电能管理的职责,其性能的优劣对整机系统的性能有着直接的影响。不同的系统对电源的要求也不同,为了发挥电子系统的最佳性能,需要选择适合的电源管理芯片应用到具体电路中。电源管理芯片的技术发展趋势是高效能、低功耗、智能化。

一个产品的电源系统设计非常重要,不仅要考虑给各个模块的供电稳定性,更要考虑转换效率、硬件成本、待机功耗等多方面的因素。要在效率、性能、成本三方面综合考虑,选择最优的电源系统设计方案。对于便携式电子产品,待机电流是比较难解决的问题,为了解决待机电流问题,经常需要把电源分模块来控制。

1. 电源管理芯片分类

电源管理芯片包括很多种类别,大致可分成电压调整类、接口驱动类、电池管理类三类集成电路。电压调整类芯片又分为线性稳压器集成电路和脉宽调制(PWM)型集成电路;接口驱动类芯片分为接口驱动器、马达驱动器、功率场效应晶体管(MOSFET)驱动器以及高电压/大电流的显示驱动器等;电池管理类芯片分为电池充电IC、电池管理IC、电池保护IC、电量显示IC、电池数据通信IC等。下面简要介绍线性稳压芯片、DC-DC开关稳压芯片和锂电池充电管理芯片,这三类电源管理芯片也是电路设计中最常用的芯片。

1) 线性稳压芯片

线性稳压芯片的特点是输出电压比输入电压低、稳压过程快、输出纹波较小,芯片工作产生的噪声也非常低,但线性稳压芯片效率较低。使用过程中要重点关注芯片的效率和发热情况,一般来说,输入电压和输出电压的压差比较大时或者是电路中电流比较大的时候不宜采用线性稳压芯片。线性稳压分为串联型和并联型,调整管串联在电源跟负载之间,叫作串联型稳压。相应地,将调整管跟负载并联来调节输出电压叫作并联型稳压。调整管相当于一个电阻,电流流过调整管时会发热,调整管工作在线性状态下,当压差大的时候会产生大量的热,效率非常低,这是线性稳压芯片最主要的缺点。线性稳压芯片由调整管、参考电压、取样电路、误差放大电路等部分组成。图1.15是一个比较简单的线性稳压芯片的原理框图,具体的工作原理是取样电阻通过取样输出电压,并与参考电压比较,比较结果由误差放大电路放大后,控制调整管的导通程度,使输出电压保持稳定。

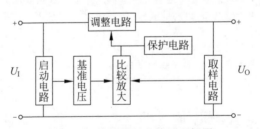

图1.15　线性稳压芯片原理框图

常用的线性串联型稳压电源芯片,如LM317、LM337和L117。LM317是固定式三端稳压芯片,电压输出电压范围为1.2～37V,能够提供1.5A的电流。LM337的输出电压范围为−37～−1.2V,负载电流0.4～2.0A,电路简单,仅需两个外接电阻来设置输出电压,内置过载保护电路。LM1117是低压差电压调节器,内部提供电流限制和热保护,输出端需要接滤波电容来改善瞬态响应和稳定性。

2) DC-DC开关稳压芯片

开关稳压IC重复切换"开"和"关"状态,与外部能量存储部件电感和电容器一起产生输出电压。输出电压调整是根据输出电压的反馈样本,调节一个周期内的高低电平的时间占空比或者频率来实现对输出电压的控制,高电平时接通,对能量器件充电,使电容的电压升高,低电平时储能器件放电。输出开关的"开"或"关"由反馈控制。

频率调制,控制脉冲的宽度保持不变,改变脉冲频率(即周期)以调节输出电压使其稳定。当负载电流增大或电网电压降低而使输出电压下降时,通过控制电路使脉冲频率增加,就可以使输出电压上升到原来的稳定值。

宽度调制,控制脉冲的周期保持不变,改变脉冲占空比来调节输出电压使其稳定,当负载电流增大或电网电压降低而使输出电压下降时,通过控制电路使正脉冲宽度增加,就可以使输出电压上升到原来的稳定值,大部分开关稳压芯片采用的是脉冲宽度调制的方式。脉冲宽度调制开关稳压芯片原理框图如图 1.16 所示。

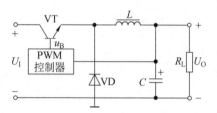

图 1.16　脉冲宽度调制开关稳压芯片原理框图

3) 锂电池充电管理芯片

锂电池充电管理芯片一般可以对单节/双节/三节的锂离子、聚合物、磷酸铁锂电池进行充电和管理,对锂电池的充电要遵守预充电、恒定电流充电、恒定电压充电这三个过程。

(1) 预充电。也叫涓流充电,预充电用来先对完全放电的电池单元进行恢复性充电,以激活深度放电的电池,在电池电压低于 3V 时采用预充电,预充电电流一般是恒流充电电流的十分之一。

(2) 恒定电流充电。当电池电压上升到预充电阈值以上时,开始进行恒流充电,恒流充电的电流为 0.2～1.0C(C 是以电池标称容量对照电流的一种表示方法,如电池是 1000mAh 的容量,1C 就表示充电电流是 1000mA),电池电压随着恒流充电过程会逐步升高。

(3) 恒压充电。当电池电压上升到 4.2V 时,恒流充电结束,开始恒压充电,根据电芯的饱和程度充电电流慢慢减少,当减小到 0.01C 时,认为充电终止。

下面以 MPS 的锂电池充电芯片 MPS2615 来具体说明。MP2615 是一款开关型充电芯片,适用于单节或双节锂离子电池以及锂聚合物电池的充电。最大充电电流为 2A,最大充电电流可设置,通过一个精确的检测电阻进行调节。MP2615 采用两个控制环路,分别控制充电电流和充满电压,以实现精确的恒流充电和恒压充电。在每个充电周期内,监测电池温度和充电状态,提供两个状态指示引脚,分别指示电池充电状态和输入电源状态。MP2615 还具有防止电池反向放电的闭锁保护功能,芯片封装为 3mm×3mm 的 QFN 封装(16 个引脚),4.75~18V 输入工作电压,占空比最高99%,电池充满电压精度为±0.75%,电池充满电压有 4.1 伏/节和 4.2 伏/节可选。内部集成了功率开关管,无须外部反向阻断二极管,集成了电池耗尽的预充电、充电状态指示、可编程安全充电定时器、过温保护等功能。MP2615 充电芯片原理图如图 1.17 所示,芯片的引脚说明如表 1.11 所示。其中,输入电压为 12V,双节电池充电,芯片引脚 CELL 接 GND,有充电指示功能。电阻 R243 用来设置最大充电电流,最大充电电流=100(mV)/R5(mΩ),图中 R234=100mΩ,因此最大充电电流为 1A。

表 1.11　MP2615 引脚说明

PIN 脚	名称	描　　述
1	SW	开关信号输出,输出引脚
2	VIN	电源输入脚,输入电压范围为 5~18V
3	VCC	内部产生 4.5V 电压,外接 $1\mu F$ 的电容到 GND,不能接外部负载
4	CELL	电池节数选择,接高电平为单节电池充电,即充满的电压是 4.1V 或者 4.2V;接 GND 是双节电池充电,充满电的电压是 8.2V 或者 8.4V
5	SEL	输入脚,SEL=Low level or float,VBAT=4.2V/CELL SEL=High level or float,VBAT=4.1V/CELL 通常情况接 GND,按 4.2V 进行充电
6	/EN	使能控制,低电平有效
7	N/C	NO CONNECT
8	AGND	模拟地 Analog Ground
9	BATT	接电池端
10	CSP	Battery current sense positive input,电流检测,具体接法见图 1.17
11	/ACOK	输入电压有效指示,当输入电压正常时,该引脚输出低电平
12	/CHGOK	充电完成指示,充电中输出低电平,充电完成开路输出
13	NTC	热敏电阻输入
14	TMR	内部的安全控制,连接一个电容到 GND,可以设置最长的充电时间
15	BST	Bootstrap,连接一个电容到 SW 端,电容值可以选 100nF
16	PGND	Power Ground,接 GND

2. 选型与设计注意事项

1) 线性稳压 IC 的选型与设计注意事项

(1) LDO 低压差线性稳压芯片的选择。需要计算输入与输出之间的压差,一般情况下,若这个压差很小(小于 1V),同时负载电流小于 1000mA 和输入电压小于 10V,则可以考虑选择低压差线性稳压器(LDO)。如果输入与输出之间的压差在 1V 以上,则可以考虑选择普通线性稳压器或者降压 DC-DC。

(2) 输出电流要尽量留出较多的余量。线性稳压芯片的效率低,特别是输入电压和输出电压的电压差较大的时候,电压差都会消耗在稳压芯片上,过大的负载电流会造成电源芯片的发热非常严重。

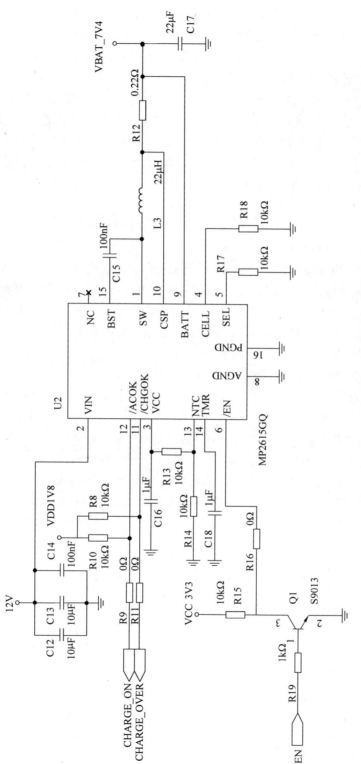

图 1.17　MP2615 充电芯片原理图

（3）器件封装散热以及功耗。功耗＝（输入电压－输出电压）×工作电流，按照 70％降额原则选择器件封装。同时借助 PCB 的 GND 铜皮协助散热，例如，在芯片背后画一个比较大的 GND 铜皮，并多增加一些过孔到其他的 GND 铜皮层。

（4）仔细查看芯片的有效压降。有效压降＝输入电压－输出电压，有效压降只有符合芯片规格书中的数值才能有稳定的电压输出。如压降为 1.5V 的 LDO，想要输出 5V 电压，输入的电压必须是 6.5V 以上，如果输入电压低于 6.5V，需选择有效压降更小的芯片才能可靠输出 5V 电压。

（5）静态电流。静态电流是指线性稳压 IC 工作本身需要消耗的电流，在用电池供电的手持产品中，为了得到较低的待机电流和关机电流，需要选用静态电流较低的线性稳压 IC 以提升产品的待机时间。

（6）输出端滤波电容选用。参考芯片规格书要求和负载的动态变化来选用输出端的滤波电容，如选用容量过小的电容，输出的电压可能会不稳或者纹波比较大。当电源纹波和动态响应比较差时，需要加大输出端的滤波电容，同时输入端也建议选用更大容量的滤波电容，电解电容和陶瓷电容组合使用，低 ESR 的陶瓷电容滤波效果会更好。另外，电容的耐压值也需要注意，一般使用 1.8 倍原则来选用，尤其是输入端的电容，输入端输入的电压存在一定的变化风险，假如输入端电压为 12V，那么最好选择 25V 耐压的电容。

2）DC-DC 开关稳压芯片的选型与设计注意事项

DC-DC 开关型稳压也称直流-直流开关型稳压，主要有升压式（BOOST）和降压式（BUCK 型）两种。降压式 D-/DC 芯片用得较多，输出电流为数百毫安至几安，适合大部分的电路。降压式 D-/DC 芯片基本原理是芯片内部有开关管，当内部的开关管导通的时候，输入电压通过输出端电感向负载供电，同时也向输出端滤波电容充电，在这个过程中，滤波电容和电感存储能量。当内部的开关管截止的时候，由存储电感和滤波电容中的能量继续向负载供电。输出的电压经检测电阻组成的电压检测电路，把输出电压的信号反馈至控制电路，由控制电路来控制开关管的导通及截止时间，使输出电压保持不变，设计注意事项有如下几点。

（1）根据 PWM 开关频率来选择适合的 DC-DC 稳压芯片。开关频率是 DC-DC 稳压芯片重要的参数之一，关系到系统的效率、电磁兼容和 PCBlayout，对储能电感，电容大小的选择也有较大影响。频率越高，外部的电感和电容值就可以更小，相应所需的 PCB 面积越小、输出纹波也越小，但开关损耗越大、EMC/EMI 越难处理。开关频率低的芯片，对外部电感和电容要求高。

（2）对负载功率做充分的评估。电源芯片的输出能力要大于负载功率，且需要留有一定的余量，一般情况下，负载电流为电源芯片最大输出电流的 80％左右。也不能预留太多的余量，如果用一个能输出大电流的电源芯片来驱动一个小电流的负载，虽然说驱动能力没有问题，但是可能会带来两个问题，一方面成本会提高，另一方面选用 DC-DC 转换芯片的效率可能会非常低，因为一般的 DC-DC 芯片在输出电流非常小或者非常大的时候效率都比较低。

（3）外部续流二极管设计。外部续流二极管使用肖特基二极管，正向导通压降越小越好，同时也要考虑反向电压、前向电流。按经验值设计反向电压为输入电源电压的二倍，前向电流为输出电流的二倍。另外，目前大部分芯片都内置 MOS 管的同步整流，建议选择有内部同步续流的开关稳压芯片。

（4）滤波电容选用。输出端滤波电容的选择基于开关的频率、纹波和输出电压的要求，一般情况下，DC-DC 芯片规格书中，对输出级的电容会有明确要求的、不同的电容，对 DC-DC 的影响是多方面的，这不仅是电压问题，还有纹波系数、转换效率等。对电解电容要谨慎使用，尤其是当开关频率比较高的时候，电解电容等效阻抗大，基本起不到滤波效果。输入端的电容，主要考虑 DC-DC 内阻和启动瞬间电流，理论上，输入端的电容越大越好，实际电路考虑成本和对元器件的高效使用原则，输入端的电容与输出端的电容在容量上相等即可，或者是略小于输出端的电容容量。

（5）续流电感的选用。按芯片数据手册推荐的计算公式，计算出电感值后，还需关注电感的温升电流、饱和电流和 DCR。DCR(Direct Current Resistance)是电感的直流电阻，是电感在直流电流状态下测量的电阻，要选择较小 DCR 的电感。建议采用一体成型结构，一体成型坚实牢固，磁路封闭，具有良好的磁屏蔽性和EMI 性能。一体成型电感体积小，焊盘在底部，可以有效减小 SW 节点面积，减小耦合电容。经过计算后得到的电感值，实际采用的电感可以比计算的电感值稍微大点儿，这样可以让电感存储更多的能量。一般而言，电感值变大，输出纹波会变小，但电源的动态响应也会相应变差，所以电感值的选取可以根据电路的具体应用要求和实际测试数据来调整以达到最理想效果。

（6）PCB 布线注意事项。器件布局方面，DC-DC 芯片、续流二极管、输入滤波电容、电感、输出滤波电容、反馈网络的元器件应尽量集中放置，尤其是电感和续流二极管应尽量靠近芯片的 SW 引脚，反馈网络的电阻适当远离电感，输入电容尽量靠近芯片的 Vin 引脚。PCB 走线的时候，输入电源和输出电源的走线尽量粗，反馈电压的地、芯片的地和续流二极管的地尽量接近。反馈电阻尽量靠近芯片的 FB 引脚，从反馈电阻到 FB 引脚的连线尽量短，因为这段线极易受到干扰，受到干扰后对输出特性影响较大。电感正下方所在区域不要有地线，电感辐射容易影响地平面电平。

3）锂电池充电管理芯片的选型与设计注意事项

使用电池管理芯片对锂电池充电，对于延长电池寿命有明显作用，充电管理芯片可以有效地控制充电各个阶段的充电状态，设计注意事项如下。

（1）根据电池的规格和电路能提供的电源功率来选择合适的充电芯片。对于很多台式设备，在充电的过程中还需要维持整个电源系统稳定可靠的工作，在只有外部断电的情况下才使用电池来供电的产品，这种类型的产品充电电流不宜太大，因为过大的充电电流会影响主系统或者其他模块的供电,可以通过延长充电时间的方式来管理电池。如果是手持产品,或者是使用过程中都是电池供电的产品,要考虑一次完整充满电的时间,适当增加充电电流,缩短充电时间。

（2）尽可能选择同时支持单节电池充电和双节电池充电的充电芯片。如果只选择单节电池充电芯片,芯片通用性不强,可能只会在一个产品中用到。在电子产品领域,单节电池和双节电池用得最为普遍。

（3）建议尽量选用开关型的锂电池充电芯片。线性充电 IC 仅用于小型电池的充电,如可穿戴的蓝牙耳机和智能手表等微小电子产品,线性充电 IC 体积小、成本低,不用任何切换,但是当充电电流大时功耗非常高。开关型充电 IC 用途广、充电效率高,开关型充电芯片既可以降压充电,也可以升压充电。开关型充电 IC 类似开关型电源转换芯片,直流电转变为高频脉冲电流后,将电能存储到电感、电容元件中,利用电感、电容的特性将电能按预定的要求释放出来以改变输出电压和电流。线性电源没有高频脉冲和存储元件,只利用元器件线性特性,效率较低。

（4）充电电路对最大充电电流应有严格的限制。根据选用的电池规格书来设置最大的充电电流,充电芯片有相应的引脚来配置,或者是在充电回路上串联电阻来限制。

（5）自适应输入功率充电。充电芯片要能自适应输入功率,比如使用 2A 的适配器,充电电流是 2A,使用 500mA 的适配器,充电电流为 500mA。

（6）充电芯片的自动再充电和过充电保护。当电池电压跌落到一定电压值时自动对电池进行充电,不同的充电芯片稍有差别,有的充电芯片是跌落到 4.1V 就对电池进行充电,具体查看芯片手册。过充电保护是指恒流充电后,然后恒压充电,充电电路判断电池充满后及时断开充电。

（7）充电芯片应具备锂电池正负极反接保护功能。当锂电池正负极反接于充电芯片电流输出引脚,充电芯片应能检测到,输出端无充电电流输出,拿掉电池正确接入后,自动恢复正常状态。

（8）充电电路应有防倒灌保护。如没有防倒灌功能可能会产生许多危害,以输出端接两节锂电池为例,若充电电源移除后,电池内的电流倒灌至充电电路中。首先是导致电池电量损失,更严重的安全隐患是,对于某些降压充电芯片来说,电池电流从输出端经芯片内部功率寄生二极管倒灌至芯片的 VIN 端,此时出现了输入端和输出端电压相等的情况。当电路的输出端电压低于设定值时,芯片 FB(输出反馈点电压)电压相应地也会低于标称值,芯片开始工作来提高输出端电压。由于输入端电压几乎与输出端相等,对于降压芯片来说,输入端无法给输出端提供能量,导致 FB 点电压一直低于标称值,芯片进入占空比 100% 的工作状态。此时若输入端突然恢复供电,输入端电源会经过已经打开的功率管直接把能量输送到输出端,由于输入输出存在压差,瞬间会有比较大的电流流过功率管,若此时由于其他不可控的原因导致芯片未能及时有效做出响应来关闭功率管,这个大电流有可能会使芯片内部开关管损坏。

3. 厂家推荐

推荐的电源管理芯片生产厂家如表 1.12 所示。

表 1.12　推荐的电源管理芯片生产厂家

厂 家 名 称	厂 家 简 介
圣邦微(北京)电子股份有限公司	圣邦微(北京)电子股份有限公司(SG MicroCorp)是专业从事高性能、高质量的模拟集成电路设计,并为无线通信、消费者、医疗、汽车和工业市场提供创新解决方案的高科技企业,在模拟集成电路行业占有领先地位。圣邦微主要的电源管理芯片有 DC-DC 转换器、线性稳压 IC、锂电池充电管理芯片全系列产品
Monolithic Power Systems（MPS）	Monolithic Power Systems（MPS）是一家领先的国际半导体公司,以专有的创新工艺流程为依托,定义了高性能电源解决方案在工业应用、电信基础设施、云计算、汽车、消费电子应用等领域的应用。MPS 主要的电源管理芯片有开关稳压芯片、以太网 POE、电源模块、显示背光电源、电池管理芯片等系列产品
上海韦尔半导体股份有限公司(豪威集团)	上海韦尔半导体股份有限公司(豪威集团)致力于提供传感器解决方案、电源管理器件和触屏解决方案,产品应用在手机、安防、汽车电子、可穿戴设备、IoT、通信、计算机、消费电子、工业、医疗等领域。豪威集团的电源管理芯片主要有 DC-DC 芯片、线性稳压器、LED 驱动芯片、负载开关和过压保护器件等
杭州士兰微电子股份有限公司	杭州士兰微电子股份有限公司是专业从事集成电路芯片设计以及半导体微电子相关产品生产的高新技术企业。公司成立于 1997 年 9 月,总部在中国杭州。产品涵盖了消费类产品的众多领域,在多个技术领域保持了国内领先的地位,如绿色电源芯片技术、MEMS 传感器技术、LED 照明和屏显技术、高压智能功率模块技术、第三代功率半导体器件技术、数字音视频技术等。同时利用公司在多个芯片设计领域的积累,为客户提供针对性的芯片产品系列和系统性的应用解决方案。士兰微的电源管理芯片有 AC-DC 电路芯片、移动快充电路芯片、车充快充电路芯片、LDO 芯片、DC-DC 电路芯片等
上海贝岭股份有限公司	上海贝岭股份有限公司成立于 1988 年,是国内集成电路行业的第一家中外合资企业。上海贝岭是国家改革开放初期成功吸引外资和引进国外先进技术的标志性企业,为我国集成电路产业的发展树立了楷模,带动了我国微电子产业的振兴和程控固话通信产业的迅速发展,获得了众多的殊荣。公司专注于集成电路芯片设计和产品应用开发,重点发展消费类和工控类两大产品板块业务,集成电路产品业务细分为电源管理、智能计量及 SoC、非挥发存储器、功率器件和数据转换器芯片 5 大产品领域。上海贝岭的电源管理芯片有降压型 DC-DC 转换器、升压型 DC-DC 转换器、CMOS 型低压差线性稳压器、双极型低压差线性稳压器、锂电池充电芯片、精密限流负载开关、三端稳压器、电压基准芯片等

续表

厂 家 名 称	厂 家 简 介
Silergy 矽力杰	Silergya 矽力杰公司位于中国杭州,是一家开曼群岛公司,主要设计方向是混合信号集成电路和模拟集成电路,产品广泛应用于工业、消费、计算机和通信设备领域。矽力杰的电源管理芯片有线性调节器、电能计量集成电路、锂离子/锂聚合物电池充电集成电路、升压调节器、双输出降压调节器等
上海晶丰明源半导体股份有限公司	上海晶丰明源半导体股份有限公司成立于 2008 年 10 月,是国内领先的模拟和混合信号集成电路设计企业之一。公司总部设在上海,在深圳、厦门、中山、成都、东莞、杭州设有客户支持中心,在中国香港设有国际业务支持中心。晶丰明源在通用 LED 照明、高性能灯具和智能照明驱动芯片技术领域处于领先水平,2015 年开始变频电机控制芯片组的开发,包括电机控制芯片、电机驱动芯片、智能功率模块、AC/DC 和 DC/DC 电源芯片等。晶丰明源的电源管理芯片有 DC-DC 电源芯片、LED 照明驱动 IC 等
无锡芯朋微电子股份有限公司	无锡芯朋微电子股份有限公司是一家专注于模数混合功率集成电路研发的高科技上市企业,总部位于江苏省无锡市,并在苏州、深圳、中山、厦门、青岛、中国香港设有研发中心和客户支持机构。主要产品包括 AC-DC、DC-DC、Motor Driver 等,广泛应用于家电、手机 & 平板电脑、智能电网、5G 通信、工控设备等领域。目前已发展成为国内高压电源和驱动类芯片的领先供应商,为众多电子行业知名企业提供功率集成电路产品和解决方案。芯朋微的电源管理芯片有 DC-DC 升压芯片、LED 背光芯片、电池充电芯片、电流限制器等
上海芯龙半导体技术股份有限公司	上海芯龙半导体技术股份有限公司是一家专业从事电源管理类模拟集成电路开发的设计公司,芯龙半导体在高压、高效率、大功率的电源管理集成电路领域拥有多年的技术积累和实践经验。应用产品主要涉及手持式便携式电子产品、消费类家用电器、汽车电子、工业控制和计算机、半导体照明、新能源管理、多媒体音视频等领域,在高电压、大功率单片开关电源集成电路领域和大功率 LED 照明领域提供一系列的产品和服务。芯龙半导体的电源管理芯片有 DC-DC 变换器(常规)、DC-DC 变换器(高效率)、DC-DC 变换器(大功率)、DC-DC 变换器(高压)、恒流 BUCK DC-DC 变换器、USB 接口的 BUCK DC-DC 转换器等

1.6.7 石英晶振

石英晶振在电路中的作用是产生时钟,可以把石英晶振比作数字电路的心脏,这是因为数字电路的所有工作都离不开时钟信号,石英晶振直接控制着整个系统。若石英晶振不运作,那么整个系统也就瘫痪了,所以石英晶振是决定数字电路开始工作的先决条件。石英晶振俗称晶振,是用石英材料作成,具有较好的稳定性和抗干扰性能。CPU的外围基本上都会用到石英晶振,电路中一般用"X"表示,有双极和四极封装,石英晶振的电气符号如图 1.18 所示。

图 1.18 石英晶振
的电气符号

晶振具有压电效应，即在晶片两极外加电压后晶体会产生变形，如果给晶片加上适当的交变电压，晶片就会产生谐振。谐振频率与石英斜面倾角等有关系，在共振的状态下工作可以提供稳定、精确的单频振荡，普通晶振的频率精度可达 20ppm（百万分之 20）。晶振的主要参数有标称频率、负载电容、温度频差等，这些参数决定了晶振的品质和性能。

（1）标称频率。晶振规格书中所指定的频率为晶振的标称频率，也是在电路设计和元件选型时首要关注的参数。标称频率大都标注在晶振外壳上，晶振常用标称频率为 1～200MHz，如 32.768Hz、8MHz、12MHz、24MHz 等。高速 CPU 内部会使用更高的频率，高速 CPU 内部的频率会用 PLL（锁相环）将外部晶振的频率进行倍频至 1GHz 以上。

（2）负载电容（Load Capacitance，CL）。晶振的负载电容是电路中跨接晶体两端的总的有效电容，并不仅是晶振外接的匹配电容。负载电容主要影响负载谐振频率和等效负载谐振电阻，负载电容常用的标准值有 12pF、16pF、20pF、30pF，与晶体一起决定振荡器电路的工作频率。

（3）温度频差。温度频差表示在特定温度范围内，工作频率相对于基准温度时工作频率的允许偏离量，基准频率一般以晶振在 25℃ 时的输出频率为参考，晶振的温度频差单位是 ppm（parts per million，百万分之几）。

1. 石英晶振分类

按外形分类，石英晶振可分为长方形晶振、圆柱形晶振、椭圆形晶振；按封装形式分类，可分为玻璃真空密封型晶振、金属壳封装型晶振、陶瓷封装型和塑料壳封装型晶振；按负载电容特性分类，可分为低负载电容型晶振和高负载电容型晶振；按谐振频率精度分类，可分为高精度型晶振、普通型精度晶振、温度补偿式晶振、恒温控制式晶振。普通型精度晶振用得最多，如目前市场用量比较大的 3225 贴片晶振、2520 贴片晶振、5032 晶振等通用晶体，插件类晶振如 HC-49US、YT-26 封装等也是通用晶振。高精密晶体的封装形式一般是 HC-43U、45U 等封装，高精密晶体在滤波器上的使用也较为广泛。常用贴片晶振 3225 和 1612 的封装尺寸如图 1.19 所示，常用插件封装 YT-26 DIP 和 HC-49US DIP 封装如图 1.20 所示。

石英晶振器件的发展趋势是小型化、高精度、低功耗和低振幅工作，为满足手持便携式产品轻薄的要求，石英晶振器件封装会进一步缩小并由传统的金属外壳向陶瓷封装转变。精度方面，普通晶振（Packaged Crystal Oscillator，PXO）在没有采取温度补偿措施的情况下，晶振频率总精度能达到 ±10ppm，已能满足绝大部分产品的需求。温补晶振（Temperature Compensated Crystal Oscillator，TCXO）是在晶振内部对晶体频率温度特性进行补偿，以达到在宽温的温度范围内满足稳定性要求，补偿后频率精度为 ±5ppm。恒温晶振（Oven Controlled Crystal Oscillator，OCXO）采用精密控温，使电路元件及晶体工作在零温度系数点的温度上，补偿后频率精度为 ±3ppm。快速启动也是晶振发展的趋势，材料的改进可以让晶振在低功耗、低振幅条件下可靠工作。

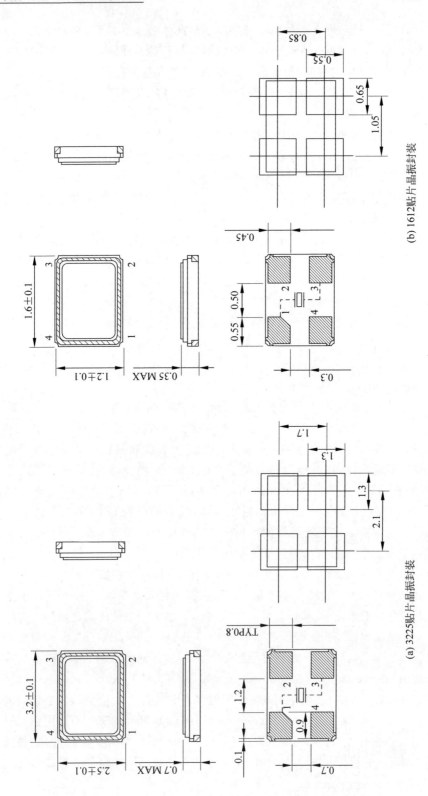

(a) 3225贴片晶振封装

(b) 1612贴片晶振封装

图 1.19 3225 贴片晶振封装和 1612 贴片晶振封装

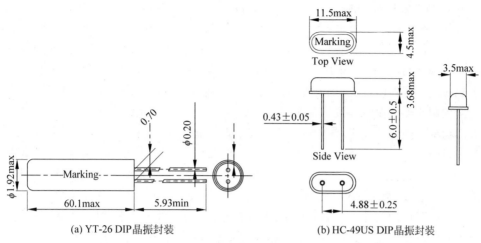

(a) YT-26 DIP晶振封装　　　　　　(b) HC-49US DIP晶振封装

图 1.20　YT-26 DIP 晶振封装和 HC-49US DIP 晶振封装

2. 选型与设计注意事项

石英晶振是一种高精度、高稳定度的振荡器,是利用石英晶体的压电效应而制成的谐振组件,广泛应用于各类电子产品的振荡电路中和用来作时钟源,为 CPU 系统和数据处理模块提供时钟信号。

(1) 尽量选用无源晶振。无源晶振价格便宜且稳定性高,Crystal 就是平常所说的无源晶振,Oscillator 是平常所说的有源晶振,Oscillator＝Crystal＋信号加载电路,振荡器只要供电就可以直接输出方波信号。

(2) 晶振频率偏差考虑。根据实际电路要求来选择频率偏差特性的晶振,普通晶振可以满足 90% 的电路需求,在宽温的应用环境和精度要求高的电路中要选用温补晶振(Temperature Compensated Crystal Oscillator,TCXO)或者是恒温晶振(Oven Controlled Crystal Oscillator,OCXO)。

(3) 晶振的工作温度。普通晶振的工作温度是 $-20\sim70℃$,不同厂家的晶振温度范围相差较大,选用晶振时需要特别关注晶振的工作温度,超出温度范围可能导致石英晶体振荡器产生很大的频率漂移,同时还会导致晶振在特定温度下完全停止振荡。规避的做法是提前知道所选晶振型号的工作温度范围,并在指定的温度范围内使用。

(4) 负载电容影响晶振频率稳定性。晶振的负载电容是从石英晶振元件两脚向振荡电路方向看进去的所有有效电容,其中包括 PCB 板上的寄生电容。负载电容与石英晶振标称频率共同决定了晶振输出端的工作频率。通过调整负载电容,就可以将振荡电路的工作频率调整到标称值,晶振的数据手册一般都会给出推荐的负载电容值。负载电容值偏大时频率会微调下降,负载电容值偏小时频率会微调增大。在晶振电路中,负载电容计算公式如下。

$$C = [(C_1 \times C_2)/(C_1 + C_2)] + C_{ic} + C_{pcb} \tag{1-5}$$

其中,C 是晶振的负载电容;C_1、C_2 是分别接在晶振两个脚上的对地电容;C_{ic} 是集成电路内部寄生电容;C_{pcb} 是 PCB 板的寄生电容,$C_{ic}+C_{pcb}$ 的取值范围一般为 3~5pF。

(5) 激励功率与激励电平影响晶振运行的可靠性。激励功率的电流值一般是微安级别,大约为 60~150μA,激励功率一般为 5~450μW。激励电平的大小直接影响石英谐振器的性能,因此在电路设计的时候最好能测试出晶振的激励功率,要严格控制石英谐振器在规定的激励电平下工作,可以通过串联电阻来改变晶振的激励功率。通常情况下,激励电平偏小对于长期稳定来说有利,激励电平稍大对于起振时间有利。但是激励电平不能太大,加载的电压过高后晶振内石英片振动太强,导致振动区域温度升高,石英片内产生温度梯度,会使频率稳定度降低。另外,激励电平过大,由于石英片机械形变超过弹性限度而引起永久性的晶格位移,使频率产生永久性的变化,有时还会把石英片振坏。当然,激励电平过低也会使信噪比变小而影响稳定度,激励电平太低,谐振器不易起振,影响工作的可靠性。

(6) 晶振的生产工艺要求。晶振内部是石英晶体,石英晶体材料的特性,受到外部撞击或跌落时易造成石英晶体断裂破损,进而造成晶振不起振。同时,石英晶体对高温比其他的半导体器件要敏感,因此在手工焊接或机器焊接时,要注意焊接温度,焊接时温度不能过高,并且加热时间应尽量短,过炉温度参考器件数据手册中提供的炉温曲线。

(7) PCB 走线方面。元器件布局的时候晶振靠近其提供时钟源的 IC 放置,对地电容靠近晶振放置,元器件位置摆放原则是按电流的方向依次摆放元器件。晶振下面不要有其他的走线,保证完整铺地,同时在晶振的 100mil 范围内最好也不要布线,这样可以防止晶振干扰其他布线,也防止其他高频信号影响晶振。晶振时钟信号的走线应尽量短,走线宽 8~12mil。圆柱形晶振可以在外壳接地处加一个和晶振外形差不多的矩形焊盘,让晶振外壳侧焊接在这个焊盘上,这样可以避免高温焊接对晶振的破坏,又能保证外壳接地良好。

3. 厂家推荐

国产品牌的石英晶振已成为主流,在石英晶振电路设计过程中,建议使用国产品牌的石英晶振,推荐的生产厂家如表 1.13 所示。

表 1.13 推荐的石英晶振生产厂家

厂 家 名 称	厂 家 简 介
广东惠伦晶体科技股份有限公司	广东惠伦晶体科技股份有限公司成立于 2002 年,是一家专业研发、生产和销售晶体谐振器的国家级高新技术企业。公司总部位于东莞市黄江镇,厂房总面积约 80 000m²,拥有国际领先的全自动生产线百余条。产品广泛应用于消费类电子、智能终端、网络设备、工业设备、智能安防、汽车电子等领域 惠伦晶体主要晶振产品有 MHz 晶振、振荡器晶体、TCXO、TSX、kHz 晶体、金属罐头晶体等

续表

厂家名称	厂家简介
泰晶科技股份有限公司	泰晶科技股份有限公司是一家国家级高新技术企业,专业从事频控器件、精密电路、微声学器件等电子元器件研发和生产,是国内频控器件的龙头企业。自2015年以来,不断推出国内首创K系列和M系列产品,成功将半导体技术应用于频控器件,是全球少数几家掌握微纳米加工技术和生产微纳米级石英晶体的企业之一 泰晶科技主要的晶振产品有kHz晶振体、MHz晶体、石英晶体谐振器、内置热敏电阻石英晶体谐振器、温度补偿型石英晶体振荡器(TCXO)、恒温晶体振荡器(OCXO)等
深圳市晶峰晶体科技有限公司	深圳市晶峰晶体科技有限公司创立于1994年,是一家专业从事高精度、超微型及特殊型石英晶体谐振器、滤波器及多功能振荡器研发、生产和销售的高新技术企业,为客户提供各类无铅产品,产品广泛应用于通信、广电、家电、IT、汽车电子、安防、数码产品等领域 晶峰晶体主要的晶振产品有插件类晶振、贴片类晶振、振荡器、VCXO压控振荡器等
深圳市星通时频电子有限公司	深圳市星通时频电子有限公司专业研发、生产、销售系列石英晶体谐振器、振荡器。工厂位于河源国家级高新技术产业园,拥有先进的生产、检测和检验设备,以及净化生产车间,工厂面积近10 000m²,生产设备齐全,形成晶片切割、研磨、晶片真空镀膜、全自动点胶、离子刻蚀微调、真空封焊、液氮封焊等一整套的加工生产能力。公司凭借多年晶振生产工艺技术和市场深耕的积累,以及个性化产品运用解决方案服务,已经成为国内及世界知名厂商供应合作伙伴 星通时频主要的晶振产品有石英晶振振荡器、直插晶体振荡器、kHz晶体振荡器、MHz晶体振荡器、恒温有源晶振(OCXO)等
成都恒晶科技有限公司	成都恒晶科技有限公司成立于2009年,位于成都市,是从事时频产品设计开发、生产到销售为一体的专业高科技企业。在振荡器设计、信号控制、信号处理等诸多技术领域坚持不断的探索,将自主知识产权的软振荡技术创新地运用到时频控制产品领域,提供比传统产品拥有更好性能、更高可生产性和更低成本的产品 恒晶科技主要的晶振产品有TCXO、OCXO、VCXO和普通晶振等

1.6.8　连接器

连接器也叫接插件,是电子产品实现信号传递与交换的基本元件单元。一个连接器包括四部分,分别是接触界面、接触涂层、接触弹性组件以及连接器塑料本体。其作用是实现电线、电缆、印制电路板和电子元件之间的连接与分离,进而传递信号、交换信息。并且保持系统与系统之间不发生信号失真和能量损失的变化。连接器广泛应用于各种产品中,起着连接或断开电路的作用。连接器是电子设备中不可缺少的部件,用得最多的是FPC连接器、板对板连接器和电缆连接器。受手持产品设计潮流的影响,连接器未来发展方向为高密度、小间距、多功能、高频化、高速度传输,同时连接器还朝着抗干扰技术、模块化技术和无铅化技术方向发展。另外,在通信领域,高电压、大电流的连接器需求市场也很大。常用连接器如图 1.21 所示。

图 1.21　连接器

1. 连接器分类

连接器的结构日益多样化,新的结构和应用领域不断出现,试图用一种固定的模式来解决分类和命名问题,已显得难以适应。根据产品内外连接的功能,可分为元件对封装的相互连接、封装对电路板的相互连接、板对板的相互连接、组件对组件的相互连接、组件对输入/输出接口的相互连接等。按照传输信号类型分类可分为电源连接器(传输电力)、信号连接器(传输信号)、高频连接器(传输数据)。按电气要求可分为通用连接器、大功率连接器、高电压连接器、脉冲连接器、低噪声连接器、抗干扰滤波连接器、精密同轴电缆连接器等。按照环境条件分类可分为密封连接器、三防连接器、高温连接器、低温连接器。按连接特性可分为永久式连接器、半永久式连接器和可插拔式连接器,永久式连接器如熔焊、压接等,日常说到的连接器基本上都是可插拔式连接器。按工作频率可分为低频连接器、高频连接器、高低频混装连接器。低频连接器通常指传输信号频率低于 100MHz 的连接器,这类连接器的传输电流范围较大,电子产品中大部分用的都是低频连接器。高频连接器通常指工作频率在 100MHz 以上的电路中使用的连接器,这类连接器在结构上要考虑高频电场的泄漏、反射等问题,高频连接器由于一般都采用同轴结构的同轴线相连接,所以也常称为同轴连接器。高低频混装连接器将高频连接器与低频连接器混装在一起,通过插头与插座的对插,可减少设备外设端口的设置,减少设备的连线,一次对插即可实现高、低频多路信号的接通,大大提高设备的利用空间,能够满足通信设备和电子产品所要求的重量轻、体积小、集成化和高速数据传输等条件,同时还具有安全性、可靠性和环境适应性特点。一款高低频混装连接器如图 1.22 所示。

2. 选型与设计注意事项

由于连接器的种类繁多,选择合适的连接器用在电路中是提高产品连接器可靠性的基础,需要从连接器的电气参数、机械参数、环境参数、连接方式、安装方式和端接方式等方面进行选择。

(1)可插拔的连接器要考虑连接器的插拔力和机械寿命。插拔力和机械寿命

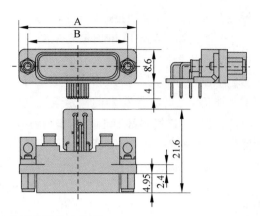

图 1.22 高低频混装连接器

是可插拔连接器较为重要的两个机械性能指标,同时这两个指标由于不涉及连接器的电气性能,硬件工程师在选型时经常忽略。插拔力分为插入力和拔出力(拔出力也称分离力),从使用角度来看插入力要小,而分离力要尽可能大一些,以保证设备连接的可靠性,插入后不能随意拔出。机械寿命是一种耐久性指标,即插拔次数,插拔次数以一次插入和一次拔出为一个循环,以在规定的插拔循环后连接器能否正常完成其连接功能(接触电阻值不能有变化)作为连接器插拔机械寿命的评判依据。在产品内部使用的连接器,插拔机械寿命是可以不考虑的,因为只有在产品装配过程中有插拔,或者是维修过程中插拔。产品外部接口的连接器,需要考虑插拔寿命,一般情况可以按 500～1000 次来判断,连接器在未达到此规定的机械寿命时,连接器的接触电阻、绝缘电阻和耐压等指标不应超过其规定的值。

(2) 接触电阻是连接器关键的指标。连接器的接触电阻受连接器材料、正压力和接触面的影响,从使用的角度考虑,要求接触电阻在较小范围比较好,尤其是通过的电流比较大时要重点考虑连接器的接触电阻,否则会产生较大的压降,质量较好的连接器应当具有低而稳定的接触电阻,连接器的接触电阻从几兆欧到数十兆欧。比较特性的情况,在连接微弱信号电路中,设定的测试数条件对接触电阻检测结果有一定影响。因为接触表面会附有氧化层、油污或其他污染物,两接触件表面会产生膜层电阻。由于膜层为不良导体,随膜层厚度增加,接触电阻会迅速增大。膜层在高的接触压力下会机械击穿,或在高电压、大电流下会发生电击穿。但对某些小型连接器设计的接触压力很小,工作电流电压仅为 mA 和 mV 级,膜层电阻不易被击穿,接触电阻增大可能影响电信号的传输。

(3) 连接器的绝缘电阻和耐压。当连接器用于电压比较高的电路中,要考虑连接器的绝缘电阻和耐压值。耐压是指在规定时间内所能承受的比额定电压高而不产生击穿现象的临界电压,主要受连接器 PIN 间距、爬电距离、几何形状、绝缘体材料以及环境温度和湿度的影响。绝缘电阻是指在连接器的绝缘部分施加电压,从而使绝缘部分的表面上产生漏电流而呈现出的电阻值,绝缘电阻衡量连接器接触点与外壳之间绝缘性能的指标,其数量级为数兆欧不等。

(4) 连接器的额定电压和额定电流。连接器额定电压也称工作电压,它主要取决于电连接器所使用的绝缘材料、接触对之间的间距大小(爬电距离)。连接器的额定电压可理解为生产厂家推荐的最高工作电压,原则上连接器在低于额定电压下都能正常工作。连接器的额定电流也称工作电流,同额定电压一样,在低于额定电流情况下,连接器都能正常工作(特殊有源连接器除外)。额定电流要适当降额使用,由于连接触点存在接触电阻,当有电流流过时会发热,如果电流较大发热超过一定极限时,将破坏连接器的绝缘和形成接触表面镀层的软化,造成故障。

(5) 连接器的燃烧性。产品用在特殊易燃易爆等场合,在选用连接器时需要考虑连接器的燃烧性,连接器在工作时有电流流过,这就存在起火的危险性,特殊场合要选择阻燃型、自熄型绝缘材料的连接器。

(6) 连接器的耐温性。在焊接过程和贴片过程中,都需要经过高温,关注连接器的耐温是否符合实际的生产焊接要求,否则在生产过程中就已经损坏了连接器本体,有些插件类型的连接器是不能过炉温的。

(7) 耐盐雾。连接器在含有潮气和盐分的环境中工作时,其金属结构件、接触件表面处理层有可能产生电化腐蚀,影响连接器的物理和电气性能。如果产品用在工地和矿场,或者是盐雾浓度较大的环境,要考虑连接器的耐盐雾,连接器耐盐雾不仅跟连接器本身有关,跟产品内部布局和密闭性也有关,设计过程中需结合产品结构设计综合进行防护。

(8) 连接器的引脚数和封装选型要求。FPC 连接器不宜选用引脚超过 60 以上的,实际过程如用到 PIN 脚数比较多,可以考虑拆分为两个连接器,另外,0.3mm 间距以下的连接器要慎重选用。

(9) 连接器结构尺寸考虑。连接器的外形尺寸非常重要,在产品中连接器的插拔都有一定的空间限制。尤其是单板上的连接器,不能与其他部件干涉,应根据使用空间、安装位置选择合适的连接器。

(10) 连接器的屏蔽功能。用于通信接口高频信号的连接器,所选的连接器要有金属外壳的屏蔽,同时线缆需要有屏蔽层,屏蔽层要与连接器的金属外壳相连接,以达到屏蔽效果。

(11) 连接器的防误插。防误插有两方面,一方面是连接器本身防误插,连接器本身旋转 180° 仍然可以插入连接器,尽可能选择防误插连接器,或者通过调整连接器相对位置关系使装配上不能旋转 180° 插入。另一方面,出于减少物料种类考虑,几种信号都采用相同的连接器,此时就可能出现将 J1 插头插到 J2 插头上去,如果出现这种情况时会引起严重后果,须将 J1、J2 接口选择为不同类型的连接器或者是相同类型不同 PIN 数的连接器。

(12) 连接器的品牌和外观。连接器的主要质量都在内部,特别是内部线路,肉眼不能观察到。因此在选型的时候要选用有一定品牌和有较大规模厂家的产品,并要求有质保期。一旦连接器出现问题,分析起来比较麻烦,经常会出现偶发的故障,接触电阻变大或者是连接似断非断的状态,误导用户以为是电路设计问题导致的产品故障。

3. 厂家推荐

推荐的连接器生产厂家如表 1.14 所示。

表 1.14　推荐的连接器生产厂家

厂 家 名 称	厂 家 简 介
美国安费诺集团	美国安费诺集团(Amphenol Corporation)创立于 1932 年,是全球最大的连接器制造商之一,总部位于美国康涅狄格州。安费诺集团生产事业部遍布全球,分工合作,各肩负不同的生产目标。于 1984 年进驻中国,在广州、深圳、珠海等地拥有自己的生产基地,拥有全系列的连接器产品
美国泰科电子公司	美国泰科电子公司总部位于美国马萨诸塞州,是全球电气、电子和光纤连接器的首要供货商。提供全球性的商业服务,包括航空、汽车、计算机网络、消费类电子、工业、电力、电信等各领域,提供一系列的内部连接解决方案
莫仕(Molex)公司	莫仕(Molex)公司是全球电子行业领先的连接系统提供商,成立于 1938 年,总部在美国,Molex 公司拥有十万多种性能可靠的连接器产品,居于世界最大连接器产品规模之列。Molex 公司服务于各个行业的客户,包括电信、数据通信、计算机及其外围设备、汽车、网络布线、工业、消费品、医疗等市场
立讯精密工业股份有限公司	立讯精密工业股份有限公司成立于 2004 年 5 月 24 日。立讯精密始终坚持以技术导向为核心,集产品研发和应用服务于一体,主要产品有线材组装、连接器、电源线、天线、裸线、极细同轴线、软排线、软性电路板、精密五金/塑胶零组件、声学组件等
电连技术股份有限公司	电连技术股份有限公司于 2006 年在深圳成立,目前在中国台湾、中国香港、韩国、日本、泰国、越南、美国等国家和地区设有分支机构,是一家专业从事连接器、连接线、天线以及电磁屏蔽产品的研发和制造型企业,其产品广泛应用于消费电子、通信设备及基础设施、移动终端和汽车电子等领域,同时为电子设备提供一站式射频解决方案,拥有从组件到系统级的大容量射频产品的设计和交付能力。电连技术的微型射频连接器在中国的智能手机市场占有领先的份额,在全球市场上占有重要的地位
浙江永贵电器股份有限公司	浙江永贵电器股份有限公司始创于 1973 年,是一家专注于各类电连接器、连接器组件及精密智能产品的研发、制造、销售和技术支持的国家高新技术企业,公司以连接器技术为核心,形成了轨道交通与工业、车载与能源信息、军工与航空航天三大产业板块业务
深圳市得润电子股份有限公司	深圳市得润电子股份有限公司成立于 1989 年,公司主营电子连接器和精密组件的研发、制造和销售,产品广泛应用于家用电器、计算机及外围设备、通信、智能手机、LED 照明、智能汽车、新能源汽车等各个领域。得润电子作为国内连接器的龙头制造商,在国内消费电子连接器市场保持领先企业地位,为适应 5G 发展及连接器行业发展等新形势新需求,公司致力于发展高速传输连接器,推动 Type C、CPU、DDR 等连接器产品的技术升级

续表

厂 家 名 称	厂 家 简 介
胜蓝科技股份有限公司	胜蓝科技股份有限公司成立于 2007 年,是一家专注于电子连接器和精密连接组件研发、生产及销售为一体的高新技术企业,产品主要应用于消费类电子、新能源汽车等领域
精实电子集团	精实电子集团创建于 1986 年,专业生产 FFC/FPC、B to B、Wire to Board 等连接器,产品广泛应用于笔记本电脑、液晶电视、液晶显示器、手机、医疗器械、数码相机、网络通信、音箱、家电及汽车电器等领域。先后在浙江、深圳、苏州、安徽建立了生产制造基地,在中国香港、中国台湾、韩国建立了产品销售公司,形成了立足国内面向世界的销售服务网络
维峰电子（广东）股份有限公司	维峰电子(广东)股份有限公司成立于 2002 年,致力于为客户提供高端精密连接器产品及解决方案,专业从事工业控制连接器、汽车电子连接器、新能源连接器和工业电线电缆组件的研发、设计、生产和销售。产品应用领域涵盖工业控制与自动化设备、新能源汽车、光伏逆变系统等

第2章

硬件可靠性设计

2.1　硬件绘图工具选择

我们经常说"工欲善其事,必先利其器",磨刀不误砍柴工,选择一款优秀且适合自己的原理图和 PCB Layout 设计工具非常重要。功能强大的绘图工具,在画图的时候可以做到事半功倍。目前主流的原理图和 PCB 工具有 Protel/DXP/Altium Designer、Cadence OrCAD、Power Logic、Mentor、EasyEDA 立创,其中,EasyEDA 立创是国产的 CAD 软件。各软件都有自己的特点和用户群体,Cadence 在界面风格、器件封装库、占用系统资源等方面来说有比较明显的优势,用户群体较多。

1. Cadence

Cadence 有两个组件,分别是 OrCAD 和 Allegro。OrCAD 用于原理图设计,Allegro 用于 PCB 设计。Cadence 界面操作性强,由于其 PCB 工具 Allegro 非常强大,占据了高速线路板的霸主地位,其严谨的规则管理器可以让用户在设置好规则之后,确保走线的高度可用性。原理图工具 OrCAD 的用户群体也比较庞大,OrCAD 包含两部分的功能,分别是电路仿真和原理图绘制。电路仿真功能非常强大,可以实现信号完整性、电源完整性、数字电路模拟电路的全系列仿真。原理图绘制工具突出的优点是在屏幕上可以同时打开多个项目文件,显示电路图中不同部分的内容,非常方便在不同项目原理图中进行切换,来回查看多个项目的原理图。OrCAD 是原理图设计中的行业标准,有完善的库管理工具 CIS,直接可以在库中关联器件的价格、成本、资料、器件 SIZE 等信息。原理图主界面如图 2.1 所示,其原理图工具的主要优点如下。

(1) 器件搜索。从装入的元件库中查找和选择元件,通过特性的组合来查询元件库,也可以通过电子表格浏览元件的一些匹配信息。

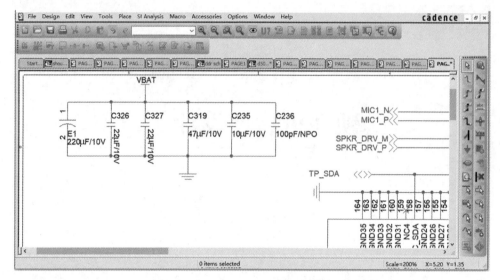

图 2.1　OrCAD Capture 原理图主界面

（2）器件编辑。在原理图界面，可以对器件库的元件进行编辑。具体操作：在原理图上选择一个元件右击选择"编辑"，对器件进行编辑，并可以及时更新，也可以只更新当前页面的器件，对元件库的器件不更新。另外，元件引脚、引脚名、元件尺寸也可以随意设置，仅用引脚编辑器便能迅速地创建大量引脚的元件。如果使用"引脚阵列"工具能更迅速地、交互式地创建引脚阵列，快速制作器件封装。

（3）支持自建数据库。若无 MRP 系统或者想迅速生成一个工程元件库，可以通过标准的器件库生成自己所需要的元件库。工具自带有几千个标准的元件封装，可以作为自建立元件库和增加一个新元件的基础数据。元件库的维护也非常方便，元件能被更新，也能被独立出来，或者用其他元件替代。

（4）管理器。设计管理器能快速而非常容易地查找元件、信号和文件属性，可以通过项目管理浏览和查询层次式的文件，在电子表格编辑器里也可以利用此功能。

（5）设计的灵活性。可以在编辑器里同时编辑多个元件特性，具有旋转和翻转功能。具有强大的缩放功能，可以选一个缩放比例，也可以定义一个缩放区。可以不断地拖动选择功能来选择编辑对象，选择整个相连接的线或者是整个网络进而对它进行编辑。

（6）强大的 DRC(Design Rule Check)功能。进行 DRC 检查后，能自动生成一个报表文件。报表文件中的警告信息、错误信息等提示非常清晰，双击后可以查看到警告信息和错误信息的原因。

（7）强大的接口功能。针对 AutoCAD 工具可以输出 DXF 文件，零件特性可以以 ASCII 格式输入或输出。OrCAD Capture Enterprise Edition 与其 PCB Layout 产品高度集成在一块，能很快地设计电路板。Constraintrue Design

Capture 中,可以通过指明元件和网络属性进行自动放置和布线,比如预先设置好走线宽度、走线间距和器件间距等。

(8) 较为强大的反向注释的功能,可以从 PCB 到原理图反向注释。网络列表可以输出多种格式,支持常用 PCB Layout 工具,如 EPIF、VHDL、Verilog SPICE、PADS 和 Protel 等。

(9) 可以在同一界面同时打开多个项目的原理图,且每个项目多页原理图也可以同时打开,并可以在任一原理图界面来回切换,预览和修改操作非常方便,如图 2.1 所示。

2. Altium Designer

Altium Designer 易学易懂,收获了不少用户,不少高校电子专业开设了 Protel Altium Designer 工具的讲解课程。Altium Designer 经过多年的发展,有全系列的电路原理图绘制、模拟电路与数字电路混合信号仿真、多层印制电路板设计、可编程逻辑器件设计、图表生成、电子表格生成等功能模块。Altium 公司前身是 Protel,从 Protel 99SE 以后,Altium 公司对软件进行了多次大规模的升级。目前比较新的版本是 Altium Designer 20,新的版本原理图编辑器速度有了明显提高,PCB 器件布局和 PCB 增强型交互式布线器功能也进行了改善。根据 Altium 公司的说法,在电子专业的大学生中占有率超过 70%,由于大多数学生在学校接触到的软件就是 Altium Designer,在毕业之后很容易将 Altium Designer 带入工作中。

3. Mentor

Mentor 分为 Mentor Expedition Enterprise(EE) 和 PADS。Mentor Expedition Enterprise(EE)主要客户群体是研究所和规模较大的公司,是非常优秀的软件,功能十分强大。不管是多人协同还是独立画板都非常舒服,尤其是走线功能特别强大,多种拉线模式可以并用。但是由于资料很少和功能复杂,学习难度较大,导致用的人非常少。PADS 在 Mentor 公司的产品中属于中低端系列,但非常好用,易学易懂,从某种程度上来说,它代表了低端 PCB 软件的最高水平。PADS 分为三部分,分别是原理图工具 PADS Logic、PCB 工具 PADS Layout、自动布线工具 PADS Router。PADS 适合大多数中小型企业的需求,操作简单,上手快,而且拥有中文版本。PADS 没有电路仿真功能,作高速板时,要结合其他专用仿真工具,如 hyperlynx。

4. EasyEDA 立创

EasyEDA 立创是一款国产的 PCB 和原理图 EDA 软件,支持多页式原理图和层次式原理图的绘制,同时具有功能强大的封装管理器,支持批量修改封装,并可批量检验封装正确性。目前,立创 EDA 原理图和 PCB 工具已经慢慢被广大电子工程师接受,很多高校和企业的电路设计中已开始普及。作为一款国产 EDA 设计工具,我们应怀着一颗向上的心来接受,虽然工具在细节方面还需要不断完善和改进。立创 EDA 基础界面如图 2.2 所示。

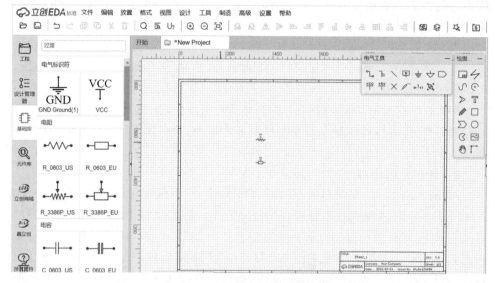

图 2.2　立创 EDA 基础界面

立创 EDA 最大的优点是基于云端服务的模式,可以通过云端来实现库文件共享,离开网络后也可以使用离线版本,随时随地进行电路设计。立创 EDA 上面有上百万的元器件库,基本上可以满足常规电路的设计。有两个选取的路径,分别是基础库和元件库。在基础库中,包含电容、电阻、接插件等常用器件,可以在这里直接选用所需要的封装,选中器件后在所选器件上单击就可以在右边的图纸上放置原理图器件了。需要放置多个器件时,每右击一次就会放置一个,右击取消放置同一器件时,标号会自动叠加命名。除了基础库之外,立创 EDA 充分发挥云端优势,设置了元件库查找功能,将立创商城上在售的所有器件的原理图和封装库都提供给用户进行使用。只需要单击"元件库"就会跳出一个搜索框,在框内搜索想要的器件,选择一个类型,类型包括原理图元件库、PCB 元件库、原理图模块和 PCB 模块等。如果遇到基础库和元件库中没有需要的器件封装,可以自己建封装和库,把自己建好的库和封装上传到云端,以后再有人用到这个器件的话就不用再画了。

原理图画完之后,生成 PCB 网络表之前,一般都需要好好检查一下器件的封装是否全部正确。立创 EDA 提供了一个很方便的封装管理器,只需要在原理图选中任意一个器件,在右边的属性框可以看到这个器件的基本信息。单击"封装"进入封装管理器可以看到原理图和相对应的封装,想要修改封装,只需要在左边的元件列表上选中封装就可以进入编辑状态。

原理图转成 PCB 网络后,接下来的工作就是 PCB Layout,如果在原理图新建工程时没有创建一个 PCB 工程的话,单击对应主菜单栏中的"转换"按钮,单击"原理图转 PCB"就可以生成一个 PCB 文件了。如果事先已经有了 PCB 文件,在画图过程中对原理图重新进行加载,只需要单击"转换"按钮下的"更新 PCB"即可,操作非常方便。

　　立创 EDA 在 PCB 的布局上有三种方式。第一种是直接根据原理图的器件编号在 PCB 图上自由选择器件进行布局,这也是用得最多的一种方法。第二种方法是在原理图页面先框选某一功能模块的电路之后,单击主菜单栏上的"工具"按钮后选择"交叉选择"选项,这时会直接跳到 PCB 设计页面。原理图选中的器件会在 PCB 图上以高亮的形式选中,这时用鼠标就可以将这些器件拉到一边进行布局。第三种方式是半自动布局器件,它可以根据原理图上的布局直接转到 PCB 图上面,可以减少进行 PCB 布局的时间。操作方法和上述方法二相似,只需要单击主菜单栏上的"工具"按钮后选择"布局传递"即会跳到 PCB 页面,然后会自动按原理图所选择的器件排布方式在 PCB 图上排列一致,布局完后手动进行局部修改即可完成器件的布局。

　　立创 EDA 的 PCB 布线最多支持 34 层走线,足以满足 PCB 设计的需求。走线时在 PCB 图纸页面还有一个"PCB 工具"的悬浮窗,在这个窗口上可以选择导线、焊盘、过孔、覆铜等基本功能。如果觉得悬浮窗碍眼,单击右上角的"—"号就可以最小化页面了。在布线的过程中,可以随时在页面右边的属性框内对布线进行一些设置,导线宽度可以在绘制的时候按住 Tab 键进行修改。

　　立创 EDA 可以随时进行 2D 的照片预览和立体的 3D 预览。类似一个摄像机,可以根据右侧的属性修改预览板子和焊盘的颜色。通过预览功能可以很直观地看到板子实际生产出来会是一个什么样的效果,通过预览找到一些错误并加以修改。

　　立创 EDA 6.2 以后的版本推出了仿真功能,仿真功能操作简单,在仿真模式下新建一个工程,添加原理图,仿真模型在基础库里面选择器件。支持万用表、示波器和信号发生器仪表仿真,支持电压源、电流源和基本受控源的仿真,支持模拟电路和数字电路仿真。当画完仿真原理图之后,单击主菜单栏中的"运行仿真"按钮即可开始仿真,随即出现一个仿真波形图,通过分析仿真波形图可以判断仿真的正确性。

　　衡量一个软件的优劣,其中一个很现实的标准就是看它的市场占有率,也就是它的普及和流行程度。Protel/Altium 系列,在很多高校里都有开设相关课程,在高校师生群体中有大量的用户,但是不得不承认,Protel/Altium 在原理图和 PCB 软件中是偏低端的,较少有企业使用。Mentor PADS/PowerPCB/PowerLogic 系列,是低端 PCB 软件中非常好用的,有非常多的用户群体。Cadence Allegro、Mentor EN 和 Mentor WG 是高端的原理图和 PCB 软件,很多通信设备和计算机主板类型公司都使用这类高端的设计软件,其中的 Cadence Allegro 几乎成为高速 PCB 板设计中的标准软件。

　　对于初学者,如果是基于公司对工具选择的需要,公司使用什么工具,当然就学习什么工具。如果是自己学习的需要,建议选择立创 EDA、Cadence Allegro 或 PADS,当然也可以根据就业区域和个人定位来选择。目前在大部分内地城市,Altium 软件的市场占有率是比较高的,如果想在内地工作,建议学习 Altium 软件。如果经常做高速板或者是计算机主板,建议选择 Cadence。当然国产的力创 EDA 也是不错的选择,现阶段不得不说,在一些复杂的电路产品上,立创 EDA 目前可能没法满足所有需求,还是其他软件的天下,国产 EDA 与世界巨头的差距也依然存在,但立创 EDA 一直在保持着高速的更新状态,不停优化现有功能和开发新的功能,相信有一天,国产 EDA 能够迎头赶上,用户数量也会大量增加。

2.2 原理图设计

原理图设计是做好一款电子产品的硬件基础,设计一份规范的原理图对 PCB 设计的指导、BOM 资料的生成和生产资料的生产具有重要指导性意义。原理图设计的基本要求是规范、清晰、准确,同时还应该遵守一些基本绘图原则和技巧,这些基本原则应贯彻到整个设计过程中。另外,原理图要有比较强的可读性,很多时候原理图不仅是给自己看的,还要用于存档、评审和指导 PCB 设计,如果可读性差,会带来一系列沟通问题。养成良好绘图习惯、遵守一定的绘图规则和熟练使用绘图工具是做好原理图设计的前提。

2.2.1 原理图设计步骤

在原理图设计之前,首先要进行初步的构思,即须知道所设计的项目需要哪些电路来完成。建议采用分页式的原理图绘制方法,即不同的功能模块按页来划分。

(1) 新建项目或者文件夹。进行电路原理图设计的第一步是要建立一个新的设计数据库文件和原理图文件,并启动原理图编辑器。

(2) 设置参数。根据电路设计的复杂程度以及图纸规范要求设置原理图图纸的幅面大小、方向、标题栏等图纸参数,对图幅图框的信息也做一些设置,如公司名称、设计人员的姓名和绘图日期等。

(3) 制作新器件的原理图封装。新器件的原理图封装严格按器件规格书中引脚定义来制作,制作完成后把元器件的原理图符号导入原理图编辑器的元件库中。

(4) 放置和调整元器件。从元件库中选定所需的元器件,逐一放置到工作平台上,再根据清晰、美观、易读的设计要求,调整元器件位置,为下一步的布线做准备工作。

(5) 设置元器件属性。元器件布局完毕后,对各个元器件的位号属性进行设置,设置器件的位号,也可以使用自动设置位号的功能。

(6) 原理图连线。将事先放置好的元器件用具有电气意义的导线、网络标号连接起来,使各元器件之间满足电气连接要求。网络标号可以按常用的习惯来命名,如 USB 芯片的使能脚,可以命名为 USB_EN。

(7) 添加文本注释。对电路原理图做一些相应的说明、标注和修饰等,增加原理图可读性,以及指导 PCB Layout。

(8) 编译和修改。初步绘制完成的电路原理图难免存在错误,要对初步绘制完成的电路原理图进行编译检查。编译检查主要用工具来完成,编译检查后工具会给出编译后的提示信息,根据提示信息对原理图进行调整和修改,直到编译检查通过。

(9) 输出目标文档。输出网络表和原理图文件,网络表用于 PCB Layout。

2.2.2 原理图绘制基本要求

在绘制原理图的时候,原理图的版面设计、图幅图框、元器件符号、元件的命名应清晰、明确、合理,原理图版面整体风格应遵守结构简单、层次分明的原则。原理图中器件封装的绘制要有利于指导 PCB Layout,器件封装并不按照元件的实际尺寸来绘制,也不反映电器元件的实际大小,但要能比较好地指导 PCB Layout,例如,器件封装的信号引脚和固定焊盘要做适当区分等。

1. 原理图版面设计

(1) 图幅图框。常用图幅为 A4、A3、A2,方向分为 Landscape(纵向)及 Portrait(横向)。图幅大小应能准确清晰地表达区域电路的完整功能,若标准的图幅规格不能满足要求,则可以自定义图幅大小,自定义图幅在满足要求的前提下应尽量做到长宽比例适中,Cadence OrCAD 图幅设置界面如图 2.3 所示。

图 2.3 Cadence OrCAD 的图幅设置界面

（2）栅格（Grid）设置。Grid spacing 可以是默认值，或者设置成整倍数值。这样放置元件时元件就正好放在整倍数值格点上了，可以减少因此而产生的错误，这个值不能随意设置，栅格的设置界面如图 2.4 所示。

图 2.4　Cadence OrCAD 栅格设置界面

其他的版面参数，如果不是必要，尽量用默认参数。EDA 厂家其实已经做了大量的统计与合理性的评估，都会把最常用的设置参数作为默认值。类似栅格等参数，如果把值设置小了，连接网络线时肉眼看不清楚，以为连接上了其实没有连上，会造成很多不必要的问题。

2. 元件库及元件符号

元器件的原理图库和 PCB 库建议进行统一管理，在画原理图和 PCB 图时只能从统一管理的元件库中取元件，不允许从其他地方取元件或者是临时自己制作器件封装。元件库由专人维护和管理，元件库中的器件物料编号跟公司 ERP 系统的物料编号对应，同时元件的描述栏也要齐全，填写的内容和 ERP 系统中的完全一样，以方便后续整理 BOM 及生产资料的导出。以电容为例，电容的参数一般包括四部分，分别是容值、标称耐压、精度、封装，如 5PF/50V/1％/0603 表示该电容的容值为 5PF、标称耐压 50V、精度为 ±1％、封装为 0603，电容的元件库至少需要这四部分信息。关于元件位号命名规则，应按常规来命名，形成统一版本和规范，以方便在原理图上查找器件。常用元器件种类及代表字符如表 2.1 所示。

表 2.1　常用元器件种类及代表字符

器 件 种 类	代 表 字 符
电阻	R
电容	C
电感	L
磁珠	FB
排阻	RP
变压器	T
二极管	D
发光二极管	LED
三极管（包括 MOS 管）	Q
集成电路	U
继电器	CON
接插件	JP
排针	J
跳线	JP
开关	SW
蜂鸣器	B
保险丝	FUSE
整流桥	DW
按键	KEY
晶振	X
电池座（包括电池）	BT
测试点	TP

3. 元器件选取

元器件选取是把需要的元器件从元件库里面调出来，放置在板面指定的位置上，放置的原则是元件的标号、型号参数整齐规矩，位号和参数不要与网络线和器件封装重合。一般情况下，位号、参数遵守上下放置的原则，如果上下不好放置，则遵守左右放置的原则。元件标号和参数放置如图 2.5 所示。

4. 分页式原理图

单页的原理图很多情况下不能满足电路的功能要求，需要绘制多页原理图，绘制多页原理图时建议采用分页式原理图画法。每页图纸中画一个或几个功能电路，既不要画太密，也不要画太少，太少电路在打印时浪费图纸，每页图纸起一个名字，取名的一般格式是一个数字加图纸名，如“PAGE01-POWER”“PAGE02-MCU”等，图纸名最好能反映图纸内容。分页式原理图的图纸名如图 2.6 所示。

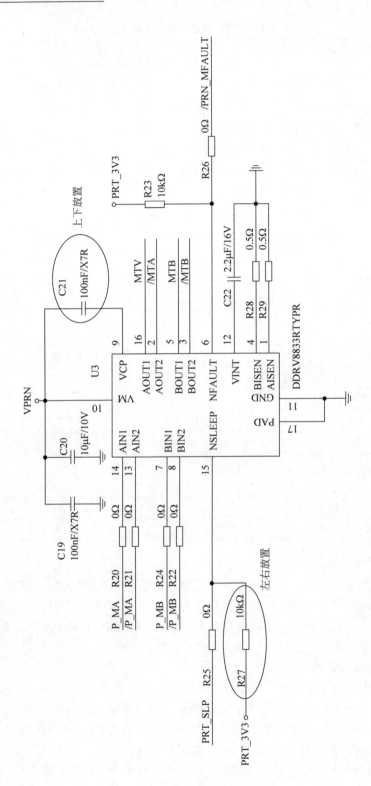

图 2.5 原理图中的元件标号和参数放置

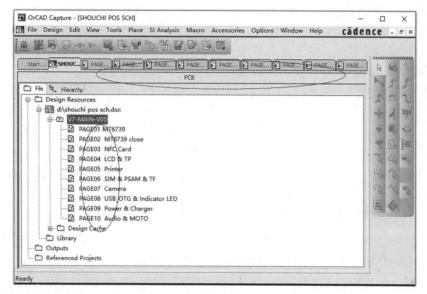

图 2.6 分页式原理图的图纸名

5. 界面器件布局

界面器件布局需要注意电路结构的合理性,由上而下或从左到右布局。一般可将电路按照功能划分成几部分,各功能块之间适当拉开距离布局,整体布局均衡,避免有些地方很拥挤,而有些地方又很稀疏。针对共用模块的电路,可以将共用模块的电路(如电源、存储器系统、单独的通信系统)单独放在一个区域来绘制,用虚线框围起来,或者用单独的一页来绘制,以方便快速检查和评审该部分电路,因为共用模块的电路基本都是成熟的电路,是从其他产品复制过来的,基本上可以免检查和免评审。

2.2.3 网络标号命名

原理图中的网络标号命名对电路功能有一定启示作用,建议命名统一使用英文大小写来命名。原理图设计中的网络标号命名要遵循一定的规范,这样有助于在原理图设计时查看网络连接,也有助于后续 Layout 过程中辨别网络的作用。合理和规范的网络标号命名可有效提高原理图和 PCB 评审效率。硬件原理图网络标号的命名原则是易读、易懂、易识别。原理图的网络标号是硬件工程师和 PCB Layout 工程师之间重要的沟通渠道,PCB Layout 工程师通过看网络标号名称就能知道该网络是什么性质的走线要求,不同的信号如差分信号、射频信号、音频信号、时钟信号等走线要求是不一样的。常用网络标号命名规则有如下几点。

(1) 一般信号的网络标号的命名。对于普通信号,网络标号命名从字面上要能了解该网络的意义或功能,尽量与芯片引脚的命名相近,如 STM32_GPIO12、

STM32_UART_TX 等。

(2) 总线绘制与总线网络标号命名。特性相同的网络一般用总线的方式来绘制。如存储器的数据总线和地址总线,存储器上的各引脚通过网络标号与总线连接,总线式画法易读易懂、便于查找,同时也降低了出错几率。

(3) 差分信号建议使用+/−来标识,推荐将+/−符号放在网络标号的最后,如 USB 的数据信号 USB_D+、USB_D−,以方便识别,同时用文本添加 PCB 走线的约束条件。

(4) 时钟信号的网络标号命名。为了方便 EMC 问题的查找和对 PCB 布线进行约束,时钟信号网络标号建议用 CLK 后缀标识。其他时钟附属信号,例如时钟使能信号等,以 CLK_XXX 来命名,以便区分是 CLK 信号还是 CLK 的附属信号,如 8032 SPI_CLK 表示 8032 SPI 接口的 CLK 信号,8032 SPI_CLK_CS 表示 8032 SPI 接口的片选信号。如果时钟频率是固定的且时钟频率非常高,应用文本加以注释,以提醒 PCB 设计人员和测试人员。

(5) 串联源端和串联终端匹配电阻的网络标号命名。对于源端端接网络,正确的画法应该是将串阻直接画在驱动器件的输出端,并对源端信号与电阻连接的网络进行网络标号命名。对于终端端接网络,将串阻直接画在接收器件的输入端,并对终端信号与电阻连接的网络进行网络标号命名。这样在 PCB 器件布局的时候,PCB 设计人员能够清晰分辨出匹配电阻放在源端还是终端。

(6) GND 网络标号命名。复杂的原理图一般有多种 GND 网络,如有时钟 GND、数字 GND、模拟 GND 和隔离 GND 等,不同的 GND 网络有不同连接方式,可以用不同符号+网络标号来区分。

(7) 关于电源网络的网络标号命名。模拟电源用"A"表示,数字电源用"D"表示,电源电压值用实际的数值来表示,如 3.3V 的数字电源用"DVDD_3V3"表示,1.8V 的模拟电源用"AVDD_1V8"表示。另外,常用的电源网络标号名称 VDD、VCC 和 VSS 三者之间有一定的区别,但很多时候可以混用,具体区别如表 2.2 所示。

表 2.2　电源网络标号

符 号 名 称	说　　明
VCC	VCC 是电路的供电电压,C=Circuit 表示电路,即接入电路的电压
VDD	VDD 是器件的工作电压,D=Device 表示器件,即器件引脚的工作电压
VSS	VSS 是公共的工作电源,S=Series 表示公共连接,通常指电路公共端电压

(8) 关于信号网络的测试点放置。在原理图中对部分网络需要放置测试点,以方便生产过程的测试。一般情况下,需要添加测试的网络有对外接口、显示接口、通信接口、键盘接口、程序下载端口等,添加测试点的原则是单板在生产过程中需要引出探针来测试的网络都需要增加测试点。关于电源网络和 GND 网络的测试点,由于 GND 和电源网络过的电流比较大,在单板测试的过程中,通常 GND 和

电源网络至少需要分别放置 3 个以上的测试点。对高速线、敏感信号线和差分线，PCB Layout 放置测试点时要考虑信号完整性，如出现测试点的放置与信号完整性出现矛盾时，以信号完整性优先。

2.2.4　引用成熟的电路和新电路验证

原理图的各功能模块尽可能引用成熟的电路，成熟电路经过很多产品的验证，能够保证功能实现和产品的可靠性。尤其是跟软件控制相关的电路，引用之前产品上用过的电路，软件和硬件都得到了充分验证，同时也经历了市场的考验，性能稳定，技术成熟。即使出现问题也可以从多方面来分析，对电路的理解和软件控制流程已经非常娴熟了。另外，成熟的电路软件测试案例和硬件的性能测试都有对应的标准，测试工作的开展会非常顺利。

对于原理图中以前没有用过的新电路，要搭电路环境进行测试、验证，检验新电路是否满足需求，是否与预想的电路功能一致。有条件的话，可以进行电路仿真验证，在没有条件进行搭电路和电路仿真的情况下，要十分清楚电路的设计原理，确保电路功能的实现，新电路至少要做到第一轮 PCB 板实现电路的功能正确。

对于新硬件平台的电路设计，一般来说，芯片厂商会提供全套的参考设计和DEMO 开发板，参考设计是芯片厂家经过验证和测试过的方案。很多情况处理器核心部分的电路可以参照芯片厂家提供的参考设计来绘制原理图，如需要修改要有充分的理由，并跟芯片厂家进行详细的沟通，否则可能会有硬件资源冲突等问题。同时，芯片厂商也会提供器件封装、仿真模型、PCB 参考等资料，主处理器的封装可以直接用芯片厂家提供的源文件，主处理器的功能越来越强大，一颗芯片动不动就有几百甚至上千个 PIN 脚，如果自己制作需要花费大量时间，同时还容易出错。

2.2.5　原理图 checklist

原理图完成后，需要对原理图进行检查，每个公司基本上都会制定相应的原理图 checklist。原理图 checklist 不建议做得太庞大，如果把电路原理图的检查项方方面面都考虑清楚的话，原理图 checklist 会有几百项甚至更多，导致执行起来非常困难，在进行原理图自查和评审的时候带来繁重的工作。比较行之有效的方法是原理图 checklist 分类列举，自查和评审的时候只关注与产品设计相关的检查项，通用的设计项可以不进行自查和评审。原理图 chicklist 整理建议遵守如下原则。

（1）非常通用的原理图设计要求，如器件的命名规则、原理图设计规范等不要列入原理图 checklist 清单中。如果列入，将分类放置，放置的通用规范中，自查过程和评审过程针对通用设计项快速通过。

（2）结合公司产品的使用特点和应用场景来整理原理图 checklist,比如做汽车类产品时,原理图和器件选用要重点考虑产品的防震动、高温环境；做金融 POS 产品时,重点考虑密钥存储的可靠性；做儿童类产品时,重点考虑产品的安全特性。

（3）结合产品的行业认证来完善原理图 checklist,有些行业认证是产品的技术门槛。电路设计有特定的要求,把电路的特殊要求和电路设计的难点列入原理图 checklist 中。

（4）结合之前产品的市场返修情况,对故障进行分类总结,把与原理图设计相关的项列入 checklist 中,并重点标注,评审和自查时特别关注。产品在市场上反馈回来的故障点往往是产品设计的关键项,对这方面的信息要重点关注,列入原理图 checklist 后对后续产品的设计可以起到非常好的指导作用。

（5）原理图 checklist 要定期维护,一般半年维护一次,元器件在不断更新、电子行业的加工工艺和芯片技术在不断往前发展。之前被称为规范的设计要点,由于技术和工艺的改进已经不再适合,如果不维护就会阻碍产品的设计。

（6）关于原理图 checklist 的格式。按检查项内容不同分类整理,从四方面来分类,分别是类别、范畴、数据来源和严重等级。类别是指检查项内容的分类,可分为封装库、网络、电源、降额设计等。范畴是指检查项的属性,范畴可分为通用要求、行业要求、认证要求、产品要求和特殊要求。数据来源是指检查项来源于哪方面,数据来源分为基础数据、市场反馈、供应商要求。严重等级是指如果不按检查项来设计导致的结果是怎样的,严重等级分为致命、严重、一般、轻微。把这四栏设置为筛选项,以方便 checklist 的评审、后期维护、查询,原理图 checklist 格式示例如表 2.3 所示。

表 2.3 原理图 checklist 格式示例

类别	检查项（描述）	范畴	来源	结果
降额设计	电解电容的耐压值是否满足要求,同时满足 70%的降额设计	通用要求	基础数据	一般
复位电路	关键功能器件应该预留独立的复位设计	产品要求	基础数据	一般
信号完整性	高速信号的 TVS 管要考虑 TVS 管的结电容	通用要求	基础数据	严重
接口	车载产品对外接口连接器需带有卡扣防震要求	特殊要求	市场反馈	严重
连接器	锂电池连接线必须是双 PIN 连接	产品要求	市场反馈	严重
连接器	为一个由两个连接器拼成的接口,需选择同一厂商,同一类型连接器	认证要求	基础数据	一般
……	……			

对检查项进行分类以后,评审的时候可以只看关键部分和重要项,对于通用项

主要是自查。自查包括三方面内容,分别是 DRC(Design Rule Check)、checklist 自查和原理图的优化。DRC 是利用原理图工具的功能,具体操作是打开原理图文件,选中文件后,在 tools 中单击 Design Rule Check,然后选择具体检查项进行检查,不同原理图绘图软件的操作方式基本都一样,检查项主要有检查单节点网络(check single node nets)、检查未连接的总线网络(check unconnected bus net)、检查驱动接收 Pin Type 的特性(check no driving source and Pin type connect)、检查未连接的引脚(check unconnected pins)、检查重复的网络名称(check duplicate net names)、检查跨页连接的正确性(check off-page connector connect)等。checklist 自查,对于通用项可以快速通过,记录有疑问的地方,在评审的时候拿出来讨论,彻底弄清楚。原理图优化,一份复杂的原理图在绘制完成后,可能会发现有些地方是可以改进和优化的。因为在绘制过程中,在参考之前产品的原理图和与供应商沟通的过程中,了解到有更好的方案或者是有更适合的器件可以替换,因此原理图完成后需要对整份原理图进行适当优化。

2.3　电路可靠性

电路可靠性的定义是电路或元器件在规定的条件下和规定的时间内,完成规定功能的能力。电路的复杂程度、电路接口保护、信号完整性、元器件的运用状态是硬件电路可靠性的核心,如何减少电路复杂性、有效进行接口防护、保证电路信号的完整性和保证元器件运行状态的可靠性,是硬件设计人员在进行硬件设计时需要重点考虑的因素。尤其是元器件运行状态的可靠性,元器件运行状态的可靠性取决于加载在器件上的各种应力,电路中使用的元器件承受了多大的电流、电压、功率、机械应力、处于直流或交流还是脉冲工作状态等,硬件设计人员要做到知根知底。同时要充分认识到电路可靠性设计的核心思想是监控过程,在设计过程中解决电路可靠性面临的挑战,而不是监控结果,打个最通俗的比喻,设计过程是怀孕过程的维护,保证优生优育。

2.3.1　电路的简化设计

电路的简化设计是指在满足电路性能要求的前提下尽可能使电路简化并合理减少器件,降低电路的复杂程度和减少元器件数量来提高电路的可靠性。电路的简化过程中要对电路原理和控制方式有深刻的理解,电路简化不是对电路功能的删减。

一般情况下,产品的硬件电路复杂性指数越高,该电路故障失效率可能性越大。电路简化以满足产品的功能需求为前提,选用更成熟电路或者集成度更高的芯片来进行电路的优化设计,电路简化后可以有效地提高产品的固有可靠性和基本可靠性。

1. 电路集成化

电路集成化是简化电路的最主要途径。电路集成化后不仅能减少元器件的数量,生产制造过程中还可以减少连线和焊接点,显著降低电路的失效率,同时还能大幅度降低 PCB 布局和走线的复杂度。电路集成化有下列几种形式。

(1) 用线性集成放大电路取代分立器件电路。在一些放大电路中,用分立元件搭建的放大电路,为了满足电路功能往往需要进行多级放大电路的设计,每一级放大电路需要调试静态工作点,使用到的元器件较多。这种情况建议用集成放大芯片来替代分立元件搭建的放大电路,集成芯片配很少的外围器件就可以实现所需要的功能,简化了电路,减少了器件数量,非常有利于提高电路的可靠性。

(2) 电源电路的设计简化。线性稳压电路和开关稳压电路,用分立的元件来搭建,用到的元器件多,且过电流保护和负载短路保护用分立器件实现起来电路较为复杂。比较正确的做法是选用一款合适电源 IC 集成电路来替代分立元件搭建的电源电路。

(3) 使用双处理器架构。对于功能复杂的产品,有多组复杂的逻辑控制关系,对外接口和通信接口较多,需要使用 GPIO 扩展电路和接口总线扩展电路,GPIO 扩展电路和接口总线扩展电路增加了电路复杂性和软件驱动的控制难度。针对这种情况,可以用双处理器架构的方式,主处理器负责显示和键盘等用户界面操作的部分,从处理器负责 GPIO 口的扩展和总线的控制,从总体上来优化电路设计。

2. 滤波电路简化

电路设计中,滤波电路经常会被大量使用,电源电路上使用较多滤波电路只会有好处,不会影响电源的性能。但在信号线上的滤波电路需根据该信号的具体电压值、电流值和频率来设计。部分初学者开始做硬件电路设计的时候,几乎每条信号线上都增加滤波电路,电路原理图表面看起来很完美,但其实给 PCB 走线带来非常大的麻烦。电子产品小型化是趋势,如果电路上有大量的滤波电路对 PCB 板布局和走线几乎是灾难,应注意如下几点事项。

(1) 电路中低速的端口不增加滤波电路,直接连接,常见的有中断信号、键盘扫描电路和 GPIO 的控制信号等。

(2) 高频信号的滤波,建议用磁珠,RC 滤波屏蔽不了高的频率,很难有高品质的电容,磁珠滤波比 RC 滤波器件减少一半。

(3) 电源电路中,滤波电路优选低 ESR 的电容。

(4) 合理使用电容滤波、RC 滤波、电感滤波、LC 型滤波和 LC-Ⅱ型滤波电路,根据信号的特性来选择滤波电路,充分考虑电容和电感的交流阻抗特性。五种滤波电路的特点如表 2.4 所示。

表 2.4　五种滤波电路的特点

滤波类型	带负载能力	滤波电路特点	应用场合
电容滤波	一般	电路简单,滤波效果一般	信号线上的电容滤波,要考虑信号的带宽频率,滤波频率要远高于信号频率。电源上的电容滤波,在输出端并联一个或几个电容进行滤波,对高频噪声进行旁路滤波
电感滤波	较强	成本较高,滤波效果较好	串联在电路中,由于电感有自感效应,当通过电流的时候在电感两端会产生电动势来阻止电流的变化,最终会产生比较平滑的电流输出。电感滤波应用在大电流负载的情况下
LC 滤波	较强	成本较高,器件多,滤波效果优秀	由电感和电容组成,经过串联电感和并联电容进行滤波后,可以得到一个较平滑的直流电
LC-Ⅱ 滤波	一般	成本高,器件多,电感体积较大,滤波效果优秀	在 LC 滤波电路的基础上电感前端并联一个电容,其滤波效果相比 LC 滤波效果更好,在要求较高的电源电路中采用此滤波方式
RC 滤波	一般	最为常用的滤波电路,滤波效果一般	在基本的 RC 滤波电路中,C 作输出端是低通滤波器,R 作输出端是高通滤波器

3. 电路简化的原则

电路的简化要结合具体的电路来分析,电路简化的总体原则是提高电路的可靠性,并非单纯简化电路和减少器件。对一些关键部件,往往还要加上必要的备份或冗余电路,来提高系统的可靠性。例如,在设计晶体管功率放大器电路时,为了提高功率管的可靠性,需要降额 40% 使用,原来可以用一个晶体管,现在要用两个晶体管。

(1) 在保证产品设计功能指标的情况下,尽可能简化电路设计,即以最简单的电路和最少量的元器件来达到技术指标的要求。

(2) 电路简化以提高电路稳定性、可靠性为前提,同时也要考虑可测试性和可维修性。

(3) 不能为了一点点性能的改进而增加大量元器件,碰到这种情况,硬件方案上要进行多次讨论和论证,硬件可靠性是指满足产品性能即可。才开始做设计的硬件工程师一旦谈到产品可靠性,就认为产品一定不能出问题,元器件选最好的,电路上考虑了太多各种异常的情况发生,这样往往会适得其反。

(4) 减少元器件数量的同时,也需要考虑压缩器件的品种和规格,以方便物料的管理和器件质量的控制,电路原理图中的器件品种数与元器件总数的比值要尽量降低。

（5）由于模拟电路的失效率比数字电路高，同时模拟电路有随温度飘移等问题，以及数字电路的集成度比模拟电路的集成度更高，因此在能用数字集成电路代替的情况下，应尽可能多用数字集成电路。

电路简化设计是提高硬件电路可靠性的重要措施之一，元件数量减少，发生故障机会也相对减少，同时也更容易实现标准化、通用化，以及提高产品的继承性、互换性，另外也间接提高了产品的可维修性。由于器件的减少，在改善工艺方面，减少了器件焊接数量，以及减少了器件的种类，从而减少了人为差错，提高了工艺可靠性。在 PCB 板方面，电路简化了，在同样面积的 PCB 板上，器件走线和布局会方便很多，间接地提高了 PCB 的可靠性。

2.3.2　电路元器件参数计算

在绘制电路原理图的过程中，每个元器件的技术参数要符合电路的具体要求，元器件参数值要进行理论的计算，从理论上推断电路的合理性。"有理走遍天下，无理寸步难行"同样适合电路设计，部分元器件参数可能不完全符合理论计算要求，但不能超出特定的参数范围。硬件电路说到底是由各种电子元器件有机组合而成的，电路功能的实现依赖于电路中每个元器件的正常工作，只有每一个元器件工作在其合理的参数范围内，元器件才能可靠工作，从而电路才会可靠工作。下面以上下拉电阻、RC 滤波电路和三极管放大电路举例说明。

1. 电路中上下拉电阻

电路中上下拉电阻取值一般取值 $2\sim10\text{k}\Omega$，具体取值视负载大小而定。CMOS 电平的负载，电阻应选取下限，TTL 电平时选取上限。另外要考虑驱动能力与功耗的平衡，以上拉电阻为例，一般地说，上拉电阻越小，驱动能力越强，但功耗越大，设计时应注意两者之间的取舍。

2. RC 滤波电路

信号线上的 RC 滤波电路，电路图如图 2.7 所示，信号线上 SPI 时钟频率是 20MHz，$R=33\Omega$，$C=56\text{pF}$，确定滤波电路的截止频率，并评估滤波电路的元器件参数的合理性。

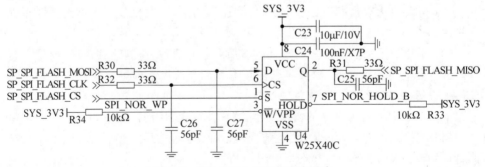

图 2.7　SPI 总线上的 RC 滤波电路

计算如下,将 $R=33\Omega$、$C=56\mathrm{pF}$ 代入到公式中,经过计算后,频率点是 146MHz,146MHz 远大于信号线上实际的频率 20MHz,RC 滤波电路取值在合理范围内。

$$f_c = \frac{1}{2\pi RC} \approx 146\mathrm{MHz} \tag{2-1}$$

3. 三极管晶体工作点

计算三极管的静态工作状态,电路图如图 2.8 所示,$U_{CC}=12\mathrm{V}$,$R_{B1}=68\mathrm{k\Omega}$,$U_{BE}=0.7\mathrm{V}$,$R_{B2}=22\mathrm{k\Omega}$,$R_C=3\mathrm{k\Omega}$,$R_E=2\mathrm{k\Omega}$,$R_L=6\mathrm{k\Omega}$,晶体管 $\beta=60$(其中,$r_{be}\approx 200+\beta\dfrac{26}{I_C}$进行计算)。计算静态值 I_B,I_C,U_{CE},并计算放大倍数 A,输入电阻 R_i 和输出电阻 R_o。

计算如下。

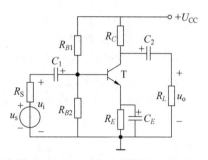

图 2.8 NPN 型三极管的放大电路

$$U_B \approx \frac{R_{B2}}{R_{B1}+R_{B2}}U_{cc} = 2.9\mathrm{V} \tag{2-2}$$

$$I_E = \frac{U_B - U_{BE}}{R_E} = 1.1\mathrm{mA} \tag{2-3}$$

$$I_C \approx I_E = 1.1\mathrm{mA}$$

$$I_B = \frac{I_C}{\beta} = 18.3\mu\mathrm{A} \tag{2-4}$$

$$U_{CE} \approx U_{cc} - I_c(R_c+R_E) = 6.5\mathrm{V} \tag{2-5}$$

$$r_{be} = 200 + (1+\beta)\frac{26}{I_C} = 1.64\mathrm{k\Omega} \approx 1.65\mathrm{k\Omega} \tag{2-6}$$

$$R_L = R_C // R_L = 2\mathrm{k\Omega} \tag{2-7}$$

$$A_u = -\frac{\beta R_L}{r_{be}} \approx -73 \tag{2-8}$$

$$r_i = R_{B1} // R_{B2} // r_{be} \approx 1.5\mathrm{k\Omega} \tag{2-9}$$

$$r_o = R_c = 3\mathrm{k\Omega}$$

2.3.3 电路接口防护

接口电路是内部电路与外部设备进行交互的部分,是产品和外部设备进行信息交互的桥梁。接口电路一般分为输入接口电路和输出接口电路两种。接口电路的防护设计就是为了隔离外部危险的信号,防止外部干扰信号进入系统影响内部核心敏感电路。较强的外部干扰信号一旦侵入系统内部,将造成电路故障或者损坏器件。同时,在增加接口保护器件后也要考虑信号的可靠传输,以及增加保护器件后对信号电平的影响。

电子产品经常用到的接口电路有电源接口、以太网络接口、USB 接口、音视频接口、串行通信接口、并行通信接口、下载电路接口等,接口电路的防护常用的方法是接口滤波、ESD 防护、防雷防浪涌、防反接、缓启动、热插拔等。关于接口防护的要求,当外部干扰非常强的时候,产品允许暂停工作或者是死机,但重新开机后机器工作正常,不能导致机器损坏。下面以以太网和 RS-485 接口防护举例说明。

1. 以太网接口防护

常用的以太网接口有 10/100Base-TX、10/100Base-2 和 10/100Base-5,前面的数字表示传输速度,单位是"b/s",最后一个数字表示单段网线长度(基准单位是 100m)。在实际布线中,设备的以太网口连接电缆可能出户走线,有受到雷击的危险,同时电缆上会感应很大的雷电磁脉冲,因此需要增加接口保护电路,电路示意图如图 2.9 所示。

前级保护器件选用三极气体放电管 SC3E8-90HM。SC3E8-90HM 是硕凯电子股份有限公司的一款三极陶瓷气体放电管(Gas Discharge Tube),陶瓷气体放电管是防雷保护设备中应用最广泛的一种开关器件,无论是交直流电源的防雷还是各种信号电路的防雷,都可以用它来将雷电流泄放入大地。其主要特点是放电电流大、极间电容小($\leqslant$3pF)、绝缘电阻高,但反应速度较慢(最快为 $0.1\sim0.2\mu s$),主要对共模进行防护。后级采用 TVS 管 SLVU2.8(器件封装为 SO-8,占用 PCB 面积较小),TVS 管 SLVU2.8 的作用是能够对两对平衡线进行差模保护。TVS 器件结电容较低最大为 8pF,具有较大的通流容量,能够满足 500V 的浪涌测试要求,箝位动作电压较低。中间电阻选用 1.5Ω,起退耦作用,使前后两级保护电路能够相互配合。电阻值在保证信号传输的前提下尽可能选大的,防雷性能会更好,但同时考虑到对信号的影响,电阻值不能大于 2.2Ω。

2. RS-485 接口防护

RS-485 接口在安防系统设备上应用非常广泛,RS-485 接口的主要特点是传输距离较长,并且允许一条总线上挂接多个发射器和接收器。使用一对双绞线双向信号差分传输,其中的一线定义为 A,另一线定义为 B,发送驱动器 A、B 之间的正电平为 $+2\sim+6V$,是一个逻辑状态,负电平为 $-2\sim-6V$,是另一个逻辑状态。

RS-485 接口需要满足 8kV 接触放电,因此在 A/B 线间对地要增加 TVS 器件来保护 RS-485 电路,TVS 管选用高速、低容值、大通流量的型号。同时还要考虑 485 接口能耐受市电或者工业用电直接接入的保护,保证数分钟通电接口不被损坏。为了保证电路不受市电损坏,电路上要增加 PTC,当有大的交流和电压灌入时,PTC 开始发热,进而形成高阻保护后级电路。电路原理图如图 2.10 所示。另外在布板时,应注意在 PTC 和外部接口之间的线宽要足够大,建议至少可以按 0.5mm 线宽走线。

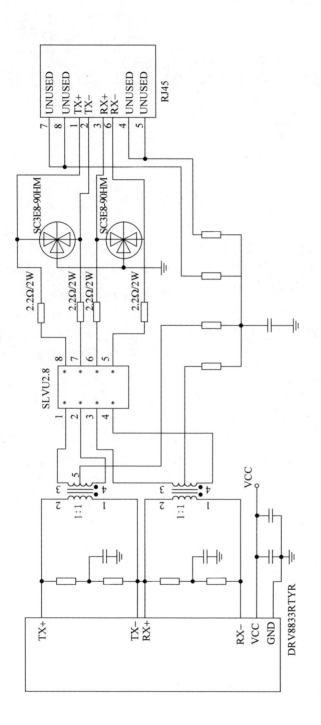

图 2.9　以太网接口防护示意图

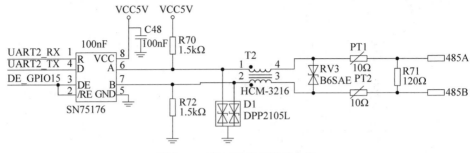

图 2.10　RS-485 接口防护电路

2.3.4　静电防护

　　产品的静电防护是多方面的,结构设计、PCB 设计、元器件的选择、原理图设计等方面都需要考虑静电防护,其中,PCB 的设计和产品内部结构设计对整机 ESD 的防护至关重要。静电放电(ESD)是指带电体周围的场强超过周围介质的绝缘击穿场强时,因介质电离而使带电体上的静电荷部分或全部消失的现象。ESD 对电路的干扰有两种机理,一种是静电放电电流直接对电路进行放电,对电路造成损坏;另一种是静电放电电流产生的电磁场通过电容耦合、电感耦合或空间辐射耦合等途径对电路造成干扰。

　　静电放电有三种模型,分别是人体模型、机器模型和充电器件模型,如图 2.11 所示。人体模型放电,等效人体电阻为 1500Ω,等效人体电容为 100pF。带电人体对器件放电导致器件损坏的放电途径为人体→元器件→地。机器模型的等效电路与人体模型相似,其等效电容是 200pF,等效电阻为 0Ω,带电设备对元器件放电导致器件损坏的放电途径是机器→元器件→地。充电器件模型,元器件在装配、传递、实验、测试、运输及存储过程中,由于管壳与其他绝缘材料相互摩擦,如与包装用的塑料袋、传递用的塑料容器等相互摩擦,会使管壳带电,元器件本身作为电容器的一个极板而存储电荷。充电器件模型是基于已带电的元器件通过与地接触时,发生对地放电引起器件失效,充电器件模型途径是电场→元器件带电→地。

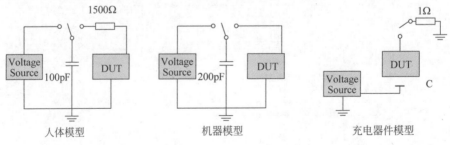

图 2.11　静电放电模型

2.3.5　结构设计的静电防护

产品结构设计的静电防护主要措施是隔离和加快静电的泄放途径。隔离是指防止外部静电接触到产品内部电路。加快静电的泄放途径是指当发生静电放电时尽快把静电泄放到地,避免对其他元器件放电损坏器件。

(1)金属外壳产品,比较好的做法是把金属外壳与数字 GND 接在一起,如果有大地的话,把数字 GND 和大地也同时接在一起。同时要保证接触电阻足够小,提高接地导体的电连续性,让静电放电能量从良好的接地路径泄放,而使设备内部的电路、元器件和信号不受静电能量的直接干扰。

(2)PCB 板的爬电距离控制。内部 PCB 板距离产品的外壳缝隙要有一定的爬电间隙,爬电间隙也叫电气间隙,按经验值 3mm 以上的距离基本不会生产 8kV 的空气静电拉弧放电。在进行产品内部结构堆叠设计的时候,PCB 板要避免靠近产品底壳和面壳的分模线,以及结构有开孔的位置,增大产品内部电路与外壳之间的间隙。

(3)外露的金属螺丝头属于接触静电放电,内部的 PCB 板和元器件距离金属螺丝要有一定的距离。在做产品内部 PCB 排布的时候,结构工程师需要与硬件工程师充分讨论,结构设计能够避免静电问题,花费的成本是最低的。

(4)面板显示屏和键盘 ESD 问题处理。显示屏和键盘的防静电措施最有效的办法是采取绝缘隔离措施,使静电无法放电。同时,在显示屏和键盘控制线上增加静电脉冲抑制,如在线缆上加磁环或者是信号线上增加 ESD 静电二极管。

(5)金属连接器的外壳接触放电。单板上要划分出 PGND 和 GND,金属外壳与 PGND 按 360°搭接方式连接。PGND 通过接地电缆接大地,PGND 和 GND 不要有任何连接。对于接口的信号线,每根线对 PGND 接 ESD 管进行静电脉冲抑制,如图 2.12 所示。

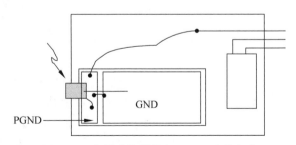

图 2.12　金属连接器外壳 PGND 连接方式

2.3.6　电路防静电设计

静电对电路的损伤主要表现在接触静电直接电击的损伤,以及空气静电放电和耦合静电放电产生的耦合干扰或空间辐射干扰对电路的损伤。相对应地主要考虑从三方面来防护,首先是防止静电电荷流入电路板而产生损坏;其次是防止静电放电生成的磁场对电路板造成的影响;再有就是防止静电放电产生的电场对电路的影响。防止静电电荷流入电路板而产生损坏主要通过增加 ESD 静电器件来解决,防止静电放电产生的磁场和电场对电路的影响,主要通过 PCB 的走线和 GND 的处理来解决。

(1) 原理图中使用 TVS 管保护电路时,必须配合合理的 PCB 布局,要避免自感。对于静电这样巨变突发的脉冲,很可能会在回路中引起寄生自感,进而对回路形成强大的电压冲击,这种强大的电压冲击将超出器件承受极限而造成器件损伤。减小寄生自感的基本原则是尽可能缩短分流回路,所以 TVS 器件应与接口尽量接近。

(2) ESD 电流产生的电场可直接穿透设备,通过孔洞、缝隙、输入输出电缆等耦合到敏感电路。ESD 电流在系统中流动时,激发其路径中所经过的线缆或 PCB 走线,导致产生波长从几厘米到数百米的辐射波,这些辐射能量产生的电磁噪声将有可能影响电路的正常运行。

(3) 关键信号线并联 TVS 二极管到地,利用雪崩二极管快速响应并且具有稳定钳位的能力,可以在较短的时间内消耗聚集的高电压进而保护电路板。

(4) 在有可能被静电干扰的信号线上放置陶瓷电容,同时连接线尽可能短,以便减小连接线的感抗,利用电容隔直流通交流的特性来保护信号。

(5) 对外接口或者是电源的输入端,采用 LC 滤波器或者增加共模电感。LC 组成的滤波器可以有效阻止静电进入电路,电感的感抗特性能很好地抑制高频 ESD 进入电路,而电容有分流 ESD 的高频能量到地的作用。

(6) 采用铁氧体磁珠进行电路保护。铁氧体磁珠可以很好地衰减 ESD 电流,并且还能抑制辐射。

(7) 多采用去耦电容。去耦陶瓷电容具有低的 ESL 和 ESR 数值。对于低频的 ESD 来说,去耦电容可以尽快把低频高压信号泄放到 GND,另外,由于其 ESL 的作用可以更好地滤除高频能量。

(8) USB 的接口防护,USB 接口普遍用在嵌入式产品和手持产品上,USB 接口的电压较低同时通信速率非常高,接口的静电防护要从 ESD 器件选型和 PCB 走线两方面来考虑。关于 ESD 防护器件的选择,选用寄生电容小的 ESD 器件,为不影响 USB 3.0 高传输速率,其寄生电容建议小于 3pF。同时选用的 ESD 器件对静电的耐压能力适当提高,至少要能承受 IEC 61000-4-2 接触模式 8kV ESD 的耐压。关于 PCB 的走线,ESD 器件在 PCB 板放置的位置要靠近接口放置,用双向的 TVS 管,静电放电时瞬间泄放到 GND,从而保护后级电路。USB 接口防护的原理图如图 2.13 所示。

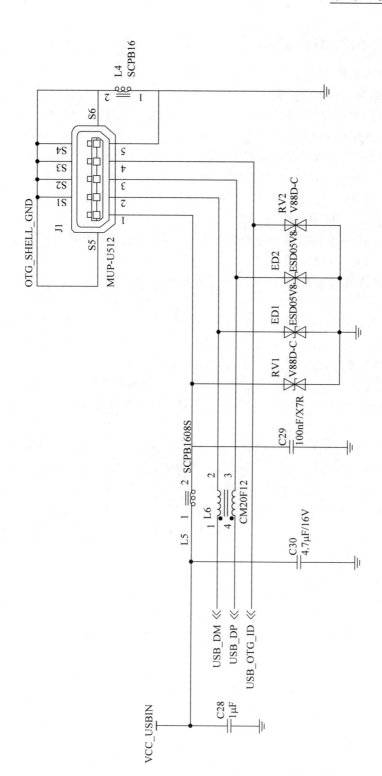

图 2.13 USB 接口防护电路

2.3.7 PCB 静电防护

PCB 的静电防护,主要是可以通过 PCB 的板层设计、元器件布局、敏感信号走线和 GND 阻抗来进行静电防护。静电的放电电流可以直接损坏电路,也可以通过间接产生的电磁场通过各种耦合途径耦合到敏感电路,对电路造成影响。

(1) 尽可能使用多层 PCB。在多层板中,由于有一个完整的地平面靠近走线,可以使 ESD 更加快捷地耦合到低阻抗平面上,进而减少 ESD 对其他关键信号的影响。如果由于成本的原因不能使用多层板,PCB 是双面板,要尽可能减小 GND 的公共阻抗和感性耦合。采用紧密交织的电源和地栅格,电源线紧靠地线,在垂直和水平线或填充区之间,要尽可能多地连接。

(2) 尽可能将所有连接器和电源接口都放在同一侧,这样从外部引入的静电就可以迅速通过电源端的大地泄放。如果接口和电源输入端分散在不同位置,外部的静电和浪涌绕过整个 PCB 再回流到电源地,会对整个 PCB 上的电路造成影响。

(3) 复位等敏感信号线不能布在 PCB 的边缘,应远离 PCB 边缘 1cm 以上。同时,电路板的核心器件如处理器、模拟集成电路等,布局时要尽量远离 ESD 放电点。CPU 的最小系统,应该放在 PCB 的中间区域。

(4) 信号线和地线先连接到电容再连接到始端电路和终端电路,信号线尽可能短。当信号线的长度大于 300mm 时非常容易耦合干扰信号,一定要平行布一条地线紧挨该信号线。

(5) 确保电源和地之间的环路面积尽可能小,在靠近集成电路芯片每个电源引脚的地方放置一个高频电容。双面板时,没有单独的 GND 层,去耦电容同时距离芯片的 V_{cc} 和 GND 的走线要尽可能短。

(6) 多组信号线同时走线时和相应回路之间的环路面积尽可能小,多组信号最好是有多组 GND,不能只用一组 GND。静电电流通过感应进入到电路环路,这些环路是封闭的,并具有变化的磁通量。电流的幅度与环的面积成正比。较大的环路包含较多的磁通量,因而在电路中感应出较强的电流。因此必须减少信号线的环路面积,环路面积是指信号从起点流向终点的面积,说得再通俗点儿,就是从高电位流向低电位的回路的面积。电源环路面积如图 2.14 所示。

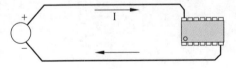

图 2.14 电源环路面积

电源噪声与环路面积的计算公式如下。

$$\Delta V = L_{\text{trace}} \times (\Delta I \div \Delta T) \tag{2-10}$$

式中，ΔV 是电源噪声；ΔI 是环路变化的电流；ΔT 表示时间或者频率的变化；L_{trace} 是环路面积的电感。

电源线的总长度以 5cm 来计算(走线电感 $\approx 10\text{nH/cm}$)，芯片的电流是 50mA，经过计算，$\Delta V \approx 500\text{mV}$，环路面积越小生成噪声电压也就越小，所以减小环路面积可以减少电磁干扰。

2.3.8　如何提高电路可靠性

电路是由多个子系统组成的，而子系统又是由更小的子系统组成，直到细分到电阻、电容、电感、晶体管、集成电路等基础元器件，其中任何一个元器件发生故障都会成为系统级的故障，因此电路可靠性设计在保证元器件正确使用的基础上，既要考虑单一控制单元的可靠性设计，更要考虑整个控制系统的可靠性设计。

1. 影响电路可靠性的因素

元器件失效和电路设计不合理是影响电路可靠性最主要的两个因素。元器件失效分为四种情况：一是元器件本身的缺陷，如龟裂、漏气等；二是应力、环境条件的变化加速了元器件、组件的失效；三是生产工艺问题，如焊接不牢、筛选不严等；四是设计不当，电路设计不合理，许多元器件发生的故障并不是元器件本身的问题，而是电路设计不合理或元器件使用不当所造成的。电路设计不合理也与元器件有关，电路设计不合理最主要的表现为元器件选型不当和对电路约束条件不理解。

2. 提高电路可靠性的方法

在提高电路可靠性设计的过程中，如何正确使用各种型号的元器件或集成电路，以及如何达成电路设计的合理性，是提高电路可靠性不可忽视的重要因素。

(1) 元器件电气性能。元器件的电气性能是指元器件所能承受的电压、电流、电容、功率等的能力，在使用时要注意元器件的电气性能，不能超限使用。

(2) 产品使用环境条件。产品工作环境多种多样，由于环境因素的影响，电路系统在实验室实验情况虽然良好，但安装到现场长期运行就频出故障。其原因是多方面的，包括温度、干扰、电源、现场空气等对电路的影响。因此在设计电路的时候，要充分考虑环境条件对硬件参数的影响。

(3) 产品的组装工艺。产品的组装工艺直接影响硬件系统的可靠性，同时工艺原因引起的故障还很难定位排除。一个焊点的虚焊或似接非接很可能导致整个系统在工作过程中不时地出现工作不正常现象。因此，电路设计和 PCB 设计时要充分考虑元器件的布局、器件 PCB 封装正确性，避免装配工艺和焊接工艺复杂。

(4) 电路设计能力。为了保证系统的可靠性，在进行电路设计时应考虑各种较为极端的情况，各种电子元器件的特性不可能是一个恒定值，总是在其额定参数的某个范围内。同时，电源、电压也有一个波动范围，以及通信的速率带宽也是在一定范围内变化。最坏的设计方法是考虑所有元器件的公差，并取其最不利的数值来核算电路的可靠性，如果这一组参数值能保证电路正常工作，那么在公差范围内的其他所有元器件值都能使电路可靠地工作。

（5）元器件选择。在确定元器件参数之后，还要确定同类元器件型号的公差范围。由于制造工艺和成本所限，相同规格的元器件有些参数的公差范围可能较大，有些元器件的公差范围较小，设计时要考虑公差范围裕量，如相同规格的元器件，选择消费类级别的还是选择工业级别的。

（6）噪声抑制。噪声对模拟电路的影响会直接影响系统的检测精度，噪声对数字电路的影响可能会造成误动作和干扰，因此，在复杂的模拟电路中和高频数字电路中，硬件电路设计要有噪声抑制和屏蔽措施。对于模拟应用系统，可在电源端增加一些低通滤波电路来抑制由电源引入的干扰，同时把模拟电路布局在 PCB 相对独立的区域。对于数字电路系统，通常采用滤波器和接地系统，同时在整体结构布局时应注意高频元器件的位置和信号线的走向。对于电磁干扰、电源噪声抑制可采用电磁屏蔽、静电屏蔽来隔离噪声，也可采用接地、去耦电容等措施来减少电源噪声的影响。

3. 冗余单元设计

电路冗余设计可以在子系统级上进行设计，电路冗余设计必然增加硬件成本，因此设计时应仔细权衡采用硬件冗余设计的利弊关系。冗余单元设计是指由两个部件组成的并联系统，两个部件互为冗余。采用冗余设计后，平均无故障时间是原来的 1.5 倍以上。为了保证系统在出现故障时能及时将冗余部分投入工作，必须有高精确的在线检测技术，精确及时地发现故障后，判定是否需要进行工作和备用之间的状态切换，控制权切换到冗余备用部件过程中还必须保证快速、安全、无扰动。要求切换时间一般是毫秒级，甚至微秒级，这样就不会因为该部件的故障而造成外部控制对象的失控或检测信息失效等。另外，还需要尽快通过网络通信或显示进行报警，通知用户出现故障的部件和故障情况，以便进行及时维护。

4. 热插拔技术

在较为大型的设备中，为了保证容错系统具有高可靠性，在设计上应努力提高单元的独立性和故障可维护性，实现故障部件的在线维护和更换，保证控制系统故障部件快速修复。部件的热插拔技术可以在不中断系统正常控制功能的情况下增加或更换组件，使系统平稳地运行。以电源系统热插拔为例，大型设备电源是整个控制系统得以正常工作的动力源泉，一旦电源单元发生故障，往往会使整个控制系统的工作中断，造成严重后果，要使控制系统能够安全、可靠、长期、稳定地运行，供电必须得到保证。采用可热插拔的冗余电源设计，电源模块热插拔原理如图 2.15 所示，正常工作时，两台电源各输出一半功率，从而使每台电源都工作在轻负载状态，有利于电源稳定工作。当其中一台发生故障，短时由另一台接替其工作并报警，这样系统维护时可以在不影响系统正常运行的情况下更换故障的电源。

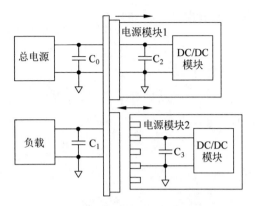

图 2.15　电源模块热插拔原理

5. 预防性维护设计

提前预防和预知产品故障,在关键元器件层面,加入相关特征值的实时监测,并基于特征值通过进一步分析运算得出关键元器件的健康状态,实现关键元器件失效前的预警功能。在整机层面,整机在运行过程中对部分关键电气性能指标进行实时检测和分析运算,进而判断出设备所处于的工作状态是否出现异常,从而避免设备长期工作于异常工况所带来的整机故障。在系统层面,通过对设备各个组件曲线特征进行分析,定位出系统中可能存在的缺陷和隐患,从而进一步提升整个系统的可靠性和可用性。

6. 两个 CPU 控制

同一个系统由两个 CPU 控制,正常情况下由主 CPU 完成整机控制功能,从 CPU 监视主 CPU 是否正常。一旦发生异常情况将由从 CPU 接管系统,按顺序逐步切换到由从 CPU 来控制各个功能模块,如图 2.16 所示。

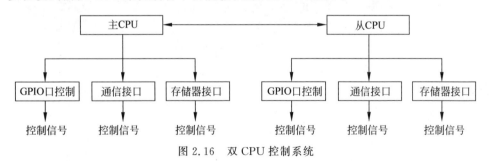

图 2.16　双 CPU 控制系统

2.4　电路耐环境设计

不同类型产品,应用环境不一样,相应的电路设计重点也不相同。电路耐环境设计是指产品的电路设计除了考虑通用的设计要求外,更需要结合产品的行业特性和应用环境来进行电路的设计。下面以金融 POS 产品和防爆类产品来举例说明。

2.4.1 金融 POS 产品

金融 POS 产品的主要用途是刷银行卡,密钥的存储、产品的防拆和安全认证是产品设计的重点。电路设计重点也是这三方面。图 2.17 是一款手持金融 POS 产品的图片。

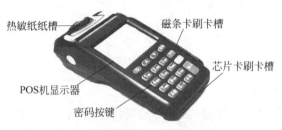

图 2.17 手持金融 POS 产品图片

(1) 密钥存储在安全 CPU 的 RAM 区,要保证 RAM 的数据存储可靠,首先是 RAM 的供电要可靠,因此密钥 RAM 区的供电电路设计是关键。首先,纽扣电池电路要增加滤波电路和切换电路,在开机情况下由系统电源来给密钥 RAM 区供电,关机后自动切换到纽扣电池供电。其次,PCB 布线的设计,密钥 RAM 区的供电回流路径要小,元器件布局要避免静电等强电磁场的耦合干扰导致密钥丢失的情况,与密钥相关的元器件布局不能放置在 PCB 的边缘,并适当远离产品的对外接口和电源输入接口。

(2) 产品的防拆设计,需要保护的区域有数字按键区域、液晶屏、核心密钥区域、IC 卡座、磁头、前壳防拆保护、后壳防拆保护。各个区域的保护要求如下。

① 按键区域保护。10 个数字键加上"＊""＃"的区域,至少要有三个防拆开关,且每个防拆开关连接单独防拆检测信号,每四个按键的十字中心点放置一个安全触点,防拆开关可以采用锅仔片开关或者碳粒开关。另外,要在按键区域的 PCB 表面放置一块有蛇形走线的 FPC 软板,以增加破坏的难度。

② 液晶屏区域保护。镜片最好从里面往外装,镜片支架下面要放置一个安全触发开关,液晶支架与主板间要放置一个安全触点。液晶显示屏的连接排线也需要做适当保护,液晶屏的插座要放在安全保护区内,尤其是智能 POS 产品,智能 POS 产品的显示屏和触摸屏是一体的,密钥的输入在触摸屏上完成,硬件保护的同时也需要结合软件保护方式来共同完成,密码输入界面数字显示随机分配。

③ 核心区域与 IC 卡座保护。核心区域由斑马条开关、主板、保护盖板、PCB 墙围绕而成,PCB 墙通过焊接连接到主板。PCB 墙的厚度不能太高,建议厚度是 4mm,否则达不到安全要求。PCB 墙至少要有两层内层走线以增加攻击难度。

④ 后壳与前壳防拆保护。按键区域需要放置两个触点用来作前壳的防拆保护，后壳的保护也需要至少两个防拆开关。

金融 POS 产品的防拆保护开关数量较多，产品的安全认证希望能用更多的防拆开关来保护机器，以防止非法物理攻击。而从产品可靠性的角度来说，希望尽量少用保护开关，避免机器容易触发而导致密钥丢失（密钥丢失需要返回厂家维修）。这两方面要综合考虑，保护开关的个数不能太少以满足 PCI 认证的要求，在不减少保护开关个数的前提下机器要可靠，就需要提高每个保护开关的可靠性。在电路上，把防拆开关的 PCB 封装做好，金手指面积尽量做大些，这样导电碳粒在与金手指接触的时候可以充分接触到。PCB 走线方面，保护开关信号的 PCB 走线，至少按 8mil（1mil＝0.0025cm）的走线宽度来走线，走线距离过孔和其他的信号走线也至少是 8mil 的间距。结构设计方面，保护开关最好是靠近螺钉柱位置，靠近螺钉柱位置开关的压力有保证，关于开关的行程设计，碳粒开关和斑马条开关的压缩量控制在 0.3～0.6mm。

2.4.2　工业三防产品

在电力和物流巡检行业，由于行业的特性性和环境的要求，需要用到工业级的三防（防摔、防水、防尘）产品，三防产品在考虑了通用硬件设计要求外，还要考虑针对防摔、防水、防爆等方面的设计。图 2.18 是一款手持三防产品的图片。

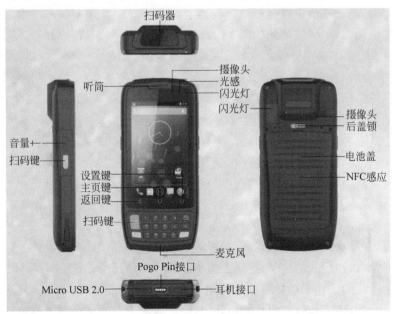

图 2.18　手持三防产品图片

（1）产品外观设计。产品颜色，一般采用黄黑结合色彩，外观颜色要显眼。三防机很多时候用于特殊行业，在矿井下和光线不是非常充足的配电系统作业，产品外观的显眼性非常重要。外壳工艺方面,建议采用双色注塑,内层用 ABS＋PC 硬塑料,外层用软塑料,软塑料的好处是耐磨、耐腐蚀、绝缘性良好、化学稳定性佳、抗冲击性佳。

(2) 无线通信性能优异。产品的 2G、3G、4G 的无线通信性能要优越,确保巡线和巡检的质量和速度,与普通手机信号对比,天线的接收灵敏度至少要优越 2DB 左右。三防机比手机的尺寸要大,产品内部空间较大,可以放置较大尺寸天线,在前期的外观设计和产品内部堆叠设计的时候,把天线的通信性能作为重点来考虑。

(3) 防摔设计。产品外壳适当做曲面设计,摔落过程起到缓冲作用。外壳软胶包边设计,防滑手脱落,同时在握感方面也有提升。显示屏的防摔重点考虑,产品的边缘要比显示屏稍微凸起一点儿,产品跌落的时候不能直接碰到显示屏。

(4) 跌落设计。三防机的跌落测试基本要求是 1.2m 的裸机跌落,裸机自由落到地面(大理石地面),进行 6 个面的自由跌落实验,每个面的跌落次数为 1 次,跌落两个循环。跌落之后进行外观、机械和电性能检查,产品外壳无变形、破裂、掉漆、显示屏无破碎。跌落后检查机器的功能、射频天线性能,要求机器功能正常,以及射频天线性能与跌落前无区别。

(5) 符合手持设备的特点。手持设备的设计要求是造型简洁大方、握感舒服、结构设计紧凑、外壳坚固可靠。产品的表面处理方面,手持类产品的表面工艺处理不能太光滑,而是平滑中带些粗糙颗粒感。这样的表面处理不仅可以增加产品的外观立体视觉感,也可以增加产品表面摩擦力,操作时不容易滑手脱落。

(6) 三防标准要求分级。一般将三防等级定义为三个等级标准,即初级、中级和高级(专业级)。三个等级定义如下。

初级三防标准 IP56。5 级防尘等级(防尘,不等于完全防止尘埃进入,但进入的灰尘量不得影响设备的正常运行,不得影响安全);6 级防水等级(防止强烈喷水,向外壳各个方向强烈喷水对产品无有害影响);1m 跌落,常规振动。

中级三防标准 IP57。5 级防尘等级(防尘,不等于完全防止尘埃进入,但进入的灰尘量不得影响设备的正常运行,不得影响安全);7 级防水等级(防止短时间浸水影响,设备浸入规定压力的水中经规定时间后外壳进水量不影响设备的正常功能);2m 跌落,常规振动。

高级(专业级)三防标准 IP68。6 级防尘等级(完全防尘,无灰尘进入);8 级防水(完全防水,长时间浸没在一定压力的水中照样能使用);3m 跌落,常规振动。

三防产品的设计重点是通过结构和硬件配合设计,并结合材料工艺的综合选用来达到防水、防尘和防摔的目的。其中,防水和防尘主要是通过密封处理和特殊材料采用"隔离"的方式,阻止水和灰尘进入到产品内部,使之不能对产品的性能造成影响。而防摔主要是通过硬件 PCB 元器件选型和外壳材料选用,增加产品的强度和抗摔能力。

2.5　电路降额设计

电路的降额设计是使元器件或产品工作时承受的工作应力适当低于元器件或产品规定的额定值,以达到降低元器件失效率、产品故障率和提高整机可靠性的目的。据研究,在高温环境下温度降低10℃,元器件的失效率可降低一半以上。所有元器件对其加载的电应力和温度应力都比较敏感,因此电路降额设计是产品可靠性设计中必不可少的组成部分。

对于大部分的电子元器件,都有其最佳的降额范围,在此范围内工作应力的变化对其失效率有明显的影响。但要注意的是,不能过度进行降额设计,过度降额设计会使元器件处于非工作状态,或导致元器件使用的数量增加,以及无法找到适合的元器件,反而影响产品可靠性。

2.5.1　应力说明

应力是指产品或者电子元器件在储存、运输和工作的过程中,对产品和电子元器件的功能产生影响的各种外界因素,常遇到的应力有如下几种。

1. 电应力

电应力是指元器件外加的电压、电流及功率应力。电流应力是应用中元器件的电流与零件规格值的比值;电压应力是应用中元器件的电压与零件规格值的比值;功率应力一般都会分解成电压应力和电流引力。通常的设计,电压应力一般不超出额定值的90%,电流应力不超出额定值的80%。

2. 温度应力

温度应力是指产品或者元器件所处的工作环境的温度,温度应力对不同类器件的影响不一样。半导体二极管和三极管器件会由于温度过高导致PN结击穿。电解电容温度应力过高后会使内部电解液过快挥发,容量下降,造成气胀,持续高温可能导致电容器爆炸。生产工艺方面温度引力的影响,过回流焊时,温度把控不严格,就会使元器件断裂,比如电阻断裂或者瓷片电容断裂短路等。

3. 机械应力

机械应力是指产品或元器件所承受的机械力,常遇到的机械力主要包括碰撞、跌落、恒定加速度、力学谐振、拉力、剪应力、弯曲力等。另外,非常强的冲击和振动也会产生很强的机械应力。强的机械应力可导致电子元器件外壳开裂、器件管芯剥落等损伤。机械应力对连接器的影响尤为严重,比如震动环境可能会引起连接器PIN脚之间的接触不良,引起接触电阻变大或者是开路。

4. 环境应力

环境应力是指环境因素对元器件或产品的影响,如灰尘、气压、盐雾、温度、腐蚀等环境条件对产品的作用。在实际的产品设计中,整机老化其实就是做环境应力筛选,让产品在一定的工作环境条件下运行几小时至几十小时。通过老化发现和排除产品中的不良零件、元器件和工艺缺陷等,防止产品出现大量的早期失效。老化使有明显缺陷的产品在出厂前暴露,以减少市场返修率。

5. 时间应力

时间应力是指产品或者元器件承受时间的长短,承受应力时间越长越易老化或失效,针对不同元器件时间应力变化非常大。例如常用的晶体三极管和集成电路,都属于半导体固态器件,在正常使用条件下生命周期很长,理论上可以达到几十万小时。但有些器件对使用时间是有严格要求的,如连接器、电解电容、锂电池等,另外,元器件的使用寿命跟环境温度有相当大的关系。图 2.19 是一款充电电池使用寿命与温度的曲线图。

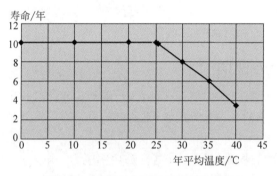

图 2.19 电池寿命与温度的关系曲线

2.5.2 降额等级

降额等级一般分为 3 级,分别是 Ⅰ 级降额、Ⅱ 级降额和 Ⅲ 级降额。但在实际的产品设计中,比较少按降额等级来进行具体的元器件降额设计,很多时候元器件工作在其额定的范围内已经可以满足 90% 的设计要求。只有在产品使用环境存在不确定性,以及该部分电路接口存在不确定性的电压应力和电流应力时,需要进行降额设计。

(1) Ⅰ 级降额。Ⅰ 级降额是最大的降额设计,加载在元器件上的应力 < 50% 的额定值。在技术上最容易实现,降额效果也最好,但存在成本过高的问题。Ⅰ 级降额适用于设备的失效将导致人员伤亡或造成保障设施的严重破坏,以及对设备可靠性要求非常高的产品中。

(2) Ⅱ 级降额。Ⅱ 级降额属于中等降额设计,适用于设备故障将会使工作任务降级和发生不合理的维修费用情况下的设备。按 70% 左右的降额,在技术设计上也比较容易实现,降额的效果也很好,并且成本适中。

(3) Ⅲ 级降额。Ⅲ 级降额是最小的降额设计,适用于设备故障只对任务完成有小的影响和可经济地修复设备的情况。Ⅲ 级降额在技术实现上要仔细推敲,必要时要通过系统设计采取一些补偿措施,才能保证降额效果的实现,有一定的难度,但Ⅲ级降额的成本最低。

2.5.3 常用元器件降额设计

降低元器件在电路中所承受的应力可以提高元器件的可靠性。元器件在电路中所承受的应力主要是温度应力和电应力,温度应力和电应力的降额设计要适当。降额不仅考虑电路的稳态工作情况,还要考虑电路中可能出现的暂态过载及动态电应力,过低的应力有时会引起新的失效。降低应力可以提高可靠性,但会增加重量、体积、费用等因素,实际电路设计中要综合考虑。以下是常用元器件的降额设计要求。

(1)电阻降额设计。电阻和电位器的降额主要是功率降额,在针对电阻功率进行降额设计前要先了解产品的工作环境情况,特别是环境温度。如果是在常温状态下使用的电子产品,民用级别产品可以按70%进行降额设计,工业级别产品可以按50%降额。如果产品工作的环境温度比较高,比如长时间工作在40℃甚至更高的温度环境中,这时要考虑高温下电阻额定功率会明显下降的问题,需要根据电阻的温度功率特性进行更大程度的降额。

(2)电容降额设计。电容器的降额设计主要是电压的降额,有时工作频率也要降额。选择电容时,首先是电容值的大小,其次是耐压值。电容耐压值降额设计根据可靠性等级不同,降额设计系数不同,降额等级按Ⅰ级、Ⅱ级、Ⅲ级的降额系数分别为50%、60%和70%,同时结合成本等方面因素的综合考虑。非特殊行业产品建议都按70%进行降额,如电压值为12V,那么耐压值$12V \div 0.7 \approx 17.1V$,可选择20V耐压值电容。电容标称耐压值一般有4V、6.3V、10V、16V、20V、25V、35V、50V等。

(3)集成电路的降额设计。集成电路是一个具有完全独立功能的小系统,为了保证集成电路的正常工作,其内部参数通常允许偏差范围很小,比如集成电路内核的工作电压是$1.2 \times (1 \pm 5\%)V$,端口输出输入的电平是供电电压$V_{CC} \times (1 \pm 10\%)V$。这些参数要求是必须保证的,否则会导致集成电路处于非工作状态。因此集成电路的降额设计不是规格参数降额,而是着重考虑通过改进散热条件以降低内部集成器件的结温,使之相对低于相对应集成工艺的建议值。同时在功能允许的条件下,适当减少集成电路的输出负荷,降低其工作频率和减少功耗。

(4)三极管的降额设计。三极管的降额主要是工作电流、工作电压和功耗的降额,尤其是功耗的降额,如功率三极管在遭受频率开关过程中所导致温度变化冲击后会产生热疲劳失效。因此使用功率三极管时,要对功率晶体管进行工作区降额使用,防止器件温度过高,或者采取外部散热措施。

(5)二极管降额设计。二极管的降额设计主要考虑正向电流、功耗和反向电压等,不同类型的二极管降额设计要求不一样。常用二极管降额参数如表2.5所示。

表 2.5　二极管降额参数　　　　　　　　　　　　%

二极管类型	降额参数	Ⅱ级降额	Ⅲ级降额
快恢复二极管	正向电流	75	85
	功耗	80	85
	反向电压	80	90
	最大结温	75	80
肖特基二极管	功耗	75	80
	正向电流	80	85
	反向电压	80	85
	最大结温	80	80
整流二极管	正向电流	70	80
	功耗	80	80
	反向电压	85	90
	最大结温	80	80
瞬变抑制二极管	平均电流	75	80
	最大结温	80	80
稳压二极管	工作电流	70	80
	最大结温	80	80

（6）继电器降额设计。继电器的降额设计主要是触点电流的降额。触点电流的降额按容性负载、电感性负载及电阻性负载等不同负载性质做出不同比例的降额,一般按 70% 降额。另外需要注意的是,继电器的线圈工作电压和工作电流不能降额,线圈的工作电压降额后,可能会导致线圈处于非正常工作状态。

（7）连接器降额设计。连接器的降额设计主要是工作电流的降额和工作电压的降额,具体的降额比例可以根据引脚间隙大小来确定,引脚间距越小降额幅度要越大。引脚间距 0.5mm 及以下的连接器降额参数如表 2.6 所示。

表 2.6　连接器降额参数　　　　　　　　　　　%

降额参数	降额比例
额定电压	50
额定电流	70
触点温度	70

（8）电缆和导线降额设计。电缆和导线的降额主要是电流的降额,用于较高电压电路的电缆和导线还应考虑工作电压的降额,微波同轴电缆还需要考虑功耗的降额。

（9）光电元器件的降额设计。光电元器件如果长期带电运行会导致元器件退化和漂移,从而降低其寿命,因此在电路控制上,通常只有在光电元器件使用时才开启,不使用光电元器件时关闭其电源。例如,热敏打印机缺纸检测的光电开关电路,只有在打印的过程中才开启光电开关的电源。

（10）熔丝的降额设计。熔丝的额定电流是随温度变化的,因此熔丝的降额设计主要是电流的降额和温度的降额。当电流流过熔丝时,熔丝存在一定的电阻,从而导致熔丝发热,发热量公式 $Q=0.24I^2RT$。其中,Q 是发热量；0.24 是常数；I 是流过熔丝的电流；R 是熔丝的电阻；T 是电流流过熔丝的时间。熔丝的降额设计参数如表 2.7 所示。

表 2.7　熔丝降额参数　　　　　　　　　　　　　　　　　　%

降 额 参 数	降 额 比 例
额定电压(熔丝的标称工作电压)	100
额定电流	80
发热量	75

2.5.4　降额设计注意事项

在元器件的降额设计中,降额参数降得越多,要选用元器件的性能也就越高,同时成本也就越高,元器件的体积也越大,相关标准可以参见《元器件降额准则》(GJB/Z 35—1993)。在实际的电路设计中,并不是所有的电子产品都需要"降额设计"。电子行业发展非常迅速,电子元器件的更新换代也非常快,元器件性能得到了快速提升,可以适应更大范围的应用,部分器件已逐步弱化了降额设计。降额设计注意事项如下。

（1）不应将标准所推荐的降额量值绝对化,应该根据产品的行业特性和成本要求适当调整电子元器件的降额设计值。

（2）应注意到有些元器件参数不能降额,如聚苯乙烯电容器降额太大易产生低电平失效,DC-DC 电源芯片如果工作在较小负载电流条件下,芯片的转换效率非常低。

（3）在增加元器件数量和增大元器件体积的降额设计中,要进行 PCB 布线方面的评估。元器件数量的增加和元器件体积增大可能会成倍增加 PCB 布局和走线的难度,反而降低了产品的可靠性。

（4）对元器件进行降额设计时,不应将其所承受的各种应力孤立看待,应进行综合权衡。

（5）不能用降额补偿的方法来解决低质量元器件的使用问题。低质量元器件是器件选型和供应商选型问题,不是降额设计的范畴。

（6）产品的机械零部件降额设计,为了找到最佳降额值,可能需要做大量的实验,当机械零部件的载荷应力,以及承受这些应力的具体零部件的强度在某一范围内呈不确定分布时,可以采用提高平均强度、严格控制零部件加工过程,或通过检验或实验剔除不合格的零件等方法来提高可靠性。对于涉及安全的重要零部件,可以采用极限设计方法,以保证其在比较恶劣的状态下也不会发生安全事故。

2.6　产品电磁兼容性设计

一个优秀的电子产品，除了产品自身的功能以外，EMC（Electro Magnetic Compatibility，电磁兼容性）的设计水平对产品的质量和技术性能指标也起到非常关键的作用。产品的电磁兼容性包括整机系统与外部环境之间的电磁兼容性，以及设备内部部件与部件、分系统与分系统之间的电磁兼容性。

产品电磁兼容性问题要在产品开发的前期就给予高度重视，如果在产品开发的早期阶段不充分考虑、不精心设计，一旦产品成型后其达标的概率非常小，而且解决问题所需要花费的人力成本和整改成本也会非常大。产品电磁兼容性设计涉及电路板、结构、电缆、供电系统和接地系统等各个方面，电磁兼容性如果不进行系统的分析，乍看起来似乎摸不着边际，但实际上通过抑制干扰、接地屏蔽等方法，再遵循电磁兼容性设计的一些基本准则，就可以轻松解决产品的电磁兼容性问题。

电磁干扰一般分为两种，即传导干扰和辐射干扰。传导干扰是指通过导电介质把一个电网络上的信号耦合或干扰到另一个电网络。辐射干扰是指干扰源通过空间把其信号耦合或干扰到另一个电网络。干扰源、传输介质以及敏感设备是电磁干扰的三要素，如图 2.20 所示。在实际的设计中仅需针对其中一方面整改，即可实现 EMC 的防护，例如，从干扰源进行根除、改善传输介质避免干扰传递等方法。

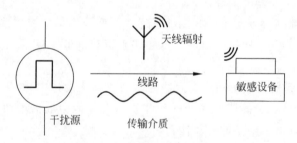

图 2.20　电磁干扰三要素

产品电磁兼容性设计实际上就是针对电子产品中产生的电磁干扰进行优化设计，使之能符合各国或地区的电磁兼容性标准。电磁兼容性的定义是在同一电磁环境中设备能够不因为其他设备的干扰影响自身正常工作，同时也不对其他设备产生电磁干扰。

电磁兼容性设计的正确方法应做到标本兼治，重在治本。也就是从治理电磁兼容性问题的源头出发，从器件选型、原理图设计、PCB 设计、整机屏蔽等环节逐级考虑，并加以综合措施的应用直到问题的解决。

2.6.1 EMC 设计理念

电子产品的 EMC 性能是设计赋予的,测试仅仅是将电子产品固有的 EMC 性能用某种定量的方法表征出来。对于一款新产品的 EMC 设计,电磁兼容设计需要贯穿整个过程,在设计的各个阶段充分考虑电磁兼容性方面的要求并实施具体抑制电磁辐射的措施,才不至于返工和重复研发,整体缩短产品的上市时间,提高产品的 EMC 性能。

1. 研发过程的 EMC 设计

产品从立项到投向市场需要经过需求分析、项目立项、项目概要设计、项目详细设计、样品试制、功能测试、小批量试产、投向市场等阶段。每个阶段要对整机的 EMC 性能进行评估,立项阶段确定关键物料对产品 EMC 的影响,如电源适配器对低频的辐射影响、通信模块对高频辐射的影响。详细设计阶段确定抑制 EMC 的具体措施,如电源隔离滤波方式、系统接地方式、产品屏蔽方式等。原理图设计阶段分析系统的高频信号的来源,并对高频辐射途径进行分析判断,以及分析产品应对雷电、静电、群脉冲等干扰所采取的防护措施,在滤波电路设计上,对板级电源增加滤波电容,对信号的接口电路和板内的高频信号增加滤波电路等。

在产品的各个研发阶段,通过对关键器件、辐射源和电路原理图的评估,把 EMC 变成一种可控的设计技术,预知产品 EMC 的风险,EMC 并行和同步于产品功能设计的过程,减少 EMC 给产品带来的风险。

如果产品设计过程中忽略了 EMC 问题,由于没有整机等原因无法评估产品的电磁兼容性,寄希望于整机做出来后通过电磁兼容性摸底测试,然后根据摸底测试结果再来整改产品的 EMC 特性,相信经过多轮的整改也能解决问题,非常有可能涉及电路原理、PCB、结构模具的修改,导致产品研发费用大大增加,项目周期延长。

2. 硬件工程师 EMC 能力提升

产品具有良好的 EMC 性能,离不开硬件工程师的贡献,硬件工程师除了要掌握电路设计知识外,还应该掌握 EMI、EMS、EMC 和 ESD 的基本知识。EMI、EMS、EMC 和 ESD 的定义如表 2.8 所示。硬件工程师在与 PCB 人员和结构人员沟通 EMC 的设计要点时,把每个设计要点落实到 PCB 的布局和走线中,尤其是高速信号的走线,结构工程师也需要了解产品结构屏蔽等方面的设计知识。所有参与产品设计的工程师,要去实现硬件设计人员和 EMC 评审人员在产品设计过程中所提出的改善 EMC 性能的措施,理解和领会 EMC 专家所提出的建议。

3. 规范 EMC 设计体系

建立一套规范的 EMC 设计体系和设计方法,即在产品研发流程中融入 EMC 设计流程和 EMC 风险评估过程,在产品设计的各个阶段进行 EMC 的评审和摸底测试,把可能出现的 EMC 问题及时提出来,并预测 EMC 的风险,在设计中找到解决方案,将所有 EMC 问题消灭在产品设计阶段。

表 2.8　EMI、EMS、EMC 和 ESD 的定义

名　　称	定　　义
EMI	EMI 的全称为 Electromagnetic Interference,即电磁干扰,指电子设备在自身工作过程中产生的电磁波,对外发射并对其他设备造成干扰
EMS	EMS 的全称为 Electromagnetic Susceptibility,即电磁敏感度,指电子设备受电磁干扰的敏感程度
EMC	EMC 的全称为 Electromagnetic Compatibility,即电磁兼容,指设备所产生的电磁能量既不对其他设备产生干扰,也不受其他设备的电磁能量干扰的能力。EMC 包括 EMI(电磁干扰)及 EMS(电磁敏感度)两部分
ESD	ESD 的全称为 ElectroStatic Discharge ,即静电放电,指存储静电的释放。最常见的情况是当电子设备与带电体接触时,可能出现高达数千伏的放电,导致器件损坏

2.6.2　电磁感应与电磁干扰

　　理解电磁感应和电磁干扰,应从电磁场理论和电子元器件开始。一般电子线路都是由电阻器、电容器、电感器、变压器、有源器件和导线组成,当电路中有电压存在的时候,在所有带电的元器件周围都会产生电场,当电路中有电流流过的时候,在所有载流体的周围都会存在磁场。

　　电容器是电场最集中的元件,流过电容器的电流是位移电流,这个位移电流是由于电容器的两个极板带电,并在两个极板之间产生电场,通过电场感应,两个极板会产生充放电,形成位移电流。实际上,电容器回路中的电流并没有真正流过电容器,而只是对电容器进行充放电。当电容器的两个极板张开时,可以把两个极板看成一组电场辐射天线,此时在两个极板之间的电路都会对极板之间的电场产生感应。在两极板之间的电路不管是闭合回路,或者是开路,在与电场方向一致的导体中都会产生位移电流,当电场的方向不断改变时,电流一会儿向前跑,一会儿向后跑。

　　电感器和变压器是磁场最集中的元件,流过变压器次级线圈的电流是感应电流,这个感应电流是因为变压器初级线圈中有电流流过时,产生磁感应而产生的。在电感器和变压器周边的电路,都可被看成一个变压器的感应线圈,当电感器和变压器漏感产生的磁力线穿过某个电路时,此电路作为变压器的"次级线圈"就会产生感应电流。两个相邻回路的电路,也同样可以把其中的一个回路看成变压器的"初级线圈",而另一个回路可被看成变压器的"次级线圈",因此两个相邻回路同样产生电磁感应,即互相产生干扰。变压器的次级线圈感应电流如图 2.21 所示。

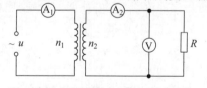

图 2.21　变压器的次级线圈感应电流

在电子线路中只要有电场或磁场存在,就会产生电磁干扰。在高速 PCB 及系统设计中,高频信号线、集成电路的引脚、各类接插件等都可能成为具有天线特性的辐射干扰源,能发射电磁波并影响其他系统或本系统内其他子系统的正常工作。PCB 的电场和磁场是客观存在的,产品的电磁兼容性设计不是消灭已经客观存在的电场和磁场,而是用各种途径减少它们相互之间的干扰,以及抑制电磁场往外产生较大的辐射。

2.6.3 滤波器和滤波电路应用

滤波器的使用是最普遍的一种抗干扰方法,滤波器主要是抑制外部干扰通过接口电路进入到系统内部,也可以滤除来自系统内部的干扰,抑制干扰往外辐射。根据信号与干扰信号之间的频率差别,采用不同性能的滤波器。抗干扰滤波器有数字滤波器、低通滤波器、带通滤波器、模拟滤波器、有源电力滤波器等。

数字滤波器实际上是一种运算过程,其功能是将一组输入的数字序列通过一定的运算后转换为另一组输出的数字序列,从而达到改变信号频谱的目的。

低通滤波器是允许低于截止频率的信号通过,而超过设定临界值的高频信号则被阻隔或者减弱。低通滤波电路常用于滤去整流输出电压中的纹波。低通滤波器一般由电容和电感元件组成,如在负载两端并联电容器 C 和串联电感器 L 就构成简单的低通滤波电路。低通滤波电路有无源滤波和有源滤波两类,若滤波电路元件仅由无源元件(电阻器、电容器、电感器)组成,则称为无源滤波电路。无源滤波的主要形式有电容滤波、电感滤波和复式滤波(包括倒 L 型、LC 滤波、LC π 型滤波和 RC π 型滤波)。无源滤波电路简单、易于设计,但其截止频率都随负载而变化。无源滤波电路通常用在功率电路中,比如直流电源整流后的滤波(采用 LC 电路滤波)。有源滤波器一般是由集成放大器和 RC 元件组成,优点是不采用大电感和大电容,体积小,重量小,并且对于信号有放大功能;缺点是电路的组成和设计较为复杂,以及有源滤波电路不适用于高电压、大电流的场合,只适用于信号处理。

滤波器在外拖电缆上的应用,经常会碰到这样的问题,独立的设备没有任何电磁干扰的问题,传导干扰和辐射干扰都没有问题。但是当连接上必要的外接电缆时,出现干扰问题,干扰原因就是外拖电缆相当于天线,当没有电缆时,相当于没有辐射天线和接收天线。解决方法是在电缆的端口处安装滤波器,将这些导体从空间接收到的电磁能量在它们通过电缆线辐射之前滤除掉,另一方面,滤波器也可以阻止外部干扰通过电缆线干扰到内部的电子线路。天线的一个特性是互易性,也就是说,一副天线如果具有很高的辐射效率,那么它的接收效率也很高。因此外拖电缆既能产生很强的辐射,也能有效地将空间电磁波接收下来,传进设备,对电路形成干扰。线缆端口的辐射如图 2.22 所示。

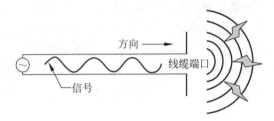

图 2.22　线缆端口的辐射

2.6.4　元器件选型的电磁兼容性考虑

电子元器件可分为有源器件和无源器件两种类型,有源器件主要指基础电路和驱动芯片等器件,无源器件主要指电阻、电容、电感等元件。从电磁兼容性角度出发,有源器件的选型原则是工作电压宽的器件比工作电压窄的器件电磁兼容性好;工作电压低的元器件比工作电压高的元器件电磁兼容性好;在设计允许的范围内延迟时间长的元器件比延迟时间短的元器件电磁兼容性好;静态电流小、功耗小的元器件比静态电流大、功耗大的元器件电磁兼容性好;贴片封装的元器件比插件封装的元器件电磁兼容性好。无源器件选型,主要关注元件的频率特性和电磁场分布参数,无源器件在某些频率下会表现出不同特性,一些电阻在高频时拥有电感的特性,如线绕电阻。

(1) 电容的选择。从电磁兼容性角度来说,电容在电路中的作用主要是滤波,用于构成各种低通滤波器或用来作去耦电容。巧妙选择与使用好电容的滤波作用,不仅可解决许多 EMI 问题,而且能充分体现效果良好、价格低廉、使用方便的优点。若电容的选择或使用不当,则可能根本达不到预期的目的,甚至会加剧 EMI 程度。

从理论上讲,电容的容量越大,容抗就越小,滤波效果就越好。但是,容量大的电容一般寄生电感也大,自谐振频率低,对高频噪声的去耦效果也越差,甚至根本起不到去耦作用。以典型的陶瓷电容为例,$0.1\mu F$ 的自谐振频率约为 5MHz,$0.01\mu F$ 的自谐振频率约为 15MHz,$0.001\mu F$ 的自谐振频率约为 50MHz。另外,元件的物理尺寸越大,自谐振点频率也越低,射频应用一般选择贴片瓷片电容,在频率小于 10MHz 时贴片电容的寄生电感几乎为零,总的电感也可以减小到元器件本身的电感。

所有电容都是由 RLC 电路组成的,电容 RLC 等效参数如图 2.23 所示,L 是与引脚长度和结构相关的电感,R 是引脚电阻,C 为电容。串联的 L 和 C 会在某个频点谐振,谐振时电容的阻抗极低,能有效分流射频能量。频率高于电容的自谐振点时,电容就表现出电感的特性,并且感抗值随着频率的升高而变大,旁路和退

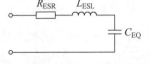

图 2.23　电容 RLC 等效参数

耦的功能相应减弱。

（2）电感的选择。电感是一种可以将磁场和电场联系起来的元件,电场与磁场互相作用的能力使其潜在地比其他元件更为敏感,和电容类似,电路中巧妙使用好电感也能解决许多 EMC 问题。电感有两种结构,一种是开环式,另一种是闭环式。开环式电感的磁场穿过空气,有可能引起辐射并带来电磁干扰(EMI)问题,在选择开环电感时绕轴式比棒式或螺线管式要好,因为绕轴式电感的磁场将被控制在轴芯。对闭环电感来说,磁场被完全控制在磁芯。因此在 EMC 电路设计中用闭环式电感更理想,当然闭环式电感价格也相对比较贵。电感的磁芯材料主要有两种类型,分别是铁和铁氧体。铁磁芯电感用于低频场合(几十千赫兹),铁氧体磁芯电感用于高频场合(几十兆赫兹,),铁氧体磁芯电感更适用于 EMC 应用。

（3）磁珠的选择。磁珠的主要原料为铁氧体,铁氧体是一种立方晶格结构的亚铁磁性材料,它的制造工艺和机械性能与陶瓷相似,颜色为灰黑色。就电性能而言,铁氧体的抗电性大于金属和合金材料,用在高频电路中时具有较高的磁导率。磁珠是能量消耗器件,作用与电感不一样,电感多用于电源滤波回路,侧重于抑止传导性干扰。磁珠多用于信号和电源回路,用来吸收超高频信号,如用在 RF 电路、PLL、振荡电路、存储器电路(DDR,SDRAM,RAMBUS)等模块的电源输入部分,滤除高频信号和电源噪声。磁珠的选型主要根据频率阻抗进行选择,通过查看厂家提供的阻抗频率曲线,选择希望衰减噪声频率具有最大阻抗的磁珠型号。图 2.24 是一款通用磁珠的频率阻抗曲线。

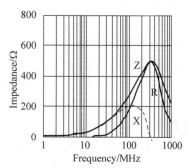

图 2.24　磁珠的频率阻抗曲线

（4）共模电感的选择。EMC 所面临的问题大多是共模干扰,共模电感是电路中用来抑制电磁干扰的主要元件。共模电感是一个以铁氧体为磁芯的共模干扰抑制元器件,它由两个尺寸相同、匝数相同的线圈对称地绕制在同一个铁氧体环形磁芯上,形成一个四端元器件。共模电感对于共模信号呈现出大电感具有抑制作用,而对于差模信号呈现出很小的漏电感几乎不起作用。当流过共模电流时磁环中的磁通相互叠加,从而具有相当大的电感量,对共模电流起到抑制作用。而当两线圈流过差模电流时,磁环中的磁通相互抵消,几乎没有电感量。所以差模电流可以无衰减地通过,对线路正常传输的差模信号无影响。绕制在线圈磁芯上的导线是相互绝缘的,且绝缘等级较高,保证了在瞬时过电压作用下线圈的匝间不发生击穿短路。选用的共模电感,其线圈应尽可能是单层绕制的,单层绕制可有效减小线圈的寄生电容,增强线圈对瞬时过电压的承受能力。另外,在选择共模电感时需要看元器件资料,根据阻抗频率曲线来选择。共模电感实质上是一个双向滤波器,一方面要滤除信号线上共模电磁干扰,另一方面又要抑制本身不向外发出电磁干扰。

图 2.25 是共模电感对共模干扰信号抑制示意图。

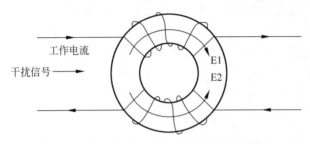

工作电流

干扰信号 →

E1
E2

图 2.25　共模线圈对共模干扰信号的抑制作用

（5）集成电路芯片选择。集成电路芯片是 EMI 最主要的能量来源，因此如果能够深入了解集成电路芯片的内部特征，可以简化 PCB 和系统级的 EMI 控制，集成电路的封装和芯片工艺技术对电磁干扰有很大影响。集成电路 EMI 的来源主要是数字集成电路从逻辑高到逻辑低之间转换或者从逻辑低到逻辑高之间转换的过程中，输出端产生的方波信号导致信号电压、信号电流快速变化引起的 EMI 问题。集成电路芯片输出端产生的方波中包含频率范围非常宽广的正弦谐波分量，其最高 EMI 频率（也称为 EMI 发射带宽）与信号上升时间的函数关系如下。

$$f = 0.35/T_r \tag{2-11}$$

其中，f 是频率（单位是 GHz），T_r 是信号上升沿或下降沿时间（单位是 ns）。如果电路的开关频率为 50MHz，信号的上升时间是 1ns，那么该电路的最高 EMI 发射频率将高达到 350MHz，远远大于该电路的开关频率。

电路中的每一个电压值都对应一定的电流，同样每一个电流都存在对应的电压，当集成电路的输出在逻辑高到逻辑低或者逻辑低到逻辑高之间变换时，变化电压和变化电流就会产生电场和磁场。根据上面的公式计算，这些电场和磁场的最高频率就是发射带宽，电场和磁场的强度以及对外辐射的百分比，取决于对信号源到负载点之间信号通道上电容和电感控制的好坏。当信号电压与信号回路之间的匹配不紧密时，电路的电容就会减小，因而对电场的抑制作用就会减弱从而使 EMI 增大。如果电流与返回路径之间匹配不佳，势必会加大回路上的电感，就会增强磁场导致 EMI 增加。

集成电路的引脚设计和内部电路设计也会影响回路上的电感和电容从而影响 EMI。集成电路封装通常包括硅基芯片、内部 PCB、引脚焊盘，硅基芯片安装在内部 PCB 上，大部分是通过绑定线实现硅基芯片与 PCB 之间的连接。用绑定线的问题在于，每一个信号或者电源线的电流环路面积会增加从而导致电感值升高产生电磁辐射。要想获得较低电感值的优良设计是实现硅基芯片与内部 PCB 之间的直接连接，也就是说，硅基芯片的连接点直接连接在 PCB 的焊盘上。这就要求选择使用一种特殊的 PCB 板材料，这种材料应该具有极低的热膨胀系数，而选择这种材料将导致芯片整体成本的增加,如果选择这种工艺的集成电路,集成电路本身的 EMI 特性就非常好。

关于芯片内部的引线结构,由于电感和电容值的大小都取决于信号与 GND 返回路径之间的接近程度,因此芯片内部信号引脚要考虑足够多的返回路径。理想情况下,需要为每一个信号引脚都分配一个相邻的信号返回地引脚。实际情况并非如此,众多的芯片厂商是采用其他折中方法。在 BGA 封装中,一种行之有效的设计方法是在每组多个信号引脚的中心设置一个信号的返回引脚,在这种引脚排列方式下,每一个信号与信号返回路径之间相差的仅是引脚距离,返回路径很少。而对于四方扁平封装(QFP)或者其他型封装形式的芯片来说,在信号组的中心放置一个信号的返回路径是不现实的。因此相同功能和价格相差不大的情况下应尽量选择 BGA 封装的 IC。

内部 PCB 是 IC 封装中最大的组成部分,在内部 PCB 设计时如果能够实现电容和电感的严格控制,将极大地改善系统的整体 EMI 性能。如果是两层的 PCB 板,一般要求 PCB 板的一面为连续的地平面层,PCB 板的另一面是电源和信号的布线层。理想的情况是 4 层或 4 层以上的 PCB 板,中间的两层分别是电源和地平面层,外面的两层作为信号的布线层,这样的 4 层板结构的设计将引出两个高电容、低电感的布线层。特别有利于芯片电源引脚和地引脚的分配,低阻抗的平面层可以极大地降低电源总线上的电压瞬变,从而极大地改善 EMI 性能。

降低电感并且增大信号与对应回路之间或者电源与地之间的电容是选择集成电路芯片需要考虑的主要因素。举例来说,小间距表面贴装与大间距表面贴装工艺相比,如果只是从 EMI 的角度考虑应该优先选用小间距表面贴装的芯片,另外,BGA 封装的芯片同任何常用的封装类型相比具有最低的引线电感。

2.6.5 原理图的电磁兼容性设计

原理图的电磁兼容性是从电路理论上最大限度降低 EMI,干扰不可能完全被消除,要做的就是把干扰减少到最小。主要设计要点是在高频信号线上增加滤波电路、在对外接口增加滤波电路、在电源电路增加滤波电路等,以及在总线上增加阻抗匹配电路。另外,时钟电路通常是宽带噪声的最大产生源,时钟电路可产生几百兆赫兹至几吉赫兹的谐波失真,原理图设计中要重点关注的是时钟电路的宽带噪声。

(1) 高频信号滤波。1MHz 带宽以上的高频信号线要考虑加滤波电路,非高频信号如果信号的上升沿或下降沿比较陡(ns 级上升沿或下降沿)也需要考虑增加滤波电路。使用 RC 滤波时,滤波电路的电阻值和电容值要进行计算,一般情况下,电阻取值在几十欧姆以内,电容的取值在 50pF 以内。当带宽频率比较高时要使用磁珠滤波,磁珠是电容、电感、电阻的复合体,相当于三者的并联,主要是对某个频段的抑制。对于电感+电容的组合来说,磁珠的作用是抑制高频,一般是大于

100MHz 的高频信号,且在高频段的电阻特性为其主要特征。所以不但可以过滤噪声,还可以通过电阻来消耗噪声,非电阻的滤波器,理论上只是导走噪声,而不是损耗噪声。

(2) 对外接口滤波。对外接口一般都有引出线,引出线相当于天线,PCB 板的电磁辐射很容易通过线缆发射出去,PCB 板上的辐射一定会存在,不论 PCB 的 EMI 性能做得多好,如果能有效切断辐射途径,也是有效减少 EMI 的方法。因此理论上所有需要连接电缆线的接口都需要增加滤波电路。

(3) 开关电源的 EMI 设计。开关电源具有功耗大、效率高、体积小、稳压范围宽等优点,被广泛应用在电路上。但开关电源的开关管和整流管工作在开关状态下,且在大电流、高电压的条件下,对外会产生很强的电磁干扰。开关电源的电磁辐射有传导骚扰和辐射骚扰之分。

① 开关电源的传导骚扰。开关电源的传导骚扰是通过电源的输入电源线向外传播的电磁干扰,在电源线向外传播的骚扰既有差模骚扰又有共模骚扰,共模骚扰比差模骚扰会产生更强的骚扰。一般情况下,在 0.15~1MHz 的频率范围内,骚扰主要以共模的形式存在;在 1~10MHz 的频率范围内,骚扰的形式是差模和共模共存;在 10MHz 以上,骚扰的形式主要以共膜为主。传导发射的差模骚扰的产生主要是由于开关管工作在开关状态,当开关管开通时,流过电源线的电流线性上升,开关管关断时电流突变为 0。因此流过电源线的电流为高频的三角脉动电流,含有丰富高频谐波分量,随着频率的升高,该谐波分量的幅度越来越小,差模骚扰随频率的升高而降低,因此差模传导骚扰主要存在于低频率段。共模骚扰的产生主要原因是电源与大地之间存在有分布电容,电路中方波电压的高频谐波分量通过分布电容传入大地,与电源线构成回路,产生共模骚扰。

解决传导骚扰主要采用无源滤波器和共模电感,切断其传播途径的方法来减小传导发射的骚扰电平,另外,也可以从发射的来源着手,减小发射源向外发射的电平。

产品传导骚扰的测试频率范围为 150kHz~30MHz,限值要求如表 2.9 所示,分为 A 级和 B 级,绝大部分电子产品要符合 B 级标准。

表 2.9 A 级和 B 级电源端口传导骚扰限值

频率范围/MHz	准峰值 dB/μV	平均值 dB/μV
A 级电源端口传导骚扰限值		
0.15~0.5	79	66
0.5~30	73	60
B 级电源端口传导骚扰限值		
0.15~0.5	66	56
0.5~5	56	46
5~30	60	50

② 开关电源的辐射骚扰。开关电源的辐射骚扰是电磁能量以场的形式向四周传播,场可以分为近场和远场,近场又称为感应场,它的性质与场源有密切的关系,如果场源是高电压小电流的源,则近场主要是电场,如果场源是低电压大电流,则场源主要是磁场。无论近场是磁场或是电场,当离场源的距离大于 $\lambda/2\pi$ 时,均变成远场,又称为辐射场。由于开关电源工作在高电压大电流的状态下,近场既有电场,又有磁场。

要解决和减小开关电源的电磁辐射,首先要了解开关电源的辐射源在哪儿,开关电源的辐射骚扰源主要分布在 DC/DC 开关管、DC/DC 电感、DC/DC 整流管、DC/DC 续流管这几个地方。针对 DC/DC 电感的辐射,主要原因是漏感的存在,导致电磁能量泄漏向外发射电磁能量,选用闭环式电感有一定的改善,闭环式电感的磁场被完全控制在磁芯内部,可以减少向外发射电磁能量。针对 DC/DC 续流二极管和 DC/DC 整流管向外发射电磁能量,在整流管、续流管与散热器的接触点附近增加接地电容,如图 2.26 所示。图中 C2 是二极管 VD1 和 VD2 与散热器之间的耦合电容,电容值一般在 10pF 左右,C3 是增加的电容(电容值为几十 pF),DC/DC 整流管和 DC/DC 续流管上的电压峰值经过 C2 与 C3 的分压后,幅度大大降低,就可以大大减小向外的辐射。

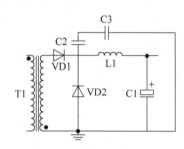

图 2.26　续流二极管和整流管交汇处上增加对地电容

(4) 共模电感的应用。针对高速的差分信号,如 USB 接口、显示屏的 LVDS 接口、摄像头的 MIPI 接口增加共模电感来降低高频噪声。在电源的入口也需要增加共模电感,电源输入端增加共模电感可以有效降低输入和输出干扰,对共模噪声也有明显的抑制作用。图 2.27 是显示屏 MIPI 接口增加共模电感的原理图。

在选择共模电感的磁芯材料时,应从两方面考虑,一是工作频率范围宽,二是磁导率。选择较高磁导率的材料,可保证相同电感量的同时,可以减小绕制线圈的匝数。共模电感的磁芯通常选择铁氧体材料,铁氧体主要有两类,分别是 Ni-Zn 材料和 Mn-Zn 材料。Ni-Zn 材料的磁导率较低,但在很高的频率时(大于 100MHz)磁导率仍保持不变。Mn-Zn 材料有较高的磁导率,但在较低的频率(不到 20kHz)时,磁导率就开始有下降的趋势。因此 Mn-Zn 材料用来抑制 20~50MHz 范围内的 EMI 噪声非常合适,而 Ni-Zn 材料在高频时磁导率仍保持不变,主要用来抑制 50MHz 以上的噪声。

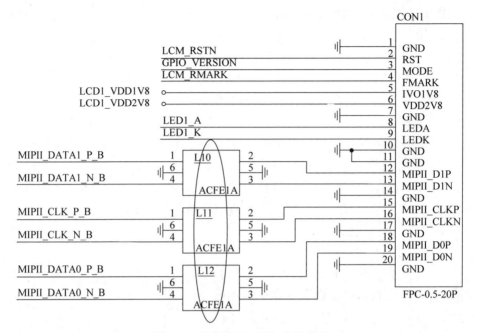

图 2.27　显示屏接口增加共模电感

2.6.6　PCB 设计的电磁兼容性考虑

PCB(印制线路板)是电子产品中电路元件和器件的支撑件,它提供了电路元件和器件之间的电气连接,是各种电子设备最基本的组成部分。PCB 设计的好坏对电路的干扰及抗干扰能力影响很大。要使电子电路获得最佳性能,除了元器件的选择和电路设计之外,良好的 PCB 设计在电磁兼容性中也是一个非常重要的因素。通过器件布局和走线的方式来处理产品电磁兼容性问题,是解决产品电磁兼容性最有效、成本最低的手段。

(1) PCB 回流面积考虑。每个信号都有一个回流路径来构成回路,直流或者低频时,回路电流总是从电阻最小的路径上通过。而高频时,回流总是从阻抗最小的路径上通过。在 PCB 上,当两根走线分别流过大小相等、方向相反的信号电流时,它们的磁场也是大小相等方向相反,如果两根导线距离非常近,磁场的差模EMI 辐射可以完全抵消,不会造成对外辐射。因此如果要想把差模 EMI 辐射减小到最小,信号线应尽量靠近与它构成回路的回流线,即必须把回路面积减少到最小。同样的道理,共模干扰也需要把回路面积减小。

(2) 走线阻抗的控制。精心的走线设计可以在很大程度上减少走线阻抗造成的电磁骚扰,当频率超过数 kHz 时,导线的阻抗主要由导线的电感决定,细而长的PCB 走线呈现高电感,且阻抗随频率增加而增加。如果有些信号线不可避免要走细而长,那么就需要考虑其回流路径,解决方法是平行于该信号线走一条紧挨着的地线。两根电流方向相反的平行导线,由于互感作用,能够有效地减少电感,总自感可以用以下公式来计算。

$$L = L_1 + L_2 - 2M \tag{2-12}$$

式中,L 表示总自感,L_1、L_2 分别为导线 1 和导线 2 的自感,M 为互感,当导线 1 和导线 2 挨得很近时 $M \approx L_1 + L_2$,这样总自感就非常小,整条路径生产的电磁辐射也就非常小。

(3) PCB 的合理分层。合理分层不但可以降低系统的射频发射,更可以提高系统的稳定性,适当增加地平面是 PCB 的 EMC 设计最有效的方法之一,较为复杂的 PCB 板至少要有一层完整的地平面。

(4) 器件布局。印制电路板上各种器件的相互位置同样会直接影响电路的电磁兼容性,比较有效的方法是根据单元电路对电磁兼容性的敏感程度的不同进行分组,让同组元器件放在一起,这样在空间上可以保证各组之间不产生相互干扰。在印制板上一般都会同时具有高速、中速、低速的电路,以及输入接口、输出接口、电源等电路,高速电路通常容易引起噪声,并对低速电路造成影响,为了减少信号之间的干扰,合理的器件布局如图 2.28 所示。高速电路的器件放置在 PCB 板的中间,接口电路分别位于两侧,电源电路单独放置在一个区域,总体按电路的电流流向和隔离高频电路来布局器件。

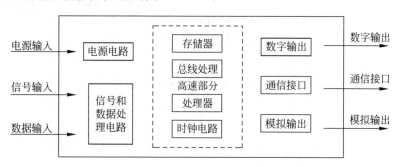

图 2.28　器件布局示意图

(5) 旁路和去耦电容放置。在芯片电源引脚或电源电路上放置旁路电容和去耦电容。旁路电容的作用是提高系统配电的质量,用于导通或者吸收某元件或者一组元件中的交流成分,能够滤除电路中的电子噪声,过滤由纹波电压引起的交流成分。顾名思义,耦合就是互相影响,正如变压器的原边会影响副边,同时副边也会影响原边,去耦,就是减少耦合,减少互相影响。去耦电容的作用是蓄能和去除高频噪声,以及减少开关噪声在板上的传播并抑制噪声对其他芯片的干扰,去耦电容距离芯片电源引脚越近,其补充电流的环路面积就越小,电路辐射就会很小。原则上,集成电路的每个电源引脚都应布置一颗 $0.1\mu F$ 的去耦电容,多个引脚增加一颗 $10\mu F$ 储能电容,一大一小两个电容,小电容滤高频干扰,大电容滤低频干扰和蓄能。去耦电容和旁路电容都是起到抗干扰的作用,电容所处的位置不同,称呼就不一样了。对于同一个电路来说,旁路电容是把输入信号中的高频噪声作为滤除对象,把前级携带的高频杂波滤除,而去耦电容也称退耦电容,是把输出信号的干扰作为滤除对象。

(6) PCB 布线。电源的走线应尽量加粗,局部可以做铺铜处理,以减少线电感。地线同样应尽量加粗,若地线很细,则接地电位会随电。不同信号的走线应相互远离不要平行走线,分布在不同层上的信号线遵守互相垂直的原则,高速信号线特别是时钟线要尽可能短,必要时可在高速信号线两边加隔离地线,同时隔离地线两端应与地层相连接。信号线的布置最好根据信号的流向来走线,一个电路的输出信号线不要再折回输入信号线区域,因为输入线与输出线通常是不相容的,尽量减小信号环路的面积,可以有效减小环路的差模电流辐射。

2.6.7　结构设计与屏蔽

复杂的电子产品,产品电磁兼容设计应做到标本兼治,在结构设计和屏蔽方面也需要下功夫。机壳端口、电源线端口、地线端口、通信接口和控制线端口等需要做好结构与屏蔽设计,在结构和屏蔽上来解决电磁辐射问题需要花费一定的成本。从产品电磁兼容性整体来讲,主要还是从器件选型、原理图设计、PCB 设计等方面来解决产品 EMC 问题。

(1) 结构设计的电磁兼容性。结构设计的电磁兼容性主要是考虑如何合理布局内部电缆线,以及不同 PCB 板的连接关系。设计的原则是内部电缆线的连接要尽量短;相互容易干扰的电缆线避免交叉和平行放置,适当拉开距离;PCB 板与 PCB 板的连接尽可能采用板间连接器;以及减少子板数量,把尽可能多的功能放在母板上。产品内部的 PCB 数量多,自然内部的连接线就比较多,PCB 板与 PCB 都会有信号的连接,从电磁兼容性角度来看每条电缆线相当于发射天线。

(2) 屏蔽。屏蔽是后期解决产品 EMC 问题的主要手段之一,屏蔽就是对某个区域之间进行金属的隔离,控制电场、磁场和电磁波的辐射能力。具体讲就是用屏蔽体将元部件、电路、组合件、电缆或整个系统的干扰源包围起来,防止干扰电磁场向外扩散,同时也防止它们受到外界电磁场的影响。屏蔽体结构设计应该简洁,尽可能减少不必要的开孔,尽可能不增加额外的缝隙。屏蔽体的电连续性是影响其屏蔽效果最主要的因素,为了提高磁场屏蔽效能应选用高导磁率的材料(如坡莫合金)以及增加屏蔽体的壁厚。

① 结构材料上涂屏蔽层。由于成本的原因,现在已经很少采用塑胶壳上涂屏蔽层的工艺了。如果一定需要,要求镀层在长时间的使用过程中屏蔽能力不能降低,附着力良好。镀层如有脱落不但影响屏蔽性能,而且落入设备内部会造成短路事故。对附着力可靠性的鉴定按相关标准进行冷热循环实验,并在实验完成后验证其导电性。

② 屏蔽的缝隙,每一条缝和不连续处要尽可能做好搭接,以防电磁能的泄漏

和辐射,尽可能采用焊接方式。若条件受限,可用点焊、小间距的铆接和用螺钉来固定,螺钉间距一般应小于最高工作频率的 1% 波长,至少不大于 5% 波长。用螺钉或铆接搭接时,应首先在缝中搭接好,然后逐渐向两端延伸,以防金属表面的弯曲,在接缝不平整的地方或在可移动的面板等处,必须使用导电衬垫或指形弹簧材料。

③ 屏蔽罩的设计。屏蔽罩材料可以选用 ZSNH 锌锡镍合金,或者是洋白铜,洋白铜导电性能好易焊接,不锈钢焊接性不好,不建议使用,不锈钢可以用来做屏蔽罩的盖子。屏蔽罩材质厚度一般为 0.1～0.2mm,0.2mm 比较常用,屏蔽罩焊盘宽度为 0.8～1mm。屏蔽罩的散热孔的设计要考虑开孔的大小,太大会导致电磁场泄漏,孔直径一般为 1～1.5mm,孔间距 5.5mm 左右。关于屏蔽罩的焊接,有三种焊接形式,分别是单件焊接式、支架焊接和屏蔽罩夹子。单件焊接是直接把屏蔽罩焊接在电路板上,单件焊接成本低、工艺简单,缺点是一旦焊接上不容易拆除,给维修调试增大了难度。支架焊接是由支架和盖子组成,支架一般采用洋白铜材料或锌锡镍合金材料以方便焊接,盖子一般采用不锈钢。支架焊接的优点是价格较便宜,方便维修检查;缺点是需要两件物料,增加了物料管理成本。屏蔽罩夹子方式,使用屏蔽罩夹子来代替支架,省去了支架的开模成本,通过屏蔽罩夹子将屏蔽罩扣紧,可灵活实施。屏蔽罩夹子方式的缺点是卡扣的夹持力有待考究,在振动强度大的场景下不宜采用,另外,在装配盖子的时候需要把位置对得非常整齐,在装配上占用了一定时间。常用的屏蔽罩如图 2.29 所示。

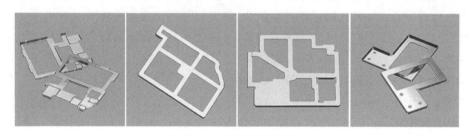

图 2.29　常用的屏蔽罩图片

④ 屏蔽材料。常用的屏蔽材料有导电布、铜箔铝箔、吸波材料。导电布是在聚酯纤维上,先电镀上金属镍,在镍上再镀上高导电性的铜层,然后在铜层上再电镀一层防氧化防腐蚀的镍金属,铜和镍结合提供了极佳的导电性和良好的电磁屏蔽效果,屏蔽范围为 100kHz～3GHz。导电布有格子布型和针织布型之分,两者都具良好的抗摩擦性能和表面导电性能,抗摩擦一般可达 500 000 次,表面电阻低于 $0.07\Omega/m^2$。

铜箔铝箔用金属铜铝直接压延成薄片材料,材质柔软延展性好,缺点是易氧化不耐摩擦,材质硬度不高,通常在 0.2mm 以下,非常方便加工和折成需要的形状。铜箔铝箔屏蔽材料大部分情况只用于 EMI 的整改,用来查找辐射超标的原因,较少用在批量生产的产品上。

吸波材料可分为传统吸波材料和新型吸波材料。传统吸波材料如铁氧体、钛酸钡、金属微粉、石墨、碳化硅、导电纤维等,其中,铁氧体吸波材料和金属微粉吸波材料用得比较多,性能也较好。新型吸波材料包括纳米材料、手性材料、导电高聚物、多晶铁纤维和电路模拟吸波材料等,它们具有不同于传统吸波材料的吸波机理,其中,纳米材料和多晶铁纤维是众多新型吸波材料中性能较好的两种。吸波材料的原理是吸收投射到它表面的电磁波能量,并通过材料的介质损耗,使电磁波能量转化为热能或其他能量。吸波材料主要用于防止干扰,吸收电磁波。吸波材料在产品中用的比较少,主要用来作微波暗室,或应用在军事领域的隐身技术上。

2.6.8　系统接地设计

系统接地分为两种不同的情况,对于便携式的电子产品,大部分都是直流低电压供电(一般是5V直流电源输入或者电池供电),系统接地主要考虑信号完整性和电磁兼容性。对于电气设备和大型仪器,接地系统主要考虑设备和仪器的安全性、防雷保护、屏蔽等。

电气设备和大型仪器的系统接地,按不同作用分为直流工作接地、交流工作接地、安全保护接地、防雷保护接地、防静电接地和屏蔽接地等。直流工作接地、交流工作接地、安全保护接地、防静电接地和屏蔽接地这几种接地宜采用一组接地装置,接地系统是以接地电流易于流动为目标的,接地电阻越小越好,接地电阻小可以有效降低电位变化引起的干扰。防雷接地应考虑单独设置接地装置,以防止雷击电压对综合布线及连接设备产生反击,同时要求防雷接地装置与其他接地体之间保持足够的安全距离。关于屏蔽接地,在设计和施工安装过程中如能把接地和屏蔽正确地结合起来使用,可以抑制来自工业现场的大部分干扰。设备和仪器的接地是一项系统工程,一套完整的接地系统是提高应用系统可靠性、抑制噪声、保障安全的重要手段。因此,施工人员在进行设备安装前,必须对所有设备的接地进行认真研究,弄清接地要求以及各类地线之间的关系。如果接地系统处理不当,将会影响设备的稳定性,引起故障。图2.30是防雷接地与设备接地的连接方式。

系统接地的基本目的是消除各电路电流流经公共地线时所产生的噪声电压,使其不形成地环路。如果接地方式不好就会形成不同层级的环路造成噪声耦合,但实际接地系统总存在着连接阻抗和分散电容,为保证接地质量要求,需做到如下几点。

(1)接地电阻在要求的范围内,独立的交流工作接地电阻应小于或等于 4Ω;独立的直流工作接地电阻应小于或等于 4Ω;共用接地体(即联合接地)接地电阻要求 1Ω;独立的安全保护接地电阻应小于或等于 4Ω;独立的防雷保护接地电阻应小于或等于 10Ω,或者是按照相关的电气设计国家标准执行。

(2)接地系统要保证有足够的机械强度和电气强度,装设接地线时,接地线与导体、接地桩必须接触良好,以保障在大短路电流通过时不至于脱落。

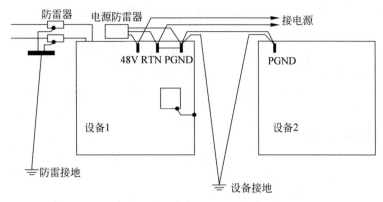

图 2.30　防雷接地与设备接地

（3）接地系统要经防腐处理，能耐腐蚀。由于接地装置长期在地下潮湿、阴暗的环境下运行，避免不了被腐蚀，而被腐蚀的接地装置起不到相应的保护作用。

交流地与信号地不能共用，由于在一段电源地线的两点间会有数 mV 甚至几 V 电压，对低电平信号电路来说，这是一个非常重要的干扰，必须加以隔离和防止。数字地与模拟地根据需要适当分开，对于 A/D、D/A 转换器同一芯片上的两种"地"最好也要分开。如果把模拟地和数字地大面积直接相连，会导致互相干扰，数字地和模拟地之间一般可采用磁珠连接、电容连接、电感连接、0Ω 电阻连接，这四种连接方式说明如下。

（1）磁珠连接。磁珠的等效电路相当于带阻限波器，只对某个频点的噪声有显著抑制作用，使用时需要预先估计噪点频率，以便选用适当型号，对于频率不确定或无法预知的情况下使用磁珠有风险。

（2）电容连接。电容的特性是隔直流通交流，会造成浮地，绝大部分情况下不宜采用。

（3）电感连接。电感体积大，杂散参数多，但抗干扰隔离效果好，如果是数字信号频率不确定的情况下，数字地与模拟地可以考虑用电感隔离。

（4）0Ω 电阻连接。0Ω 电阻相当于很窄的电流通路，0Ω 电阻也有阻抗，能够有效地限制环路电流，使噪声得到抑制。电阻在所有频带上都有衰减作用，适合很多场合使用。

关于多点接地和单点接地。在低频电路中，布线和元件之间不会产生太大的相互干扰，可以采用单点接地。在高频电路中，寄生电容和电感的影响较大，通常采用多点接地。PCB 中的大面积铺铜接地其实就是多点接地，需要注意的是，多点接地时容易产生公共阻抗耦合问题，PCB 走线时要充分考虑减小地线阻抗，多层PCB 增加地层可以有效减小地线阻抗。

机壳地与数字地、模拟地的关系。机壳地要接交流供电电源的大地，目的是防止操作人员触电（机壳与大地、人体等电位）。但是数字电路、模拟电路的工作地原则上不与电源地直接连接,原因是设备本身发生漏电或遭遇强电磁场干扰时,数字电路、模拟电路会受此噪声干扰导致错误动作可能会导致机器损毁。因为数字电路、模拟电路的工作电平一般为 1.0～5.0V,而交流电源的电压范围是 220V±10%,远远大于数字电路、模拟电路的工作电平,尤其是电本身可遭遇雷击、错相位、高压击穿等故障后可导致其瞬时电平远远大于其正常电平。

2.7 电路设计举例

本节以 DC-DC 电源电路设计、键盘电路设计、功放电路设计和热敏打印机控制电路的设计为例,来说明不同的电路需要重点考虑的因素。DC-DC 电源电路和功放电路设计的重点是考虑器件参数的计算;键盘电路主要考虑的是简化设计;热敏打印机控制电路要考虑各种异常情况的保护措施。

2.7.1 DC-DC 电源电路设计(电路参数计算)

在电子产品的电路设计中,电源电路通常是必不可少的部分,几乎每个电子产品都有 DC-DC 电路。DC-DC 相比线性稳压电路,突出的优点是转换效率高,DC-DC 开关电源的效率可以达到 90%以上,下面以 MPS 的 DC-DC 芯片 MP1583DN 来具体说明。

1. 芯片的主要特性

MP1583DN 采用贴片封装,8 脚 SOIC 封装,引脚兼容 TD1583、XL1583,输出电流 3A。输入电压 4.75～23V,耐压可达 28V,输出电压可调,可调电压范围为 1.22～21V,工作频率 380kHz,主要的特性如下。

(1) 95%的转换效率。

(2) 支持软启动功能。

(3) 开关频率 385kHz。

(4) 过电流保护功能。

(5) 过温保护功能。

(6) 低电压锁定功能。

(7) 最大输出开关占空比 90%。

(8) 静态工作电流 1.2mA,关断电流 30μA。

(9) 工作温度 −40～85℃,保护温度 150℃。

2. 芯片的功能框图

MP1583DN 内置了功率 MOSFET 的降压调节器,在宽输入范围内可实现较大连续输出电流,具有出色的负载和线性调整率。其电流控制模式提供了快速瞬态响应,并使环路更易稳定。MP1583 最大限度地降低了外部器件的使用,提供了非常紧凑的电源解决方案,芯片的功能框图如图 2.31 所示。

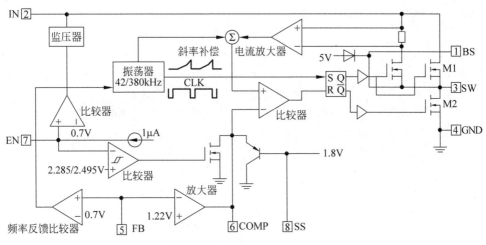

图 2.31　MP1583 功能框图

3. 芯片引脚说明

芯片是 8 脚 SOIC 封装,引脚兼容 TD1583、XL1583。PIN 脚定义如表 2.10 所示。

表 2.10　MP1583 引脚说明

Pin 脚	名称	说　　明
1	BS	正极 Mosfet Boost 输入
2	IN	电源输入口,输入范围为 4.75～23V
3	SW	开关信号输出
4	GND	数字地
5	FB	反馈网络输入口,反馈电压 1.222V
6	COMP	补偿网络,参数需根据实际计算
7	EN	使能信号输入,2.71V 以上有效
8	SS	软启动控制输入口

4. 电路原理图及电路功能说明

电路原理图如图 2.32 所示,输入电压为 7.4V,输出电压为 5.0V,输出电流为 3.0A。续流二极管是 1N5822,反馈网络电阻 R2 是 30kΩ、R3 是 7.5kΩ、R4 是 15kΩ。

5. 设计注意事项

(1) 输入端的滤波电容耐压值适当提高,以满足较大范围的输入电压。

(2) 输出端反馈网络电阻精度至少采用1%,以保证输出电压的精度。

(3) 在不同输出电压和电流情况下,其补偿网络参数不一样,因此每次设计时必须根据实际输入输出情况重新设定网络参数。

(4) 电路使能引脚工作电压范围>2.71V,使能信号不能低于该电压值。

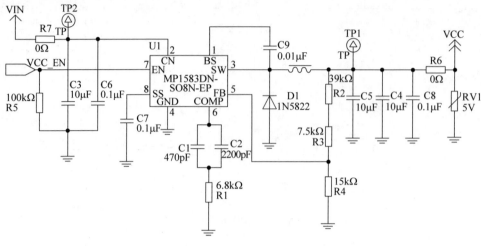

图 2.32 MP1583 原理图

（5）电源芯片的输出能力要大于负载功率，且留有一定的余量，工作电流为电源芯片最大输出电流的 85% 左右。

（6）续流二极管电流应当大于电路最大输出电流，选用导通压降较低的肖特基二极管。

6. 电路分析

（1）输入电压范围计算。MP1583DN 芯片提供的输入电压范围是 $4.75 \sim 23\text{V}$，但在实际的输出参数条件下，其输入电压需要满足一定要求，方能保证芯片的最低压降要求。芯片提供其内部 MOSFET 的 $R_{\text{DS(ON)}}$ 为 $100\text{m}\Omega$，其最大占空比 D_{MAX} 为 90%，电路转换效率 85% 以上，以 5V/3A 输出为例，计算其输入电压，计算如下。

$$V_{\text{DS(ON)}} = I_{\text{LOAD}} \times R_{\text{DS(ON)}} = 3\text{A} \times 0.1\Omega = 0.3\text{V} \tag{2-13}$$

$$V_{\text{IN(MIN)}} = \frac{V_{\text{OUT(MAX)}}}{\Delta x D_{\text{MAX}} \times \text{EFF}} + V_{\text{DS(ON)}} = \frac{5.203\text{V}}{90\% \times 85\%} + 0.3\text{V} = 7.101\text{V} > 7.4\text{V} \tag{2-14}$$

经过计算，在满足 5V/3A 输出时，其输入电压应当大于 7.101V，实际外接电压是 7.4V，因此实际电路可以满足 5V/3A 输出要求。

（2）输出电压计算。MP1583DN 芯片输出电压可调，其主要依赖 FB 反馈信号实现。根据规格书，FB 的有效反馈电压为 $1.222\text{V}(1.194 \sim 1.25\text{V})$，其电压反馈网络是 $(R_2 + R_3 + R_4)/R_4$，输出电压值计算如下。

$$V_{\text{OUT}} = V_{\text{FB}} \times \frac{R_2 + R_3 + R_4}{R_4}$$

$$= 1.222\text{V} \times \frac{39\,000 + 7500 + 15\,000}{15\,000} = 5.01\text{V} \tag{2-15}$$

考虑到反馈电压、反馈电阻值均存在精度问题,所选电阻的精度是 1%,因此输出电压也是一个范围,分别按 1% 精度的正公差和负公差进行计算,计算如下。

$$V_{\text{OUT(MAX)}} = V_{\text{FB(MAX)}} \times \frac{R_{2\text{MAX}} + R_{3\text{MAX}} + R_{4\text{MIN}}}{R_{4\text{MIN}}}$$

$$= 1.25\text{V} \times \frac{39\ 390 + 7575 + 14\ 850}{14\ 850} = 5.203\text{V} \tag{2-16}$$

$$V_{\text{OUT(MIN)}} = V_{\text{FB(MIN)}} \times \frac{R_{2\text{MIN}} + R_{3\text{MIN}} + R_{4\text{MAX}}}{R_{4\text{MAX}}}$$

$$= 1.194\text{V} \times \frac{38\ 610 + 7425 + 151\ 500}{15\ 150} = 4.822\text{V} \tag{2-17}$$

经过计算,实际输出电压范围是 4.822~5.203V,典型输出值是 5.01V。

(3) 输出电感参数计算。输出电感值越大,其输出纹波越小,但电感体积就越大,其价格成本越高。因此,要根据输出入电压、输出电压和开关频率来计算电感值,选用最合适的电感。计算如下,公式中 V_{IN} 是输入电压、V_{OUT} 是输出电压、f_s 是开关频率 385kHz、ΔI_L 是电感的电流纹波峰-峰值、I_{LOAD} 是负载电流。

$$L \geqslant \frac{V_{\text{OUT}} \times (V_{\text{IN}} - V_{\text{OUT}})}{V_{\text{IN}} \times \Delta I_L \times f_s} = \frac{5\text{V} \times (7.4\text{V} - 5\text{V})}{7.4\text{V} \times 0.9\text{A} \times 385\ 000\text{Hz}} = 4.68\mu\text{H} \tag{2-18}$$

$$\Delta L = \frac{V_{\text{OUT}} \times (V_{\text{IN}} - V_{\text{OUT}})}{V_{\text{IN}} \times L \times f_{\text{osc}}} = \frac{5 \times (7.4 - 5)}{7.4 \times 15 \times 10^{-6} \times 3.85 \times 10^5} = 0.281\text{A} \tag{2-19}$$

$$I_{L(\text{MAX})} = I_{\text{LOAD}} + \frac{\Delta I_L}{2} = 3 + \frac{0.281}{2} = 3.14\text{A} \tag{2-20}$$

经过计算,电感量为 4.68μH,电感的额定电流为 3.14A。考虑到电感适当降额设计,选用电感量为 5.6μH、额定电流为 3.2A 的电感。

(4) 输入电容设计。降压型 DC-DC 的输入电流是不连续的,需要在输入端放置输入电容以保持输入电压的稳定性。输入电容建议用低 ESR 的电容,最好是陶瓷电容,推荐使用 X5R、X7R 材质的电容。输入电容值至少使用两颗 10μF 陶瓷电容,同时再并联一个 0.1μF 的陶瓷电容,以抑制高频噪声。

(5) 输出电容设计。选择合适的输出电容可以有效降低纹波以及保证输出电压稳定性,输出电容最好使用低 ESR 的电容类型,以降低输出电压纹波,推荐使用两颗 22μF X5R 的陶瓷电容,再并联一颗 0.1μF 的去耦陶瓷电容。

(6) 补偿网络参数计算。MP1583DN 使用 COMP 信号作为内部误差放大器输出信号,其补偿网络由外置电阻、电容组成,补偿网络参数计算如下。

$$R \approx 6.8 \times 10^7 \times C_{\text{OUT}} \times V_{\text{OUT}} = 6.8 \times 10^7 \times 20 \times 10^{-6} \times 5 = 6.8\text{k}\Omega \tag{2-21}$$

$$C_{\text{MIN}} \approx \frac{1.59 \times 10^{-5}}{R} = \frac{1.59 \times 10^{-5}}{6800} = 2.34\text{nF} < 2200\text{pF} + 470\text{pF} \tag{2-22}$$

经过计算,补偿网络的电阻取值为 6.8kΩ。电容取值不能小于 2.34nF,根据电容的标称值,使用一颗 2200pF 和一颗 470pF 并联。

7. PCB 注意事项

（1）芯片 SW 输出信号,与续流二极管 D1 和电感 L1 应当以最短路径走线,或者做局部的铺铜处理,避免打孔换层,该网络电流较大。

（2）输入电容尽量靠近 IC 的电压输入端,走线要短而粗。

（3）输出电容 C4、C5、C6 尽量靠近电感 L1 放置,走线要粗且走线短,或者进行铺铜处理。

（4）反馈电压取样点从输出电容取,分压电阻要靠近 IC 放置,但要适当远离电感,反馈网络的走线要尽量远离干扰源。

（5）MP1583DN 下面铺铜,并用过孔连接到地层,以加强散热。

（6）地回路的走线,如果是多层板,引脚的 GND 和器件的 GND 直接打孔到 GND 层,芯片的 GND 和续流二极管的 GND 要打多个过孔到 GND 层。如果是双面板,输入电容 GND、输出电容 GND、反馈网络 GND、续流二极管 GND 以最短路径回流到芯片的 GND。

8. 电路测试

（1）电源转换效率测试。测量在不同负载下电路转换效率情况,同时搭配不同的输出电容来测试分析,A 曲线是 $50\mu F$ 输出电容的效率曲线;B 曲线是 $22\mu F$ 输出电容的效率曲线;C 曲线是 $20\mu F$ 输出电容的效率曲线,曲线图如图 2.33 所示。从效率曲线分析,不同输出电容对转换效率影响不大,电路在 $0.3\sim0.5A$ 输出时效率最高,平均转换效率在 85% 以上。

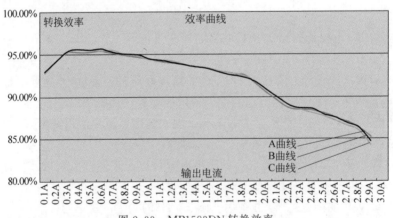

图 2.33　MP1583DN 转换效率

（2）动态负载能力测试。动态负载能力体现了电路在负载电流发生突变时对输出电压的影响,负载变化为 $100mA\sim3A$。使用电子负载连接到电路输出端,设置 rise=fail=$0.255A/\mu s$、TH=TL=1ms,测量三组曲线。A 曲线的输出电容是 $20\mu F$,补偿参数是 $6.8k\Omega+2670pF$；B 曲线的输出电容 $22\mu F$,补偿参数是 $6.8k\Omega+2670pF$；C 曲线的输出电容 $50\mu F$,补偿参数是 $10k\Omega+4400pF$。曲线图如图 2.34 所示,从曲线图可以看出,输出电容对纹波有一定影响,尤其是负载电流较大的时候。

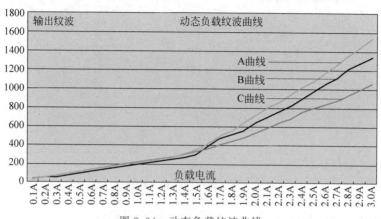

图2.34　动态负载纹波曲线

（3）输出纹波测试。测量在不同负载下电路输出纹波情况。A曲线的输出电容是 $20\mu F$,补偿参数是 $6.8k\Omega+2670pF$;B曲线的输出电容是 $22\mu F$,补偿参数是 $6.8k\Omega+2670pF$;C曲线的输出电容是 $50\mu F$,补偿参数是 $10k\Omega+4400pF$,如图2.35所示。从曲线图可以看出,输出电容对纹波影响较大,实际电路中可以根据负载电流和纹波的要求来选择不同的输出电容。

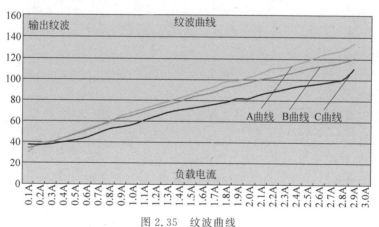

图2.35　纹波曲线

（4）输出电压稳定性测试。测量在不同输出电流时输出电压的稳定性情况。A曲线的输出电容是 $20\mu F$,补偿参数是 $6.8k\Omega+2670pF$;B曲线的输出电容是 $22\mu F$,补偿参数是 $6.8k\Omega+2670pF$;C曲线的输出电容 $50\mu F$,补偿参数是 $10k\Omega+4400pF$,曲线图如图2.36所示。从曲线图来看,在3A输出范围内其电压为 $4.95\sim5.10V$,偏差小于 3%,电压稳定性较好。

（5）其他测试项。其他项测试如负载短路测试、过电流保护测试和器件温升测试,测试方法比较简单,这里不再仔细阐述。

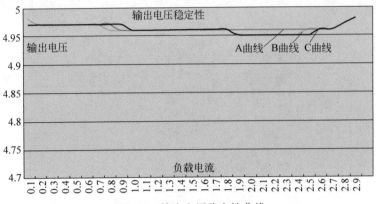

图 2.36　输出电压稳定性曲线

2.7.2　扬声器功放电路设计(功率计算)

扬声器功放电路是把微弱的声音信号放大成能驱动扬声器的大功率信号,其电路主要由运算放大器和集成音频功率放大器构成。电路结构分为前置放大、音频控制、功率放大三部分。前置放大主要完成小信号的放大,一般要求输入阻抗高、输出阻抗低、频带宽、噪声要小;音频控制主要是实现对输入信号高低音的提升和衰减;功率放大器主要是进行功率的提升,要求效率高、失真尽可能小、输出功率大。

1. 设计要求

设计一款 2W 额定功率的单声道功率电路,不失真功率为 3W。音频的频率响应为 20Hz～20kHz;输入阻抗大于 50kΩ;输出阻抗最低为 2Ω;供电电压为 6.0～12.0V;功放转换效率 85％以上。

2. 功放选型

音频功放可分为 A 类功率放大器、B 类功率放大器、AB 类功率放大器、D 类功率放大器。A 类功率放大器也称为纯甲类功率放大器,是一种完全线性形式的放大器,晶体管的正负通道不论在有信号或没有信号的情况下都处于常开状态。纯甲类功率放大器的效率非常低,通常只有 20％～30％的效率,但声音最为清新透明,具有很高的保真度。

B 类功率放大器也称为乙类功率放大器。B 类功放在工作时,晶体管的正负通道处于关闭的状态,除非有信号输入,也就是说,在正相的信号过来时只有正相通道工作,而负相通道关闭,两个通道绝不会同时工作,因此在没有信号的部分完全没有功率损失,功放效率在 70％左右。但是在正负通道开启和关闭的时候,常常会产生跨越失真。

AB 类功率放大器也称为甲乙类功率放大器,集合了 A 类与 B 类功放的设计优点,虽然效率仍待提高,但交越失真有了较大改善。AB 类功放在汽车音响中应用最为广泛。

D 类功率放大器也称为数字功放。D 类放大器与上述 A 类、B 类或 AB 类放大器不同,其工作原理基于开关晶体管,可在极短的时间内完全导通或完全截止,两只晶体管不会在同一时刻导通,产生的热量很少,这种类型的放大器效率极高(可达到90%左右)。

在不同类型的功率放大器中,D类功率放大器的转换效率最高,因此选用一款数字功放来进行设计,具体的型号是智浦欣微CS8623。

3. 功能特性

CS8623是一款单声道D类功率放大器,只需要少量的外围器件,便可以得到较大音频输出功率,其主要功能特性如下。

(1) 效率92%,无需散热片。

(2) 电源电压输入范围为5.7～17V。

(3) 内部免滤波功能。

(4) 内部保护包括可调功率限制器和直流过载保护。

(5) 输出引脚方便PCB布局,输入输出对称放置。

(6) 短路保护功能和具备自动恢复功能的温度保护。

(7) 防噗声功能。

(8) 工作温度范围为-40～85℃。

4. 引脚说明

芯片封装为ESOP16封装,引脚功能说明如表2.11所示。

表2.11　CS8623引脚说明

序号	说明	属性	功　能
1	/SD	I	待机逻辑输入,TTL逻辑电压,允许到AVCC
2	GANIN0	I	增益选择低位,TTL逻辑电压,允许到AVCC
3	GANIN1	I	增益选择高位,TTL逻辑电压,允许到AVCC
4	AVCC	P	模拟电源
5	AGND	P	模拟地,可连接到散热片
6	GVDD	P	上管栅驱动电压
7	INN	I	音源输入负端
8	INP	I	音源输入正端
9	PVCC	P	功率电源
10	BSP	I	正输出上管自举
11	OUTP	O	音频输出正端
12	BSP	I	正输出上管自举
13	OUTN	O	音频输出负端
14	PGAND	P	功率地
15	OUTN	O	音频输出负端
16	BSN	I	负输出上管自举

5. 电路原理图

电路原理图如图2.37所示,使用单独输入的方式。相比差分信号输入模式,单端输入需要输入两倍的输入信号电平才能达到相同的输出功率。

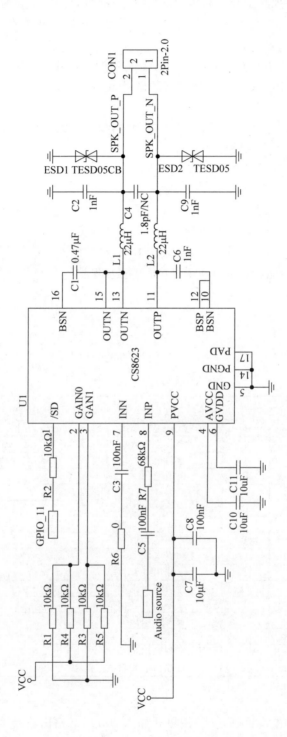

图 2.37 CS8623 单端输入原理图

6. 电路分析

输出端使用低通滤波器,低通滤波器的作用是将 PWM 波形中的声音信息还原出来。由于电流很大,需使用 LC 低通滤波器,LC 低通滤波器的截止频率范围要大于 30kHz,因为音频的范围是 20~20 000Hz,计算如下。

$$f = \frac{1}{2\pi \sqrt{LC}} = \frac{1}{2 \times 3.14 \sqrt{22 \times 10^{-6} \times 1^{-6}}} \approx 33\text{kHz} \tag{2-23}$$

功率放大倍数计算,按 2.5W 的功率,计算如下,其中,$V_A - V_B$ 是喇叭两端的峰峰值,R 为喇叭的阻抗,P 为喇叭的功率。

$$P = \frac{\left(\frac{V_A - V_B}{2} \times 0.707\right)^2}{R} = \frac{\left(\frac{9-0}{2} \times 0.707\right)^2}{4} = 2.53\text{W} \tag{2-24}$$

2.7.3　按键电路(电路简化)

按键是最常用的输入设备,通过按键可以将英文字母、汉字、数字、标点符号等输入到设备中。根据工作原理来分,按键可分为机械式按键、薄膜式按键、电容式按键、导电橡胶式按键。

按键电路一般用矩阵的方式来设计,如 16 个按键用 4×4 矩阵来设计。用 4 条 I/O 线作为行线和 4 条 I/O 线作为列线,在行线和列线的每个交叉点上设置一个按键,这样按键的个数就等于 16。

1. 电路原理图

电路原理图如图 2.38 所示,KEY IN 1~KEY IN 4 为输入线,KEY OUT 1~KEY OUT 4 为输出线。一开始 CPU 将 KEY OUT 1~KEY OUT 4 全部输出低电平,此时读入键盘线数据,若 KEY IN 1~KEY IN 4 全部为高电平则没有键按下。当有按键按下时,输入线会出现低电平,检测到低电平后调用键盘扫描程序,并去抖延时判断是否仍然是低电平,如去抖延时读入还是低电平,则说明有键按下,然后再通过逐行扫描来判断具体的键值。

2. 原理图简化

上面的电路图可以进行简化。首先,键值读入口的上拉电阻可以去掉,目前大部分 CPU 的 GPIO 口都有内部电阻,可以设置成上拉或者下拉。其次,串联在键盘信号线上的电阻和并联到 GND 的电容也可以去掉,键盘扫描属于低速信号,可以不考虑信号的滤波。另外,键盘信号线上的保护器件 ESD 二极管作用不大,键盘信号属于内部电路,不会裸漏到外面,静电的接触放电打不到键盘信号线上,因此 ESD 二极管也可以去掉。电路简化后如图 2.39 所示,电路简化后,对 PCB 走线有很大好处,同时对性能也没有影响。

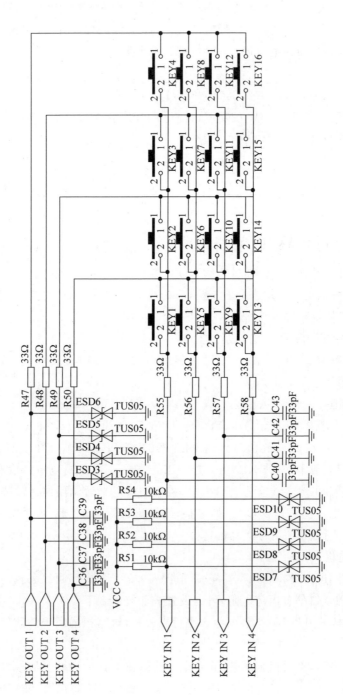

图 2.38 4×4 按键原理图

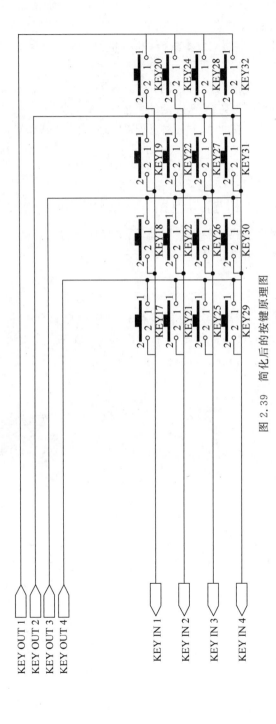

图 2.39 简化后的按键原理图

3. 设计注意事项

（1）键盘电路应尽量简单，不少初学者会在每条线上增加滤波 RC 电路，同时在扫描线上增加下拉电阻和键值读入线增加上拉电阻，其实没有必要。复杂的电路不仅给 PCB 布线和器件布局造成不方便，同时也由于使用了较多的器件电路成本会相应增加。

（2）软件判断键值和去抖的时间控制在 30ms 左右。时间太长会感觉按键反应慢，时间太短去抖时间不够，有误判按键的可能。

（3）电路的硬件信号测试。单个按键按下时，输入线信号和输出线信号不能出现半高电平等现象。以 3.3V 为例，低电平 VL 为 −0.1～0.4V，高电平 VH 为 3.0～3.6V。

2.7.4　热敏打印机驱动电路（异常情况的考虑）

热敏打印机在很多便携式产品上会用到，用来打印支付凭证或者交易信息，本节以热敏打印机电路来讲解电路设计中异常情况的考虑。

1. 热敏打印机芯规格

打印机芯具体型号是普瑞特 PT486F，PT486F 驱动马达电压和加热电压为 2.7～5.25V，逻辑电压为 4.2～8.5V。打印点密度为 8 点/毫米，相比针式打印机可以打印出更清晰的效果，最高打印速度为 80mm/s。结构尺寸小巧，具体尺寸为 57.55mm×32.7mm×15.1mm（长×宽×高）。外形图片如图 2.40 所示，主要的参数指标如表 2.12 所示。

图 2.40　PT486F 外形图片

表 2.12　PT486F 参数指标

功　能　项	规　格　描　述
打印方式	行式热敏打印
打印点数	384 点/行
点密度	8 点/毫米
打印宽度	48mm
纸张宽度	(57±1)mm
结构尺寸	57.55mm×32.7mm×15.1mm（长×宽×高）
最高打印速度	25mm/s（电压 5.0V） 56.25mm/s（电压 7.2V） 80mm/s（电压 8.0V）

续表

功　能　项	规　格　描　述
进纸精度	0.0625mm
温度检测	热敏电阻
缺纸检测	光电检测
机械抗磨损性	50km 或更长
环境	温度 0～50℃ 储存温度 −20～60℃

2. 电路原理图

电路原理图如图 2.41 所示,其中,马达驱动部分、缺纸检测部分和过热保护部分的原理设计要考虑异常情况的发生。客户不正确的使用或者产品在比较恶劣环境下使用,允许产品出现短暂的故障,但产品离开恶劣环境后,要能自行恢复,或者是重新开机后机器工作正常。

(1) 马达驱动电路异常情况考虑。马达驱动芯片使用 SANYO 的 LB1936V,LB1936V 是两相双极型的马达驱动芯片。LM393 是电压比较器,通过采样 LB1936V 内部 H 桥电路的相电流的大小,来控制 LB1936V 的驱动电流。当步进马达的相电流超过 326mA 时,LM393 的 1OUT 或者 2OUT 脚输出低电平,通过 U10(74LCX08)与门之后关闭 LB1936V 的输入端。也就是当步进马达的哪一路相电流过电流后,就关闭步进马达的哪一路驱动。电路上实现了过电流控制,避免产生额外的扭矩,从而避免对机械部分产生损伤,也避免电流过大损坏 PT486 的马达。

(2) 防反电动势电路。电路中 LB1936V 输出端的 4 个 1N5817 二极管(D2、D3、D4、D5)起到防反电动势的作用。当步进马达在突然停止或者反向时会产生一个很高的反电动势电压,如果不加防护,会损坏相关电路器件。LB1936V 芯片的内部虽然已经集成了防反电动势二极管,但电流能力不够,在外部需要增加防反电动势二极管。

(3) 缺纸检测电路。当缺纸或压纸轴未压好,打印机内部光电检测开关管无法被反射,此时 U9 比较器 2 脚 1IN1 为低电平,经过电压比较,U9 的 1 脚(PRN_POUT)输出为高电平,此时系统判断为缺纸。当纸张和压纸轴都正常时,打印内部光电检测开关管被反射,U9 比较器 2 脚 1IN1 为高电平,经过电压比较,U9 的 1 脚(PRN_POUT)输出为低电平,此时系统判断为有纸。

(4) 电源控制电路。打印机加热电压需要进行控制,在打印的时候才开启加热电压和马达的驱动电压,避免误打印。误打印会带来安全隐患,误打印时打印头反复对热敏纸加热,反复加热将导致温度过高后非常有可能着火。因此,电路上要从可靠性和防错性多方面来避免出现误打印的情况,只有在并行满足多组条件下才开启打印。增加了电源控制电路后,在同时满足 SPI 总线有打印数据发送、开启了打印电压、加热信号被使能三种情况下才启动打印。

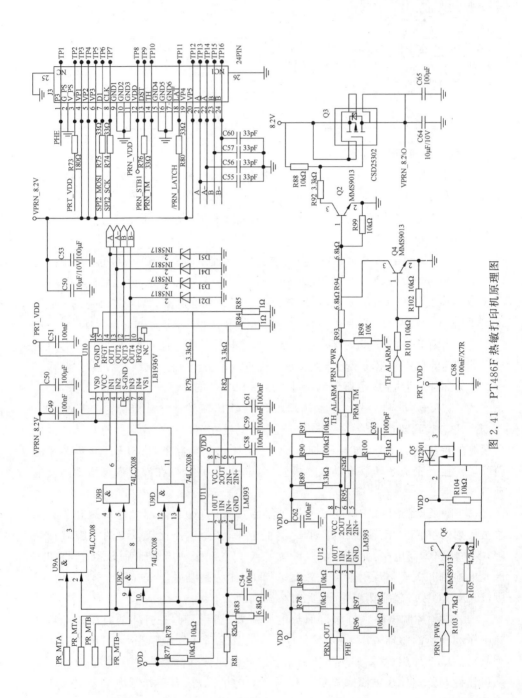

图 2.41 PT486F 热敏打印机原理图

2.8　软硬件协同工作与产品可靠性

嵌入式电子产品的可靠性与嵌入式系统的硬件、软件都有关系，很多时候，产品的可靠性需要软件、硬件统一起来考虑，软件和硬件相互协同工作就可以得到可靠的输出结果。典型案例，比如 U 盘的 NAND FLASH 是一个不可靠的存储介质，但通过软件进行了坏块管理等手段后数据就可以得到可靠的存储，硬盘也是如此。

用网络语言来描述嵌入式硬件与软件的关系，硬件叱咤江湖，软件通过控制硬件来统治江湖，当今世界，放眼江湖，有电子产品的地方就有嵌入式软件，有电子故障的地方，也就有嵌入式软件设计缺陷的问题。嵌入式软件的最大特点是以控制为主、软硬结合的较多、功能性的操作较多、模块相互间调用的较多，非常容易造成执行错误或者数据错误导致机器不正常工作。

软件的可靠性，其实就是代码运行流程的可靠性。如果一段程序不管在任何输入条件下都可以稳定地长期运行下去，那这段代码就不存在软件可靠性问题。但是随着代码的复杂，函数调用关系的复杂，参数耦合也越来越多，难免会遇到程序运行到某一定次数、某个时间的时候出现问题。

硬件可靠性的决定因素是时间，受电路设计、器件老化、生产、运输等所有过程影响。软件可靠性的决定因素是与输入数据有关的软件差错，受输入数据和程序内部状态函数影响，更多地决定于人的代码能力。硬件有老化损耗现象和器件物理失效，器件物理变化随着时间推移。软件不会随时间推移发生变化，没有磨损现象，软件错误永远都是逻辑层面的，如果不加以修改，某种程度上软件可靠性比硬件可靠性更难保证。

2.8.1　软硬件接口

硬件接口是载体，软件输入输出都通过硬件接口来控制，类似"外交无小事"的说法。对通过硬件接口读进来的数据要判断其真伪，对通过硬件接口输出的数据的执行效果要检测，对输出的数据的可能后果要进行预防性设计。

软件数据输出和输入的过程，在软件设计时要结合硬件和控制过程进行分析，很多时候不能只局限在稳态过程，要仔细分析其过渡过程，并通过软硬件结合的方式来处理，如下为两个案例。

（1）控制一个支路的供电，从软件控制来说，直接给继电器一个启动信号，让开状态的触点闭合就可以了，非"关"即"开"是继电器的两个稳态。但事实上，在从开到闭合的过程中，支路供电的电压并不是一个简单 0V 到高电平的跳变状态，而是一个抖动，有冲击信号的过程，这种情况在硬件上的防护是必不可少的。同时，软件上要进行适当延迟处理，给出启动信号后延迟一定的时间才能认为继电器的开启是有效的。

（2）以太网接口数据控制。硬件上要考虑为了保证软件收发数据的正确性，对接口要做防护，采取静电防护和雷击防护等措施。同时，软件上也要对硬件干扰信号进行适当判断，当有强干扰侵入软件判断到数据丢失比较严重时，不宜同时实施数据的发送和接收工作，不宜做出其他的控制动作，软件上要做延时处理，惹不起的时候就得躲起来，躲过这一阵干扰数据控制就顺畅了。

2.8.2　软件接口与软件可维护性

软件接口调用一般会有数据的赋值，赋值变量的数据类型可能会存在强制的数据转换，需加以检查，为了防范出问题，可以添加对数据范围和数据类型的检查。软件编程中，经常会有对某一功能操作代码的复用，比如对某个端口的数据检查和控制，在整个程序中会发生多次。要避免把该段代码直接插入实际程序模块中去，可以把这段功能单独做成一个模块，对此端口的读取和控制赋值均由此独立模块完成。如果发现有数据的正确性问题，就需要对端口数据的正确性进行检查和判断。

软件代码可靠性是随着时间的推移逐渐增加的。这一点区别于硬件可靠性、机械可靠性。硬件可靠性服从指数分布，在整个生命周期内其失效率为一个常数。机械可靠性因为磨损、腐蚀、运动等因素的存在，随时间推移可靠性会下降。而软件的可靠性通过运行时间的验证和不断改进，可以得到持续提升。

软件可靠性要得到持续提高，就要考虑到软件代码的可维护性，这也是为什么软件工程管理方面要特别关注软件文档和代码的注释。代码注释要充分，边写代码边注释，修改代码同时修改相应的注释，以保证注释与代码的一致性，不再有用的注释要删除，注释应当准确、易懂。尽量避免在注释中使用缩写，特别是不常用的缩写。注释的位置应与被描述的代码相邻，可以放在代码的上方或右方，不可放在下方。注释应考虑程序易读及外观排版的因素，注释使用的语言建议多使用中文，除非能用非常准确的英文来表达。

2.8.3　代码编写总体原则

编程首先是要考虑程序的可行性，然后分别是可读性、可移植性、健壮性以及可测试性。不少程序员只是关注程序的可行性，而忽略了可读性、可移植性和健壮性。其实程序的可行性、健壮性与程序的可读性有很大的关系，能写出可读性很好的程序的程序员，他写的程序的可行性和健壮性必然不会差，同时也会有不错的可移植性。

（1）程序代码清晰性。程序代码清晰性是易于维护、易于重构必须具备的特征。代码首先是给人读的，好的代码应当可以像文章一样井然有序，很多情况下代码的可阅读性和清晰性应高于性能，只有确定性能是瓶颈时，才应该主动优化。根据业界经验统计,目前软件维护成本占整个软件生命周期成本的 40%～80%,软件开发组平均大约一半的人力用于弥补过去的错误,而不是添加新的功能来帮助公司提高竞争力。

（2）简洁为美。简洁就是易于理解并且易于实现,代码越长越难以看懂,也就越容易在修改时引入错误,写的代码越多,意味着出错的可能性越大,也就意味着代码的可靠性越低。因此提倡通过编写简洁明了的代码来提升代码可靠性。废弃的代码、没有被调用的函数和全局变量要及时清除,重复代码应该尽可能提炼成函数。代码风格要趋于一致,所有人共同分享同一种风格所带来的好处。

（3）头文件。对于 C 语言来说,头文件的设计体现了大部分的系统设计,不合理的头文件布局是编译时间过长的根因,不合理的头文件实际上反映了不合理的设计。头文件是模块或单元的对外接口,头文件中应放置对外部的声明,如对外提供的函数声明、宏定义、类型定义等。变量的声明尽量不要放在头文件中,尽量不要使用全局变量作为接口,变量是模块或单元的内部实现细节,不应通过在头文件中声明的方式直接暴露给外部,应通过函数接口的方式进行对外暴露。即使必须使用全局变量,也只应当在.c 中定义全局变量,在.h 中仅声明变量为全局的。头文件应向稳定的方向包含,头文件的包含关系是一种依赖,一般来说,应当让不稳定的模块依赖稳定的模块,从而当不稳定的模块发生变化时,不会影响稳定的模块。依赖的方向应该是,产品依赖于平台,平台依赖于标准库。头文件应当自包含,简单地说,自包含就是任意一个头文件均可独立编译,如果一个文件包含某个头文件,还要包含另外一个头文件才能工作的话,就会增加交流障碍,给这个头文件的用户增添不必要的负担。例如,如果 a.h 不是自包含的,需要包含 b.h 才能编译,带来的危害是每个使用 a.h 头文件的.c 文件,为了让引入的 a.h 的内容编译通过,都要包含额外的头文件 b.h,额外的头文件 b.h 必须在 a.h 之前进行包含,这在包含顺序上产生了依赖。

（4）函数。函数设计的要求是编写整洁、代码简单、不隐藏设计者的意图,用干净利落和直截了当的控制语句有效组织起来。一个函数最好仅完成一件功能,如果一个函数实现多个功能,会给开发、使用、维护都带来很大的困难,将没有关联或者关联很弱的语句放到同一函数中,会导致函数职责不明确和难以理解。重复代码应该尽可能提炼成函数,重复代码提炼成函数后可以带来维护成本的降低。函数的代码块嵌套深度不宜太多,嵌套层数太多应该做进一步的功能分解,避免代码的阅读者一次记住太多的上下文。

（5）变量。一个变量只有一个功能,不能把一个变量用作多种用途,不用或者少用全局变量。全局变量应该是模块的私有数据,不能作为对外的接口使用,这样可以有效防止外部文件的非正常访问。防止局部变量与全局变量同名,尽管局部变量和全局变量的作用域不同而不会发生语法错误,但容易使人误解。产品上电开机过程中,使用全局变量前要考虑到该全局变量在什么时候初始化,弄清楚使用全局变量和初始化全局变量之间的时序关系。

2.8.4　软件防错处理

嵌入式软件可靠性设计应该从防错、判错和容错等方面进行考虑,人的思维和经验积累对软件可靠性有很大影响,加上每种编程语言也有缺陷。例如,C语言的语法不太严格,对变量的约束不够;Java对底层硬件的操作能力有限,运行速度效率低。程序员对每种语言的深入理解和编程思路形成需要多年历练才能达到较高水平,软件的质量是由程序员的能力以及他们相互之间的协作决定的。软件防错的重点是要考虑人的因素和较为完善的软件测试,这两方面是保证软件可靠性非常重要的手段。

(1) 避错设计。避错设计是传统的软件可靠性设计技术,充分应用软件工程技术和加强软件工程管理的基础上,针对软件的具体特点,采用形式化设计、抗干扰设计、软硬件相结合等技术和方法。

(2) 软件分层设计。嵌入式系统软件应包含4个层次,分别是硬件BOOT层、驱动层、系统层、应用层,如图2.42所示。硬件BOOT层是引导层,驱动层直接与硬件挂接,系统层的作用是隐含底层不同硬件的差异,为应用程序提供了一个统一的调用接口,应用层用来完成用户功能的开发。通常为保证驱动层的功能及其运行的可靠性,驱动层的设计应遵循简洁性、可裁剪性、可调试性、独立性的原则,遵照这些原则,驱动层在软件结构上采用模块化设计思想。软件分层设计能够更好地发挥开发人员的特长,层与层之间可以隔离,方便开发过程中随时纠正错误,以保障软件的质量。

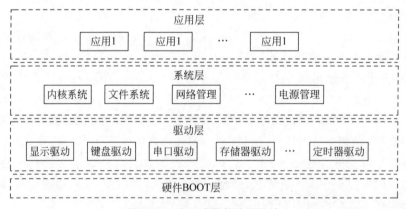

图 2.42　嵌入式软件分层设计

(3) 健壮性设计。有的时候软件仅有正确性远远不够,还必须具有一定的防止错误输入的能力。在发生故障时应能有效地控制事故,并进行报警输出处理,通过人工干预后使产品功能恢复正常。软件健壮性是指对于规范要求以外的输入能够判断出这个输入不符合规范要求,并能有合理的处理方式,提高软件健壮性的措施有以下几点。

　　① 检查输入数据的数据类型正确性。

　　② 模块调用时检查参数的合法性。

　　③ 降低模块之间的耦合度。

　　④ 简化软件的复杂性并对无效数据执行信息隐蔽。

　　⑤ 数据结构与其操作封装在一个对象中,不允许其他类直接访问数据,消除了潜在的不一致性。

　　(4) 抗干扰设计。嵌入式软件系统,其可靠性常常受到产品使用环境和外部干扰的制约。冗余设计、抽象复算、纠错编码、自动诊断、自动修复系统等技术都是有效的抗干扰设计方法。嵌入式软件因受干扰而使程序"跑飞"或"死锁"时,程序应可以自行重新启动并初始化。"软件陷阱"是一种有效方法,"软件陷阱"是指在程序中的适当地方加入陷阱入口、出口语句。当因干扰而发生程序"跑飞"时,就可能落入预设的陷阱,陷阱的出口由设计人员预先设定,这样程序运行就进入可控阶段。另外,用软硬结合的方式来提高软件的抗干扰性也是常用的方法,例如,有时外部数据采集会因环境的电磁等干扰而使所采集的数据中含有干扰成分,这时可以在软件中植入数字滤波器,对数据进行平滑处理。

　　(5) 容错设计。软件容错设计是从代码上采取有效的措施来降低因软件错误而造成的不良影响,实现软件容错的方法有动态冗余技术和恢复块设计等方法。

　　① 动态冗余技术。软件的动态冗余技术同硬件容错设计中的动态冗余技术类似,以一个静态冗余的主软件版本程序结构为核心,再准备多个备用程序,当出现严重故障时,备用程序替换主版本程序,这样就构成了一个混合的动态冗余系统。

　　② 恢复块设计。软件程序的执行过程可以看成由一系列操作所构成,这些操作又可由更小的操作构成。恢复块设计就是选择一组操作作为容错设计单元,把普通的程序块变成恢复块,被选择用来构造恢复块的程序块可以是模块、子程序、程序段或过程等。一个恢复块含有若干功能相同且设计有异的程序块,每一时刻有一个程序块处于运行状态,一旦出现故障,则以备用块加以替换,从而构成动态冗余。

2.8.5　软件性能测试

　　软件性能测试是指为了验证软件性能指标和评估软件服务能力而开展的测试。软件性能测试的目标是发现缺陷和性能调优。软件性能的主要指标有响应时间、系统处理能力、应用延迟时间、吞吐量、资源利用率等。软件的性能是软件的一种非功能特性,它关注的不是软件是否能够完成特定的功能,而是在完成该功能时展示出来的及时性。对于一个软件系统,运行时执行速度越快、占用系统存储资源及其他资源越少,则软件性能越好。广义的软件性能测试是指在测试过程中涉及所有软件性能测试的测试活动,包括可靠性测试、可恢复性测试、稳定性测试、兼容性测试、可扩展性测试等。

（1）性能测试的尺度。软件的性能测试是服务于软件功能的,对软件性能速度要求需要控制在一定的范围,否则性能测试会发现太多的问题,或者是对产品的硬件平台和外围控制器件提出非常高的要求,导致产品的成本增加。

（2）性能测试的步骤。可以按用户场景业务建模、测试环境搭建、测试数据准备、执行测试与分析四个步骤来测试。四个步骤的描述如表 2.13 所示。

表 2.13　软件性能测试步骤

步　骤	描　述
步骤 1 用户场景业务建模	① 选定测试业务场景,根据产品用户实际所描述的场景来分析,性能测试的重点表现在哪几方面。例如,并发访问的性能、数据交换的性能、批处理业务执行效率、系统处理的稳定性、数据通信带宽、一笔完整交易的耗时等。一般情况下,系统处理的稳定性和一笔完整交易的耗时是客户比较关注的项 ② 结合软件系统架构分析可能存在的性能瓶颈,在选取性能指标测试项后,根据用户需求或总体设计文档把指测试指标项分解成具体的测试内容。如一笔交易的耗时,客户要求或者行业标准是 800ms,可以按 90%×800ms 来定义性能指标的测试值
步骤 2 测试环境搭建	① 搭建的测试环境要尽量与系统运行的真实环境一致,搭建测试环境时应充分考虑用户的使用环境 ② 被测系统的硬件配置应与量产版本一致,所安装的软件版本与预期测试的版本一致 ③ 营造独立的测试环境,被测系统在性能测试的执行期间内应保证其资源独占性。即测试过程中要确保测试环境独立,避免测试环境被占用,影响测试进度及测试结果 ④ 构建可复用的测试环境,项目实际执行过程中,测试环境是经常变化的,比如测试软件版本更新、测试人员流失等,需要随时跟踪和改进。尽量将可控的资源进行分类整理,可控资源包括测试环境配置手册、测试硬件信息、环境变更记录等,目的是尽量将测试环境进行备份,方便出现未知问题时快速地还原测试环境
步骤 3 测试数据准备	① 为更加真实地模拟现实运行环境,在测试过程中应尽可能准备与真实业务执行一致的数据 ② 系统数据,是指登录系统使用的账户名、口令等通用数据 ③ 业务数据,通常是指每个虚拟用户模拟真实用户进行操作时使用到的数据 ④ 辅助数据,为保证业务操作正常,而设置的基本信息资料数据等方面的数据
步骤 4 执行测试与分析	输入相关数据执行测试脚本,执行完脚本后收集性能指标值,整理测试报告,同时分析性能瓶颈和提出建议优化措施

2.8.6　软件可靠性测试

软件可靠性测试是指在比较大的业务压力情况下进行的软件功能测试,用来评估软件在规定的时间内、规定的条件下软件不引起系统失效的能力。软件可靠性测试也是评估软件运行能力和验证软件功能是否达到软件可靠性要求的有效途径,软件可靠性测试通常是在系统测试、验收、交付阶段进行。软件可靠性测试从概念上讲是一种黑盒测试方法,因为它是面向需求、面向使用的测试,它不需要了解程序的结构以及如何实现等问题。

(1)软件可靠性测试目的。软件可靠性测试目的是估计、预计软件可靠性水平,通过对软件可靠性测试过程中观测到的失效数据进行分析,合理判断当前软件可靠性的水平和预测未来可能达到的水平,从而为软件开发管理者提供决策依据。

(2)软件可靠性测试特点。软件可靠性测试不同于硬件可靠性测试,软件和硬件的失效机理不同。硬件失效一般是由于元器件的老化引起的,因此硬件可靠性测试强调随机选取多个相同的产品,统计它们的正常运行时间,正常运行的平均时间越长,则硬件就越可靠。

软件失效是由设计缺陷造成的,软件的输入决定是否会遇到软件内部存在的故障。因此,使用同样一组输入反复测试软件并记录其失效数据意义不大。在软件没有改动的情况下,这种数据只是首次记录的不断重复,不能用来估计软件可靠性。

软件可靠性测试强调按实际使用的概率分布随机选择输入,并强调测试需求的覆盖面。软件可靠性测试跟软件功能测试也有较大差别,相比之下,软件可靠性测试更强调测试数据输入不一样和模拟实际客户应用的场景,强调对功能、输入、数据域及其相关概率的先期识别。测试实例的采样策略也不同,软件可靠性测试必须按照使用的概率分布随机地选择测试实例,这样才能得到比较准确的判断,也有利于找出对软件可靠性影响较大的数据输入情况和软件出故障的场景。软件可靠性测试过程中要求准确地记录软件的运行时间,它的输入覆盖一般也要大于普通软件功能测试的要求。对一些特殊的软件,如实时嵌入式软件等,进行软件可靠性测试时需要有多种测试环境,因为仅在使用环境下常常很难在软件中植入错误。

(3)软件可靠性测试步骤。软件可靠性测试一般可分为四个阶段,分别是制定测试方案、制定测试计划、执行测试、编写测试报告。四个阶段描述如表2.14所示。

表 2.14　软件可靠性测试步骤

步　骤	描　述
步骤 1 制定测试方案	① 输出较为详细的测试方案。本阶段主要是识别软件功能需求和识别触发该功能对应的数据域,以及确定相关的概率分布和需强化测试的功能。例如,该软件是否存在不同的运行模式? 如果存在应列出所有的系统运行模式。是否存在影响程序运行方式的外部条件? 如果存在它们的影响程度如何? ② 定义失效等级。判断是否存在危害度较大的等级,如果存在危害较大等级则应进行故障树分析,标识出所有可能造成严重失效的功能需求和其相关的输入域 ③ 确定概率分布。确定各种不同运行方式的发生概率,判断是否需要对不同的运行方式进行分别测试,如果需要应给出各种运行方式下各数据域的概率分布 ④ 关于软件实际应用场景的测试。针对软件实际的应用案例,以及客户正常操作、误操作来判断是否需要强化测试某些功能。如有需要,应列出正常操作和误操作的具体输入数据,并对数据输出结果进行全面测试
步骤 2 制定测试计划	① 确定测试顺序、分配测试资源,以及输出测试计划的时间表和人员安排表 ② 建立数据库,并产生测试实例。另外,要预知测试过程用到的工具和设备,制定测试成本费用表,如有些复杂的测试项要用到仿真器等
步骤 3 执行测试	① 硬件配置是接近产品最终版本的硬件配置 ② 测试时按测试计划和顺序对每一项测试实例进行测试,判断软件输出是否符合预期结果 ③ 记录测试结果、运行时间和输出结果,如果软件失效,还应记录失效现象和时间点,以备以后核对
步骤 4 编写测试报告	① 根据测试结果整理测试记录,并将测试记录写成报告 ② 对测试过程中的问题进行总结,对整个软件可靠性做出评价

2.9　结构硬件协同工作与产品可靠性

一款结构设计和外观设计精致的产品一定会受欢迎,顾客对产品满意会告诉 3 个人,顾客对产品不满意会告诉 18 个人。坏事扩散速率要远远大于好事,一个不满意的顾客造成企业的损失,需要 6 个满意的顾客创造出来的利润才能够平衡。有句古话"好事不出门,坏事传千里"就验证了这样的道理,只有好的产品才能给企业带来长期效益和忠诚的客户。

对于电子产品来说,软件是控制中心,管理产品的各项功能,硬件是躯体,软件需要在躯体的基础上运行,结构是华丽的外衣外套。只有三者配合一致并可靠运行才能发挥产品的功能,满足客户的需求。本节重点讲述产品的结构和硬件协同工作,从结构内部堆叠设计、产品外观设计和结构可靠性设计等方面来阐述。

2.9.1　产品结构内部堆叠设计

产品结构内部堆叠设计是根据产品规划和产品定义的要求,设计出合理、可靠、具备可量产性的内部排布图,并根据内部排布图确定 PCB 及其周边元器件的摆放。产品结构内部堆叠设计由结构工程师负责,在设计的过程中,结构工程师、生产工艺工程师、ID 设计工程师、硬件工程师、产品经理需不断沟通讨论,排布出成本较优、装配工艺简单、符合外观设计需求的最优方案。

产品内部堆叠设计是产品结构设计的第一步,也是影响产品结构可靠性设计的第一步。内部堆叠设计不好,后续整机电磁辐射、静电性能、无线通信性能会受到很大影响,甚至会造成由于产品内部堆叠设计不好导致整机电气性能不能符合产品要求,产品设计失败的严重后果。

(1)初步堆叠。初步堆叠前要进行关键器件的选型,同时要对产品规格书中每项功能非常清楚。以一款嵌入式通信终端产品为例,内部堆叠的时候,与堆叠相关的元气器件尺寸图,如 LCM、Camera、电池、IC 卡座等器件的规格和尺寸已确定。具体堆叠过程中,优先放置尺寸大的器件,采取紧凑的排布模式,在排布和摆放的过程中,会有多次的重复。结构工程师、生产工艺工程师、ID 设计工程师、硬件工程师、产品经理会从自己的立场来考虑内部堆叠,硬件工程师主要考虑的是产品的电气性能,而结构工程师则主要考虑装配方式。当出现较大争议时,应以产品外观和产品性能为主要衡量依据。

关于 PCB 板的布局。在初步堆叠阶段要有非常明确的设计思路,总体应尽量减少 PCB 板的数量。简单的电子产品,尽量用一块 PCB 板来实现,采用一体化的设计方案。用一块 PCB 板,整机产品在静电、电磁兼容性和群脉冲方面有很大的优势。如用到多块 PCB 板,需合理确定各 PCB 板之间的连接关系,围绕母 PCB 板来布局,子 PCB 板尽量靠近母 PCB 板。

关于内部的排线布局。内部排线布局重点考虑排线的长度和插装的方便性,排线长度不宜过长,同时要尽量减少排线的数量,从电磁兼容性角度来说,每一条排线都是天线,会把内部 PCB 板上的高频信号辐射出去。前面提到的尽量用一块 PCB 板来实现,也是为了减少产品内部的排线,当有多块 PCB 板时,PCB 板与 PCB 板之间的连接最好使用板间连接器。

(2)堆叠首次出图。内部堆叠完成后,出图给 ID 外观设计工程师开始外观设计,内部堆叠首次出图需满足如下几点。

① 结构堆叠对应的产品外观尺寸符合预定要求,内部排布充分考虑了外观设计需要。

② PCB 板的板框尺寸能放置下所有器件,由硬件工程师确定。

③ 充分考虑射频天线的要求,如蓝牙、Wi-Fi、3G、4G、GPS 等天线。

④ 充分考虑了整机静电设计要求和整机的电磁兼容性设计要求。

⑤ 充分考虑了产品对外接口的布局,以及输入电源接口的布局。

⑥ 产品的装配工艺合理,由生产工艺工程师确定。

⑦ 结构设计的模具造价合理,注塑单价和模具费用在预定范围内。

⑧ 充分考虑结构设计可靠性,各种公差设计和限位设计合理。

2.9.2 产品外观设计

在完成了初步内部堆叠后,启动产品的外观设计,外观设计很多时候与产品内部堆叠是相互矛盾的。当在外观设计过程中,出现了外观效果与内部堆叠有严重冲突时,需要重新对内部堆叠进行评估和修改。在电子产品小型化和产品颜值至上的今天,外观设计显得非常重要,对于用户来说,第一印象是产品外观。我们经常说的"始于颜值、忠于人品、久于良善"同样适用于产品设计,"始于外观、忠于性能、久于可靠",外观的好坏直接关系到产品的市场推广。苹果当初能够起死回生乃至走向巅峰,有赖于对产品外观顶尖的艺术品位及嗅觉,苹果公司对产品工业设计完美主义的极致追求,帮助其创造出颜值高雅的 iPhone 系列产品。

(1) 产品外观设计要注意独特性的展现。要想产品在市场脱颖而出独具竞争力,具备独特的产品外观显然是必不可少的,只有确保在同类产品中别具一格,才有可能提升产品的市场吸引力,在市场上脱颖而出。通过持续不断的创新设计和对行业的深入挖掘,从根本上为产品外观独特性提供设计思路。

(2) 产品外观设计要注重合理性的把控。产品外观设计在考虑创造性的同时更应该注重合理性的把控,尤其对于手持类的产品,确保客户舒适的使用是外观设计的前提,也是真正确保产品外观设计与使用需求相吻合的基本保证。合理性的把控还需要把外观设计与产品的结构设计结合起来,深层次考虑产品的结构装配工艺、制造成本等因素。

(3) 产品外观设计要考虑产品系列化的要求。系列化产品形成系列化的外观设计风格,并逐步形成公司独有的产品外观特性。在具体设计过程中,把产品外观交给外观公司设计的时候,先整理好外观需求文档,把设计风格和设计理念描述清楚。不能全部交给外观设计公司来完成,把外观设计公司的设计思路、对线条的处理与公司系列产品设计风格相互融合,挖掘创新点和展现设计亮点。

(4) 外观设计的要素与特征。外观设计不同于单纯的工程技术设计,它包含审美因素、产品的美学特征等。外观设计探求产品对人的适应形式,追求视觉上的艺术感受。产品外观设计要素可从功能、效果、结构、形象、文化五方面来理解,如表 2.15 所示。

表 2.15　外观设计 5 要素

要　　素	描　　述
功能	产品功能、产品外观是与产品使用者结合最紧密的部分,外观设计首先是要考虑产品功能的实现。好的工业设计能给消费者带来使用舒适性和便利性,并易于维护和回收
效果	产品外观效果能给使用者带来各种感官的感受,对于消费者来说,外观良好的产品能使其愿意支付更高的价格来购买该产品
结构	外观设计与结构密不可分,产品工业设计价值也需要体现产品结构设计合理化、模具设计合理化,及对加工制造成本的控制
形象	企业通过工业设计统一规划产品的形象,将在市场上产生很强的视觉冲击力和统一感,在产品外观设计上与竞争对手形成差异,并使产品产生象征意义。好的产品形象与企业形象相结合将产生强大的合力,通过工业设计提升产品的商业价值
文化	对于外观经典产品,它的文化含义已经大于它的功能,也大于它的品牌影响。设计不仅是整个产品的焦点,更是蕴涵一种特殊的生活方式,如果你的设计代表的生活方式与社会需求一致,人们将会支持你,购买你的产品,能够成为文化的一定代表着它的时代,即行业领先者

2.9.3　结构堆叠细化

完成了产品外观设计后,产品经理、硬件工程师、结构工程师要重新根据产品的规格定义来检查结构堆叠,因为在外观评审和修改过程中可能对内部堆叠进行了变更。重点检查对外接口的放置、曲面的加工难度等,然后进行堆叠的细化与确认。堆叠确认后,结构工程师出 PCB 板框的 DXF 文件给硬件人员开始 PCB Layout 工作。DXF 文件须对器件布局进行适当说明,尤其是一些影响到结构装配和生产工艺的器件,如连接器的位置、电解电容的限高、电池座高度等。另外,当有多块 PCB 板时板与板之间的排布方式,也需要进行详细描述。在这个过程中,可能会碰到一些疑难问题或需要多方协同才能解决的问题。

(1) 如由于堆叠问题或者是硬件器件布局涉及外观的修改,一般情况下,以尊重外观设计为主,内部结构设计和器件布局做调整。

(2) 当 PCB 板的器件密度太大出现走线比较困难时,主要以调整 PCB 板的层数来解决,不宜增大 PCB 板的结构尺寸来解决。

(3) 整机的静电性能如果能从结构设计方面来解决,花费的成本是最低的,结构工程师重点考虑静电的爬电距离。

(4) 外观曲面与拔模斜度出现矛盾时,遵从模具的加工工艺要求。

2.9.4　结构可靠性设计

结构可靠性设计是指从结构内部堆叠、材料的经济性、结构方案简化、公差控制、生产组装工艺等方面进行综合优化,并考虑产品的不同使用环境,达到节约产品结构制造成本和提升产品结构可靠性的设计过程。

(1)设计方案简化。首先在满足产品外观设计要求的同时避免设计过多的曲面造型,优先考虑结构强度。其次尽量减少内部零件数量,内部零件数量多意味着成本增加,同时也会导致结构设计复杂,因为每个零件都需要相互之间的配合,要设计更多卡位和螺丝柱来固定零件。另外,为了使简化产品内部电缆线的连接,应尽量减少 PCB 的数量,每增加一块 PCB 板将会增加多条电缆线的互连。

(2)结构设计强度。从材料使用和设计两方面来考虑。材料方面,如采用纯塑胶材料满足不了结构强度的情况下,要使用五金框,另外,在机器内部热源集中的地方也应采用五金框,五金框可以起到散热的作用。设计方面,有经验的结构工程师,在每一个细节之处都会考虑结构强度,如避免机构中的不平衡力、避免只考虑单一的传力途径、避免受力点与支持点距离太远等。结构是产品外衣,只有外衣坚固才能保护好内部器件与电路。

(3)公差设计。公差设计是指在满足产品功能、性能、外观和可装配性等要求的前提下,合理地定义和分配零件的设计精度。公差设计是面向制造和装配的重要设计环节,对于降低结构件成本和提高结构件质量具有重大影响。公差设计精度不必过于追求,以满足结构可靠性和模具注塑为前提。

(4)结构组装工艺。复杂的结构组装工艺不仅会增加产品的制造成本,同时也会导致产品装配过程一致性差,造成产品功能隐患。判断结构组装工艺是否合理,最直接的标准是普通装配工人能够比较轻松和高效地完成整机的装配。

(5)维修方便和拆卸简单。在产品生产过程中因原材料和品控的原因不可避免地会产生一些不良品,另外,市场故障机器也需要返修,维修方便和拆卸简单能加快返修的速度、减少材料的损耗。模块化设计是解决拆卸和维修方便最有效的措施。

(6)加强筋设计。加强筋主要用于加强产品的壳体强度,增加刚性,防止产品变形扭曲,是降低产品结构单价成本和增加产品强度的最有效的方法之一。加强筋的设计分为三种情况,分别是塑胶注塑件加强筋设计、五金压铸件加强筋设计、钣金件加强筋设计,说明如下。

① 塑胶注塑件加强筋设计。加强筋外形大部分以井形、圆形居多,也可以采用爻形、扇形,圆形以中心为最强受力点,而井形则为均匀受力点,如果中心部分需要很强的受力点,设计成圆形加强筋是最佳方案。圆形加强筋示意图如图 2.43 所示。

② 五金压铸件加强筋设计。加强筋设计以条状为准,而且越简单越好,条状的加强筋对壁厚没有太多限制,同时加强筋连接部分使用倒角设计,这样在后期处理清毛刺会轻松很多。线条型加强筋如图 2.44 所示。

图 2.43　圆形加强筋示意图

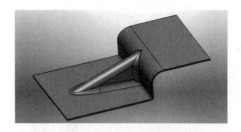

图 2.44　线条型加强筋

③ 钣金件加强筋设计。由于钣金材料的硬度比较好,加强筋一般设计成回字形、圆形、V 字形等,起到增加钣金的整体强度,防止在成型、装配、使用或运输过程中造成产品变形。回字形加强筋如图 2.45 所示。

图 2.45　回字形加强筋

第3章

硬 件 测 试

3.1 概述

　　硬件测试可以分为硬件信号测试、硬件功能测试、硬件性能测试和硬件可靠性测试。硬件信号测试又分为信号质量测试和信号时序测试。在具体的测试过程中,信号质量测试相对简单些,信号时序测试需要对多个通道信号同时测试并进行时序分析。对于普通信号,信号质量主要是测试信号的高电平、低电平、上升沿、下降沿、过冲、回冲、单调性等。对于时钟信号,信号质量测试需包含信号的频率、占空比等。对于电源信号,信号质量测试需包含电源信号的纹波电压、电压精准度等。信号时序主要是测试信号的建立时间、保持时间、结束时间等。

　　针对不同种类的电子产品,硬件测试内容可能有所差异,但测试的基本目的是一致的。硬件测试的目的是尽可能发现硬件设计中的问题,以及验证电路的表现是否符合设计的初衷。大部分的硬件测试需要在实验室环境下制造各种应力条件和改变设备工作状态,设法让产品的每一项硬件特性、硬件功能都一一暴露在各种极限应力下,遗漏任何一种测试组合可能导致测试不完整。

　　硬件测试很多时候往往被硬件工程师忽略,认为产品功能已经调试完成了,整机功能的验证也没有多大问题,觉得硬件设计工作已接近尾声。但其实从硬件可靠性的角度来说,硬件测试是非常重要的工作,同时硬件测试也是最烦琐、最枯燥的工作。测试出来的信号都是千奇百怪的波形或时序图,需要逐步去分析。器件选择问题、原理图设计问题和PCB Laytout问题都只有通过硬件测试才能发现。

3.2　信号质量测试

信号质量测试是在单板硬件功能调试完成后,对单板硬件设计质量进行全面评估的活动。测试范围包括专用芯片的输入/输出信号、时钟参考源信号、复位电路输入/输出信号、电源纹波电压等。测试内容包括信号上升/下降时间、信号过冲、电平特性参数等项目。测试异常结果有反射、串扰、过冲、振铃、地弹、毛刺、半高电平等问题。最后经过对测试波形分析,修改器件参数或修改电路,达到消除和改进缺陷,实现单板稳定的目的。

3.2.1　信号质量测试条件

在进行信号质量测试之前要做好准备工作,单板硬件信号质量测试需满足以下条件。

(1) 单板 PCBA 上电后工作正常,信号质量测试要在 CPU 系统和各个模块正常工作的状态下进行。建议在第一轮 PCBA 阶段开始信号质量测试,以便及时发现问题,有足够的时间修改电路。

(2) 单板的供电电压正常,各路电源的波动范围为−5%～+5%,精度要求高的电压波动小于 3%。

(3) 测试工作在室温条件下进行,器件在其数据手册规定的温度范围内。

(4) 关于测试仪器,主要是数字万用表和数字示波器,在使用之前要做仪器的校准。测试高频信号时,关注示波器的带宽和采样率,示波器带宽与所测信号频率之间的关系满足 3 倍或者 5 倍原则。如 500MHz 带宽示波器所能测量的最大频率为 166MHz。示波器带宽反映信号频率的通过能力,如果带宽不够,就会损失很多高频成分,示波器上显示的波形就不准确。示波器采样率是将模拟量转换为数字量时对信号的采样点,采样率的单位是 MS/s(MegaSamples per second)或 GS/s (GigaSamples per second)。一般情况下,示波器标称的采样率参数都是指单通道最高采样率,如果一台示波器的采样率参数为 1GS/s,当两个通道同时使用时,每个通道的最高采样率为 500MS/s。

3.2.2　信号质量测试覆盖范围

理论上,电路板上每个网络节点都应进行信号质量的测试,实际的测试中可以适当缩小测试范围。每个起重要控制作用的信号都需要进行信号质量的测试,根据信号的输出/输入特性,信号质量测试覆盖范围如下。

(1) 测试应覆盖各个功能块,功能模块有接口电路、逻辑芯片、存储器接口、专用芯片、时钟电路、复位电路和电源电路等。

（2）在单板侧对接口电路的所有输入信号和输出信号测试，输入信号是指外面输入到 PCB 板上的信号，输出信号是指单板输出的信号。

（3）中断控制信号。中断信号包括 CPU 给外围电路的中断和外围电路给 CPU 的中断。

（4）专用芯片的各类重要输入信号和输出信号。

（5）组合逻辑电路输入和输出的重要控制信号。

（6）处理器单元，处理器单元的读/写信号、地址/数据信号、片选信号、输入时钟信号。复杂的系统有多个处理器，例如，有主处理器、协处理器、加密处理器、接口处理器，每个处理器的相关外围电路也需要进行信号质量测试。

（7）复位电路的输入和输出信号。

（8）其他信号，如各类重要开关控制信号。

3.2.3　信号质量测试注意事项

调试结果是否正确，很大程度受测试方法和测试精度的影响。为了保证测试结果的正确性，必须减小测试误差、提高测试精度，以及采用科学的测试方法。信号质量测试注意事项如下。

（1）高速信号的测试要选用 1GHz 带宽示波器，测试中需注意多个探头不能共用同一地线，多个探头本体连线之间要保持一定的距离，不能并排在一起，也不能绞在一起。

（2）选择好测试点，关键信号的源端与末端都需要测试。从器件端出来的信号，在源端信号质量是符合要求的，经过了 PCB 的走线，走线阻抗会有反射，到了末端波形可能会有变化。

（3）在测试的过程中，不但要认真观察和测量，还要善于记录。记录的内容包括实验条件、数据波形和电路表现，出现异常时把实验记录与理论数据相比较，从信号完整性方面找到出现异常的原因。

（4）存储器总线信号测试，原则上每条数据总线、地址总线和控制总线都要做测试。但实际的 PCB 设计由于地址总线和数据总线有等长和阻抗的要求，很多地址线和数据线在内存走线，不能被探测到。出现这样的情况时，建议以走线优先，不能为了方便信号测试而改变走线，可以只测试在表层走线的数据线和地址线，通过测量 PCB 表层走线的信号质量来判断内层走线信号质量的好坏，一般情况下，内层走线的信号质量好于表层走线的信号质量。

（5）对于控制信号必须制造条件使其发生跳变，测试其跳变时的波形。

（6）示波器探头的使用。示波器探头对测量结果的准确性至关重要，它是连接被测电路与示波器输入端的电子部件。常见的示波器探头有四种，分别是无源探头、有源探头、差分探头和电流探头。无源探头又分为普通无源探头、无源高压探头和低阻传输探头，不同种类探头的使用方法如表 3.1 所示。

表 3.1　示波器探头使用方法

探头种类	使用方法
普通无源探头	普通无源探头用来测量带宽在 500MHz 以下的信号,大部分的中低端示波器都会标配两支或者四支无源探头,是一种使用方便、价格便宜的探头
无源高压探头	无源高压探头用来测量高电压信号,高压探头要求具有良好的绝缘强度,以保证使用者和示波器的安全,测量时人体不能接触高压部分或离高压比较近的部位。高压探头的带宽很低,基本都在几百 kHz 以内
低阻传输探头	低阻传输探头又称为 50Ω 探头,是采用匹配同轴电缆的探头,可测量的带宽达 10GHz。用于高速设备检定、微波通信和时域反射的测试
有源探头	有源探头用来测量带宽为 500MHz～4GHz 的信号。有源探头的前端有一个高带宽的放大器,可以提供非常高的输入阻抗,同时输出驱动能力也很强
差分探头	差分探头用来测量差分信号,测量时尽量不要使用延长线,延长线会增加输入电容产生信号反射,使高频信号无法测量
电流探头	用示波器来测试电流时就会用到电流探头,电流探头是利用霍尔原理制作的,它通过测量电路周围磁场的变化来获得电流信号。电流探头在每一次使用之前,要对探头进行消磁处理和预热处理才能保证测量结果的精确,因为电流探头内部有非常精密的霍尔元件

3.2.4　信号质量测试结果分析

对信号质量测试结果进行分析,分为不同缺陷情况。如果是出现窄脉冲、半高电平现象,已经不属于信号质量是否达标的范畴,而属于设计错误,必须进行修改。如果是信号过冲偏大、沿电平过缓等情况,要根据实际电路进行分析,不一定会对系统造成影响,不能单纯参照指标。

(1) 数据总线和地址总线是电平有效信号,并且通常在有效区中间采样,边沿处信号质量对系统影响不大。因此边沿处的抖动对电路没有影响,测试数据要适当放宽。

(2) 信号波形不标准时可能是该信号处于三态,或单板在此时并不使用该信号。对此类信号要分析此信号是否为有效期间,如果在无效期间可视其为正常信号。

(3) 信号低电平毛刺较高时,一般是由于地线噪声和串扰造成的。需要检查地线噪声和串扰的干扰源,应从多方面来查找原因,不能只从该信号的输出端电路和接收端电路来查找问题。

(4) 测量差分信号出现差分幅值、上升时间、下降时间和周期都有偏差时,要进行眼图的测试,以眼图是否符合标准为判断依据。

(5) 酌情考虑信号过冲对电路和器件的影响,视器件本身的工艺而定。现在的 CMOS 工艺的输入电平范围是 0～7V,而器件的供电电压基本都是 3.3V 以内,所以高电平过冲对器件的影响非常小。且过冲信号往往是 ns 级的,能量非常小,损坏器件最终必然是能量过大才会造成,因此高电平过冲在很多情况下可以放宽考虑。关于低电平过冲,最低要求应不能低于厂家规定的绝对最大额定值。

(6) 信号质量涉及几个概念,如波形周期、波形宽度、上升时间、下降时间、占空比、高电平、低电平、输入高电平(VIH)、输入低电平(VIL)、输出高电平(VOH)、输出低电平(VOL)、阈值电平(VT)等,描述如表 3.2 所示。

表 3.2 波形周期、波形宽度等概念描述

名 称	描 述
波形周期	对于重复性的波形,相邻两个重复波形的间隔时间为波形周期,其倒数为波形频率
波形宽度	波形电压上升到波形幅度的 50% 起,到波形电压下降到波形幅度的 50% 止的时间
上升时间(Tr)	波形电压从波形幅度的 10% 上升到 90% 所需要的时间
下降时间(Tf)	波形电压从波形幅度的 90% 下降到 10% 所需要的时间
占空比(Duty Ratio)	占空比是指电路被接通的时间占整个电路工作周期的百分比。例如,一个电路在它一个工作周期中有一半时间被接通了,那么它的占空比就是 50%。如果加在该工作元件上的信号电压为 5V,则实际的工作电压平均值或电压有效值就是 2.5V
高电平(High level)	与低电平相对的高电压,为一个阈值,当信号电平超过此值时,则认为高电平即为"1"电平
低电平(Low Level)	与高电平相对的低电压,为一个阈值,当信号电平低过此值时,则认为低电平即为"0"电平
输入高电平(VIH)	保证逻辑门的输入为高电平时所允许的最小输入高电平,当输入电平高于 VIH 时,则认为输入电平为高电平
输入低电平(VIL)	保证逻辑门的输入为低电平时所允许的最大输入低电平,当输入电平低于 VIL 时,则认为输入电平为低电平
输出高电平(VOH)	保证逻辑门的输出为高电平时的输出电平的最小值,逻辑门的输出为高电平时的电平值都必须大于此 VOH
输出低电平(VOL)	保证逻辑门的输出为低电平时的输出电平的最大值,逻辑门的输出为低电平时的电平值都必须小于此 VOL
阈值电平(VT)	数字电路芯片都存在一个阈值电平,就是电路刚刚勉强能翻转时的电平。它是一个介于 VIL~VIH 的电压值。要保证稳定的输出,则必须要求输入高电平大于 VIH,输入低电平小于 VIL,如果输入电平在阈值上下,也就是 VIL~VIH 这个区域,电路的输出会处于不稳定状态

3.2.5 信号质量测试举例说明

电源电路、时钟电路、复位电路几乎每个产品都会涉及。以下几节将以这几个模块电路的信号质量测试举例说明,从测试工具、测试范围、测试标准等方面详细阐述。

3.2.6　电源电路信号质量测试

电路原理图如图 3.1 所示,输入电压范围是 5.0～9.0V,输出电压是 3.3V,电源芯片是圣邦微的 SY8120。电源的信号质量测试项涵盖电压精准度、电源纹波、动态负载调整能力等。

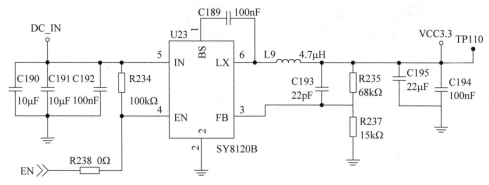

图 3.1　SY8120 原理图

1. 电压精准度测试

(1) 测试工具:数字万用表。

(2) 测试方法:万用表的黑表笔连接被测试电源的地,红表笔连接被测试电压,电压精准度需要在单板空载、满载的时候分别进行测试。

(3) 通过标准:电压值 3.3V±3%。

(4) 注意事项:确保数字万用表电池电量充足,否则测量结果有较大误差。不推荐使用示波器测量电压精度,如要使用示波器测量电压精准度,需要设置为直流挡并且取平均值。

(5) 测试结果:电压值在 3.3V±3%内为合格,电压值为 3.3V±5%需查找原因,电压值偏差超出 5%则必须修改电路或者更换器件参数。

2. 电源纹波/噪声测试

(1) 测试工具:示波器、无源探头。

(2) 测试方法:采用地线环靠测量法,即所谓靠接测量,如图 3.2 所示。将示波器的带宽设为 20MHz,使用带有地线环的探头,将探针直接接触电源正极,地线环直接接触电源负极,从示波器中读出的峰值为电源的纹波。把示波器带宽设置成全带宽(Full),测试结果即为电源噪声值。纹波和噪声在单板满载、空载时都要进行测试。

(3) 通过标准:纹波小于标准电压 3.3V±2%,噪声小于标准电压 3.3V±2%。

(4) 注意事项:测量时探头选用无源探头,探头地线接离测试电源最近的地,地环线尽量短。

(5) 测试记录:示波器测量到的纹波值如图 3.3 所示,电压纹波峰值是 39.7mV。

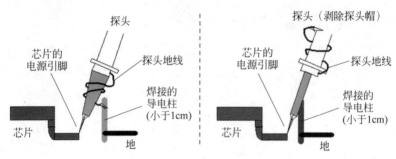

图 3.2　地线环套测量法

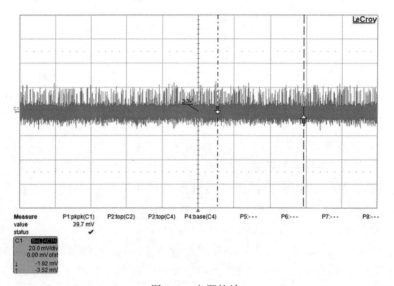

图 3.3　电源纹波

3. 动态负载能力测试

（1）测试工具：示波器、无源探头、电子负载。

（2）测试方法：评估电源电路的实际负载能力，初步计算出最小负载和最大负载。然后把电子负载接入电源端，设置电子负载的负载变化幅度，变化频率为 1kHz，电子负载仪沿变化速率为 0.25A/μs。

（3）通过标准：电压值 3.3V±5%，纹波小于 100mV。

（4）注意事项：电压精确度用万用表测试，电压纹波可以适当放宽。电源动态负载能力测试是测试电源电路的负载在非常极限下的情况，产品实际使用的过程中，负载突变率较小。

（5）测试结果：经过测试，如果电压精确度和纹波超出通过标准，要增加电源输入端和输出端的电容，同时适当降低输出储能电感的感量，电感中的电流不能突变，是影响输出动态响应比较关键的因素之一。

4．上电冲击电流测试

（1）测试工具：示波器、电流表探头。

（2）测试方法：用电流探头卡在被测试电流通路上，通过示波器观察电源上电的电流波形。

（3）注意事项：电流方向与探头箭头的方向一致，测试上电冲击电流最好在冷机时测试，冷机时冲击电流最大，同时单板在满载状态下。如果电流值较小，可以通过增加绕组的方法来测试，如图3.4所示。

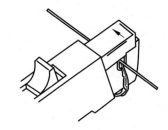

图3.4　增加绕组测试上电冲击电流

（4）通过标准：冲击电流值不能超过额定输出电流的5倍，7倍以上应引起注意和查找原因。如回路上有熔断器，需判断冲击电流对熔断器的影响，从冲击电流的最大值和时间宽度来分析对熔断器的影响。

5．负载过电流测试

（1）测试工具：示波器、温度传感器、电子负载。

（2）测试方法：温度传感器贴在芯片的表面，电子负载接电源的负载端。过电流测试也可以用短路导线进行测试，用较粗的导线短接在电源输出端的正极和负极。

（3）注意事项：短路保护、过电流保护、欠压保护是电源芯片本身具有的功能，跟电路设计的关系不大。如果在器件选型导入过程中已经进行了测试，在产品设计过程中的则可以省略。

（4）通过标准：与芯片数据手册的描述一致，具有短路保护和过电流保护功能。

6．静态电流/空载电流/空载电压测试

（1）测试工具：电流表、数字万用表。

（2）测试方法：静态电流测试，电源芯片的输入使能引脚下拉，使电源芯片处于非工作状态，输出端电压为0V。用电流表测试电源芯片输入端的电流，以及测试使能控制引脚的电流，两种电流之和为静态电流。空载电流测试，电源芯片输入使能引脚上拉，使电源芯片处于工作状态，断开电源芯片输出端的负载。用电流表测试电源芯片输入端的电流，以及测试使能控制引脚的电流，两种电流之和为空载电流。用万用表测试电源芯片输出端的电压值，输出端的电压值为空载电压。

（3）通过标准：空载电压为3.3V±5%，静态电流和空载电流可根据具体产品的整机静态功耗来定，手持类电池供电的产品，应尽量选用静态电流较小的电源芯片。

3.2.7 时钟电路信号质量测试

时钟电路的信号质量往往直接影响着 CPU 的运行性能。在硬件信号质量测试中,时钟电路的信号质量测试不能被忽略。最常用的时钟电路是石英晶体振荡器电路,下面以 24MHz 晶振电路为例来阐述,电路原理图如图 3.5 所示。

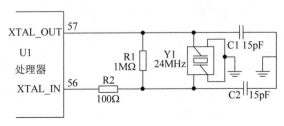

图 3.5　晶振电路原理图

1. 时钟频率测试

(1) 测试工具:示波器、无源探头。

(2) 测试方法:用示波器测试时钟晶振的输出端(XTAL_OUT),探头的地线就近连接,测量多次取平均值为时钟频率值。

(3) 通过标准:测试 10 次取平均值,误差满足晶振数据手册中的误差范围。

(4) 测试记录:共测试 10 次,平均值为 23.999 38MHz,误差为 $25.8×10^{-6}$。

2. 起振时间测试

(1) 测试工具:示波器、无源探头。

(2) 测试方法:用示波器测试时钟晶振的输出端(XTAL_OUT),探头的地线就近连接。

(3) 通过标准:CPU 的时钟或是接口控制器芯片的时钟起振时间在 100ms 以内,在复位期间内要完成起振。实时时钟 32.768kHz 的晶振,起振时间可以依据具体的电路来评判。

(4) 测试记录:从上电到 XTAL_OUT 有稳定波形输出,起振时间是 $841.22\mu s$,如图 3.6 所示。

3. 振幅测试

(1) 测试工具:示波器、无源探头。

(2) 测试方法:用示波器测试时钟晶振的输出端(XTAL_OUT),探头的地线就近连接。

(3) 通过标准:晶振的振幅与芯片的内部电路有关,一般情况下,振幅需大于其供电电压的 60%。

(4) 测试记录:振幅为 841mV(963-122=841mV),大于 1.2V 的 60%(720mV),测试波形如图 3.7 所示。

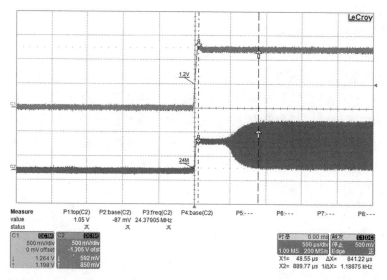

图 3.6 晶振的起振时间

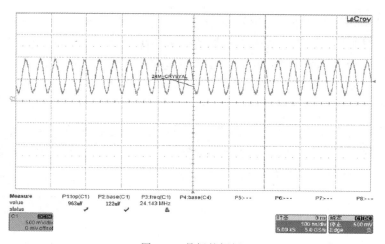

图 3.7 晶振的振幅

3.2.8 复位电路信号质量测试

复位电路用于系统上电复位,以及保证系统在受到干扰的情况下能够自动进行复位,从软件和硬件错误中恢复到正常运行状态。CPU 在上电启动时都需要复位,以使 CPU 及其子系统从初始状态开始工作。目前大部分 CPU 都自带上电复位功能,如果 CPU 没有上电复位功能,需要依靠外部电路复位对 CPU 进行复位。自带上电复位功能的 CPU 系统,复位信号质量测试主要是针对 CPU 输出的复位信号进行测试。没有上电复位功能的 CPU 系统,复位信号质量测试主要是针对外部的复位电路进行测试。

（1）测试工具：多通道数字示波器、无源探头。

（2）测试范围：测试单板上所有芯片复位信号的信号质量,测试项包括复位脉冲宽度、复位信号幅度、复位信号上升时间、复位信号下降时间等。

（3）测试方法：使用双通道模式测试,触发源取系统电源。复位信号的脉冲宽度测试和电平幅度测试,示波器的时间刻度设为毫秒级。测量复位信号上升沿和下降沿,示波器的时间刻度设为纳秒(ns)级,因为复位信号的上升沿和下降沿可能会出现回沟、振铃、毛刺,需要纳秒(ns)级时间刻度才能看清楚真实的波形。当复位信号在 PCB 上走线较长时,复位信号的输入端和输出端都需要进行信号质量测试,有可能由于 PCB 的走线而引入耦合干扰。

（4）通过标准：复位信号脉冲宽度应满足芯片要求,一般要求复位脉冲宽度大于 100ms,复位信号的上升沿和下降沿无明显的回沟、振铃、毛刺。

3.3　信号时序测试

CPU 的主频越来越高,数字电路工作频率越来越高,通信带宽也越来越高,因而对时序关系要求也就越来越严格。当集成电路的输入信号时序关系不能很好地满足其要求时,集成电路将不能可靠工作。如果输入信号时序关系处于临界状态,在环境温度变化的情况下集成电路会出现不能稳定工作的状态。

因此,为了保证单板稳定工作,非常有必要对板内信号时序进行测试。验证信号实际的时序关系是否可靠,是否满足器件和设计要求,以及根据测试结果分析设计裕度大小和评价单板工作可靠性。

3.3.1　信号时序测试条件

单板的信号时序测试必须满足以下条件,以保证测试数据的准确性。

（1）电路板上电后被测试模块工作正常,被测模块的软件驱动程序已加载,通信带宽、读写操作逻辑已确定。

（2）各个功能模块供电电压正常,每路电源的电压值波动的范围为 $-3\% \sim 3\%$。

（3）外围电路与 CPU 之间的控制逻辑正常,各个功能模块之间的通信模式已确定。

（4）已经解决了电路板信号质量测试过程中发现的问题,一般情况是先进行信号质量测试,并解决信号质量测试中的问题后,再进行信号时序测试。信号质量测试中的问题大部分是硬件电路和 PCB 板的问题,与软件关系不大。而信号时序测试发现的问题,大部分可以通过修改软件驱动后解决。

（5）在室温下测试，电路板工作在室温环境下，器件在其数据手册规定温度范围内工作。

3.3.2　信号时序测试覆盖范围

有数据流和硬件通信协议的电路都需要进行信号时序的测试。

（1）CPU 的接口时序。有上电时序要求的 CPU 要进行上电时序的测试。如果处理器与 PMU（Power Management Unit，电源管理单元）是同一厂家套片，上电逻辑已得到大量验证，可以做简单的测试。

（2）总线操作时序。并行总线和串行总线的时序测试。

（3）数据码流与时钟之间的时序。

（4）主从同步时钟之间的时序。如 SPI 接口时序等。

（5）触发器和计数器电路时序。计数器由触发器和门电路组成，是时序逻辑电路最常用的电路之一。

（6）不同电源之间的上电和下电顺序。

3.3.3　信号时序测试注意事项

使用多通道数字示波器或者逻辑分析仪进行信号时序测试，测试过程中针对性抓取时序波形图。抓到波形后与器件数据手册中的时序要求进行对比，然后判断信号时序是否满足设计要求。

（1）找到一个触发源，通过触发源来抓取时序特征，明确信号触发的因果关系。

（2）双向总线上有半高电平存在，并不能完全说明总线存在冲突。如果总线上出现半高电平，则需测试挂在该总线上所有芯片选通信号的相位关系，同一时间内只允许有一个片选信号打开。

（3）在进行数据码分析时，可以用逻辑分析仪测量时序，逻辑分析仪的优势是通道数多。

（4）信号时序测试非常占用时间，重点测试新引入器件的控制时序关系。非常成熟的电路，在其他产品上已经过大量验证的电路，且软件的控制方式和驱动没有修改，可以不进行信号时序的测试。

3.3.4　信号时序测试举例说明

信号时序测试是一种相当乏味枯燥的工作，我们要抱着正确的态度和发现"至今未发现的错误"投入到测试中。测试是为了发现错误而执行操作的过程，测试过程要做到"五心"。

（1）专心。在执行测试工作的时候要专心,仔细查看原理图和 PCB 文件,熟练使用示波器等工具。经验表明,高度集中精力不但能够提高效率,还能发现更多的测试问题和缺陷。

（2）细心。测试工作是细活,应认真按测试方案进行测试。不可忽略每一个需要测试的信号,很多缺陷如果不仔细测试很难被发现。

（3）耐心。测试工作需要反复抓取波形,尤其是信号时序的测试。抓取波形后,还需要把抓取的波形与芯片数据手册中的时序要求进行仔细核对,需要很大的耐心才可以做好。如果比较浮躁,很多故障和缺陷就从眼前跳过了。

（4）责任心。责任心虽然说是做好所有工作必备的素质之一,但作为测试人员更应该需要有高度的责任心。硬件原理图和 PCB 的设计,如果有缺陷,可以通过评审和检查手段发现。测试工作,如果没有测试到位,没有把实际的波形图测试出来,无论怎么评审和检查,也发现不了问题。直接把产品缺陷带到了市场上,将造成非常大的影响。用比较绝对的话说,所有在市场上出现的故障,理论上都是可以通过测试手段发现的。因此测试的时候要有高度的责任心,怀着对产品质量负有最高责任的工作态度投入到测试工作中。

（5）自信心。不要认为测试工作不如原理图设计和 PCB Layout 重要。做好测试工作会加深对原理图的理解和 PCB Layout 设计的理解,同时对器件也进行了细致的研究,整体提升了自己的硬件设计水平,以及发现问题、解决问题的能力。

以下以 DDR 读写时序、I^2C 总线时序的信号时序测试举例说明。

3.3.5 DDR 信号时序测试

本节以 LPDDR W947D6HB 为例来说明 DDR 的信号时序测试。W947D6HB 是 Winbond 的一款 DDR(Double Data Rate,双倍速率同步动态随机)存储器,存储空间为 128Mb,工作电压为 1.7～1.95V,时钟频率最高为 200MHz,电路原理图如图 3.8 所示,CPU 使用博通的 BCM5892。

1. 上电初始化时序测试

（1）时序要求。W947D6HB 初始化时序要求如图 3.9 所示。

（2）时序测试。用 4 通道数字示波器分别抓取 MDDR_1.8V、MDDR_CKE、MDDR_CKP、MDDR_nRAS 的波形,时序波形图如图 3.10 所示。

（3）时序分析。电源上电后即 MDDR_1.8V 上电后,间隔一定的时间后 MDDR_CKE 和 MDDR_CKP 有效。在 MDDR_CKE 和 MDDR_CKP 稳定后,要求大于 $200\mu s$ 的 NOP 指令后 command 有效。从图 3.10 可以看出,NOP 指令的时长是 228.989ms,NOP 指令时长 228.989ms$>200\mu s$,符合要求。

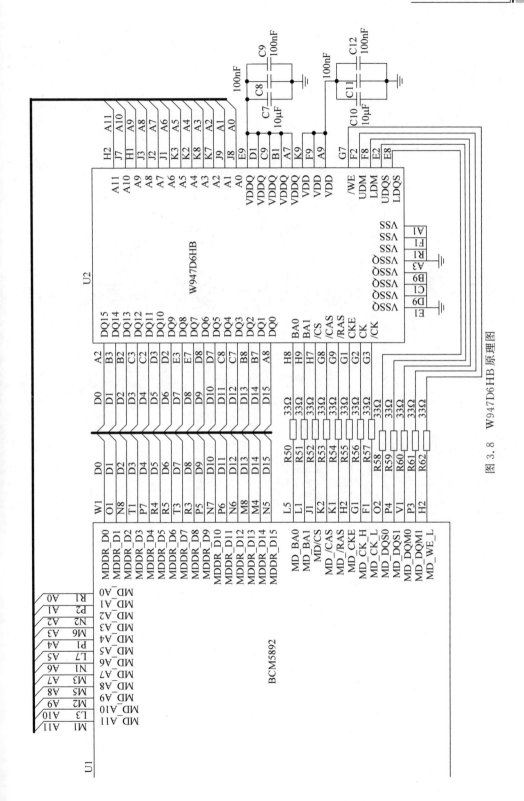

图 3.8 W947D6HB 原理图

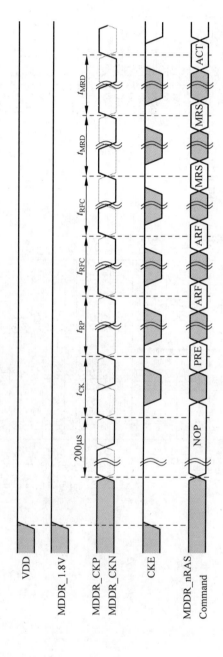

图 3.9 W947D6HB 初始化时序要求

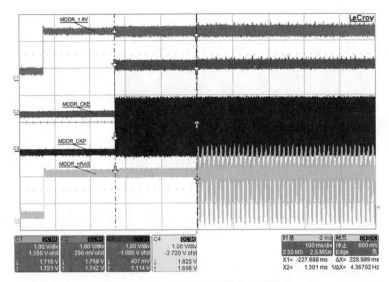

图 3.10　W947D6HB 初始化时序波形

2. 读时序测试

(1) 时序要求。W947D6HB 对读时序的要求如图 3.11 所示,读时序的时间节点要求如表 3.3 所示。

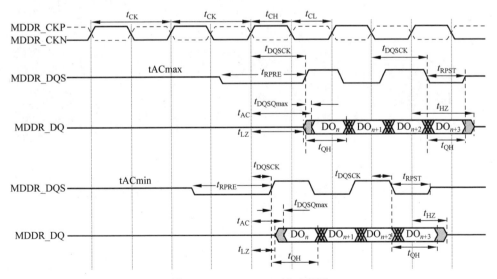

图 3.11　W947D6HB 读时序图

(2) t_{AC} 时序测试。用 4 通道示波器分别测试 MDDR_CKP、MDDR_DQS、MDDR_DQ、MDDR_nWE 波形。测到的波形如图 3.12 所示,从波形图分析,$t_{AC}=$ 4.8ns,2ns$<t_{AC}<$6.5ns,符合要求。

表 3.3　W947D6HB 读时序时间要求

参　　数	符合	最小值	最大值	单位
DQ output access time from CKP/CKN 时钟信号到有数据输出的时间	t_{AC}	2.0	6.5	ns
DQS output access time from CKP/CKN 时钟信号到 DQS 信号输出的时间	t_{DQSCK}	2.0	6.0	ns
Clock cycle time 时钟周期	t_{CK}	6.0		ns
Clock high-level width 时钟高电平的宽度	t_{CH}	0.45	0.55	t_{CK}
Clock low-level width 时钟低电平宽度	t_{CL}	0.45	0.55	t_{CK}
DQ low-impedance time from CKP/CKN 时钟信号到数据位保持低阻抗时间	t_{LZ}	1.0		ns

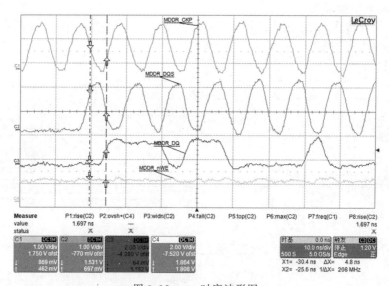

图 3.12　t_{AC} 时序波形图

（3）t_{DQSCK} 时序测试。用 4 通道示波器分别测试 MDDR_CKP、MDDR_DQS、MDDR_DQ、MDDR_nWE 波形。测到的波形如图 3.13 所示，从波形图分析，$t_{DQSCK}=5\mathrm{ns}$，$2\mathrm{ns}<t_{DQSCK}<6.0\mathrm{ns}$，符合要求。

（4）t_{CK}、t_{CH}、t_{CL} 时序测试。用 4 通道示波器分别测试 MDDR_CKP、MDDR_DQS、MDDR_DQ、MDDR_nWE 波形。测到的波形如图 3.14 所示，从波形图分析，$t_{CK}=11.336\mathrm{ns}>6\mathrm{ns}$，$t_{CH}=5.739\mathrm{ns}>(0.45\times t_{CK})$，$t_{CL}=5.402\mathrm{ns}>(0.45\times t_{CK})$，符合要求。

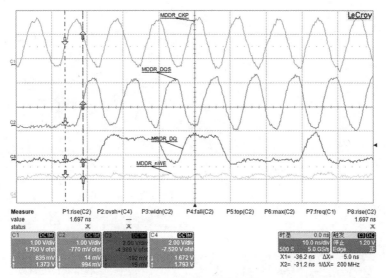

图 3.13　t_{DQSCK} 时序波形

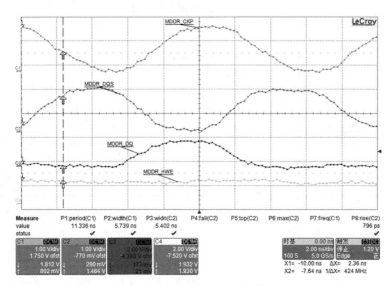

图 3.14　t_{CK}、t_{CH}、t_{CL} 时序波形

（5）t_{LZ} 时序测试。用 4 通道示波器分别测试 MDDR_CKP、MDDR_DQS、MDDR_DQ、MDDR_nWE 波形。测到的波形如图 3.15 所示，从时钟信号到数据位保持低阻抗时间 $T_{\mathrm{LZ}}=2.65\mathrm{ns}>1\mathrm{ns}$，符合要求。

3. 写时序测试

（1）时序要求。W947D6HB 对写时序的要求如图 3.16 所示，写时序的时间节点要求如表 3.4 所示。

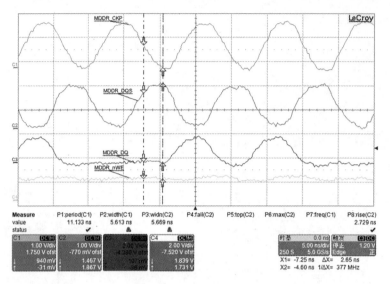

图 3.15　t_{LZ} 时序测试波形

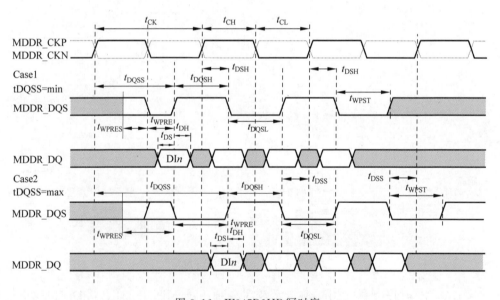

图 3.16　W947D6HB 写时序

（2）t_{DQSS} 时序测试。用 4 通道示波器分别测试 MDDR_CKP、MDDR_DQS、MDDR_DQ、MDDR_nWE 波形。测到的波形如图 3.17 所示，从波形图分析，$t_{DQSS}=9.75\,\mathrm{ns}$，$(0.75\times t_{CK})<t_{DQSS}<(1.25\times t_{CK})$，$t_{CK}=11.366\,\mathrm{ns}$，符合要求。

表 3.4　W947D6HB 写时序时间要求

参　　　数	符合	最小值	最大值	单　位
Clock cycle time 时钟周期	t_{CK}	6.0		ns
Write command to 1st DQS latching time 写命令到第一个 DQS 采样的时间	t_{DQSS}	0.75	1.25	t_{CK}
DQS input high-level width DQS 高电平宽度	t_{DQSH}	0.4	0.6	t_{CK}
DQS input low-level width DQS 低电平宽度	t_{DQSL}	0.4	0.6	t_{CK}
DQS to CK setup time DQS 建立时间	t_{DSS}	0.2		t_{CK}
DQS hold time from CK DQS 数据保持时间	t_{DSH}	0.2		t_{CK}

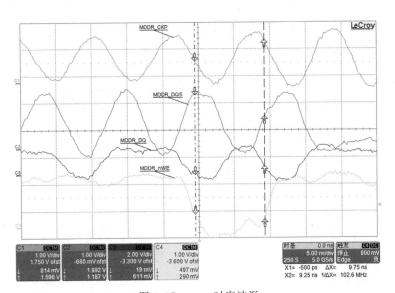

图 3.17　t_{DQSS} 时序波形

（3）t_{DQSH} 时序测试。用 4 通道示波器分别测试 MDDR_CKP、MDDR_DQS、MDDR_DQ、MDDR_nWE 波形。测到的波形如图 3.18 所示,从波形图分析,$t_{DQSH}=$ 5.4ns,$(0.4 \times t_{CK}) < t_{DQSH} < (0.6 \times t_{CK})$,$t_{CK}=11.366$ns,符合要求。

（4）t_{DQSL} 时序测试。用 4 通道示波器分别测试 MDDR_CKP、MDDR_DQS、MDDR_DQ、MDDR_nWE 波形。测到的波形如图 3.19 所示,从波形图分析,$t_{DQSL}=$ 5.15ns,$(0.4 \times t_{CK}) < t_{DQSL} < (0.6 \times t_{CK})$,$t_{CK}=11.366$ns,符合要求。

（5）t_{DSS} 时序测试。用 4 通道示波器分别测试 MDDR_CKP、MDDR_DQS、

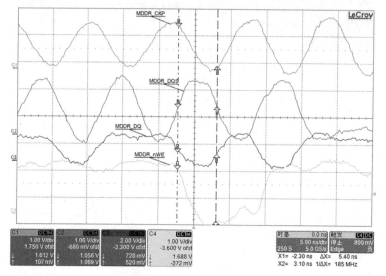

图 3.18 t_{DQSH} 时序波形

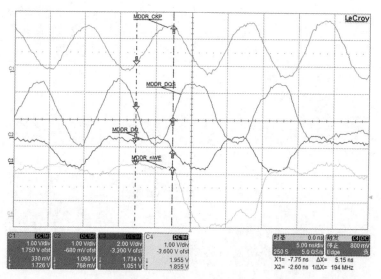

图 3.19 t_{DQSL} 时序波形

MDDR_DQ、MDDR_nWE 波形。测到的波形如图 3.20 所示,从波形图分析,t_{DSS} = 2.25ns>(0.2×t_{CK}),t_{CK}=11.366ns,符合要求。

(6) t_{DSH} 时序测试。用 4 通道示波器分别测试 MDDR_CKP、MDDR_DQS、MDDR_DQ、MDDR_nWE 波形。测到的波形如图 3.21 所示,从波形图分析,t_{DSH} = 3.75ns>(0.2×t_{CK}),t_{CK}=11.366ns,符合要求。

DDR 的时序测试比较麻烦,测试的时候分步骤来测试,先测试初始化时序,然后再测试读时序和写时序。DDR 时序的间隔基本都是纳秒(ns)级的,建议用

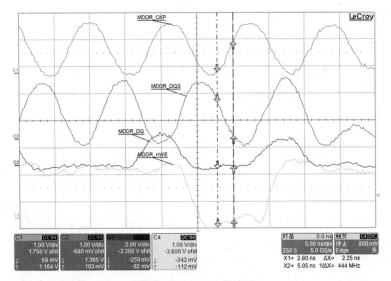

图 3.20　t_{DSS} 时序波形

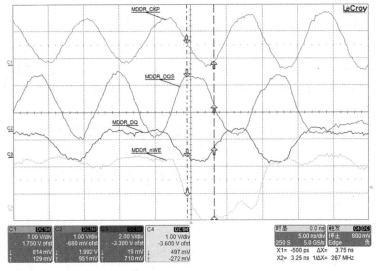

图 3.21　t_{DSH} 时序波形图

1GHz 带宽的示波器进行测试。CPU 支持哪些类型的 DDR,芯片厂家针对该型号 DDR 已经进行了驱动程序的适配。一般情况下,只要严格遵守 DDR 的 PCB 走线规则,DDR 的信号时序就不会有问题。因此 DDR 的信号时序测试建议只做部分的测试,以上也只是做了部分时序的测试。

3.3.6　I²C 总线时序分析

在进行信号时序测试的时候,测试前先要弄清楚被测信号的时序原理和时序图,否则在测试过程中不知道抓取哪些信号,以及如何分析信号的时序关系。本节以 I^2C 总线举例说明。

(1) 时序图。I^2C 是一种串行通信总线,I^2C 用两条线来通信,一条 Serial Data Line (SDA),另一条 Serial Clock (SCL)。I^2C 总线的 SDA 和 SCL 两条信号线同时处于高电平时,定义为总线的空闲状态,即释放总线。I^2C 总线时序如图 3.22 所示。

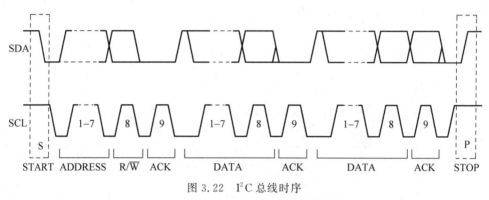

图 3.22　I^2C 总线时序

(2) 启动信号。在时钟线 SCL 保持高电平期间,数据线 SDA 电平被拉低(即负跳变),定义为 I^2C 总线的启动信号,它标志着数据传输的开始。启动信号是一种电平跳变的时序信号,而不是一个电平信号。启动信号是由主处理器主动建立的,在建立该信号之前 I^2C 总线必须处于空闲状态。启动信号时序如图 3.23 所示。

(3) 停止信号。在时钟线 SCL 保持高电平期间,数据线 SDA 被释放,使得 SDA 返回高电平(即正跳变),为 I^2C 总线的停止信号。它标志着一次数据传输的终止,停止信号也是一种电平跳变的时序信号,而不是一个电平信号。停止信号由主处理器主动建立,建立该信号之后,I^2C 总线将返回空闲状态,如图 3.23 所示。

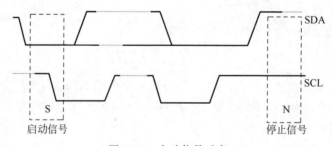

图 3.23　启动信号时序

(4) 数据位传送。I^2C 是同步数据传送,在 I^2C 总线上传送的每位数据都有一个时钟脉冲相对应(同步时钟控制),即在 SCL 串行时钟的配合下,在 SDA 上逐位地串行传送每位数据。进行数据传送时,在 SCL 呈现高电平期间,SDA 上的电平必须保持稳定,低电平为数据 0,高电平为数据 1,只有在 SCL 为低电平期间,才允许 SDA 上的电平改变状态。数据传送的时序如图 3.24 所示。

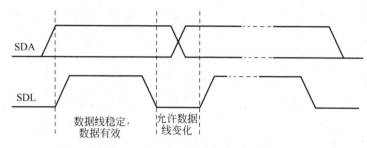

图 3.24 I²C 总线数据传送时序

(5) 应答信号。I²C 总线的数据都是以字节(8 位)的方式传送的,发送器每发送 1 字节,就在时钟脉冲期间释放数据线,由接收器反馈一个应答信号。应答信号为低电平时定为有效应答位,表示接收器已经成功地接收了该字节;应答信号为高电平时规定为非应答位,表示接收器没有接收到该字节。应答信号时序如图 3.25 所示。

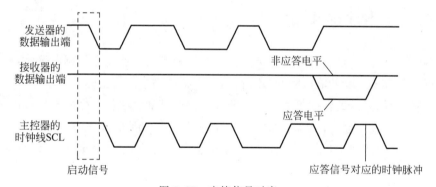

图 3.25 应答信号时序

(6) 插入等待时间。如果被控器需要延迟下一个数据字节开始传送的时间,则可以通过把时钟线 SCL 电平拉低并且保持,使主处理器进入等待状态,直到被控器释放时钟线,数据传输才能继续下去。这样可以使得被控器得到足够时间转移已经收到的数据字节。

以上是 I²C 总线的时序分析。时序分析涉及硬件电路、通信协议和控制逻辑等方面,把时序关系弄清楚后再进行信号时序测试就会得心应手。

3.4 硬件功能测试

硬件功能测试是根据硬件详细设计和产品规格书中提及的硬件功能规格进行

逐一的测试,验证产品硬件功能是否已实现。

硬件功能测试属于黑盒测试,只需考虑需要测试的各个功能,不需要考虑整个产品的硬件设计原理。从产品的功能界面,按照需求编写出来的测试用例,输入数据在预期结果和实际结果之间进行评测。硬件功能测试操作相对简单,是产品最基本的测试,硬件功能测试可以从以下几方面进行。

(1) 确认每个硬件功能是否都能正常使用。

(2) 是否实现了产品规格说明书中的产品功能要求。

(3) 是否能有效地接收输入数据而产生正确的输出结果。

(4) 测试界面是否有相应的提示框和适当的输入错误提示。

(5) 硬件功能的测试界面是否清晰、美观和易于操作。

(6) 菜单、按钮操作正常,操作界面能灵活处理一些异常操作。

(7) 是否能接受不同的数据输入,对异常数据的输入能否给出提示或者容错处理。

(8) 测试数据的输出结果格式清晰,可以保存和读取。

(9) 功能操作逻辑清楚,符合使用者习惯。

3.5 硬件性能测试

硬件性能测试是通过某种特定的方式对被测产品按照一定的测试策略进行施压测试,获取该产品的响应时间、运行效率、资源利用情况等指标。

硬件性能测试的目的是通过测试明确知道产品到底在什么样的条件范围下能够正常工作,以及通过性能测试知道产品的薄弱环节到底在哪里,明确产品的正常运转条件和长时间工作的稳定性,从而全面把握产品性能,并根据薄弱环节改善产品设计和优化产品功能,使产品能够更可靠地运行。

硬件性能测试根据不同功能模块可分为压力测试、稳定性测试、基准测试、负载测试、容量测试等。测试案例的建立是性能测试的关键,测试案例围绕产品薄弱环节和容易发生故障条件来建立,同时根据同类产品在市场上的维修情况来增加和补充。硬件性能测试是保证产品硬件可靠性非常重要的手段,产品的硬件性能测试,建议在进行了信号质量测试、信号时序测试和硬件功能测试之后进行。下面以 POS 产品的热敏打印模块和磁卡模块的性能测试举例说明。

3.5.1 热敏打印模块性能测试

为了保证热敏打印模块的性能,针对热敏打印的薄弱环节和各种异常情况进行性能测试。性能测试项包括过热保护测试、清晰度测试、打印速度测试、打印噪声测试、连续打印测试、打印机拉力测试、双层纸打印测试等。

（1）打印过热保护测试。打印过热保护性能测试内容如表 3.5 所示。

表 3.5　过热保护性能测试

测试目的	测试打印机过热保护功能是否正常
测试工具	打印机测试程序、恒温恒湿设备
测试方法	① 常温下连续打印黑块，观察机器是否出现过热提示并自动停止打印 ② 如常温下打印不出现过热，则须在高温环境 50℃情况下重复步骤①，观察机器是否进入过热保护状态 ③ 正常打印出现过热保护后，将机器放置于常温环境 1min，观察打印机是否恢复正常打印
通过标准	① 启动打印及打印过程中，在打印机温度到达软件设定值时，机器能正确提示打印机过热并自动停止打印 ② 常温下打印进入过热保护的机器，1min 后打印机应恢复正常

（2）打印清晰度测试。打印清晰度性能测试内容如表 3.6 所示。

表 3.6　打印清晰度性能测试

测试目的	测试打印机打印效果是否符合要求
测试工具	打印机测试程序
测试方法	① 采用打印机测试程序中的打印效果项进行测试 ② 分别打印模拟单据、晕染测试页、均匀度测试页、方块测试页，打印后检查效果 ③ 观察打印过程中显示屏打印图标是否跟随打印状态正确点亮及关闭
通过标准	① 打印单据字迹清晰完整、无缺笔画、多笔画 ② 具有打印图标提示功能，打印图标跟打印状态保持一致 ③ 打印晕染测试页应清晰可见，无模糊不清、边界发虚情况 ④ 打印整块 logo 图形灰度一致，无明显分块情况

（3）打印速度测试。打印速度性能测试内容如表 3.7 所示。

表 3.7　打印速度性能测试

测试目的	测试打印机打印速度是否符合要求
测试工具	打印机测试程序
测试方法	① 采用打印机测试程序的打印速度测试项进行测试 ② 分别打印模拟单据和 12%印字率测试页，记录每次打印时间
通过标准	打印速度不低于 16 行/秒或 50mm/s

（4）打印噪声测试。打印噪声性能测试内容如表 3.8 所示。

表 3.8 打印噪声性能测试

测试目的	测试打印机打印噪声是否符合要求
测试工具	打印机测试程序、隔音箱、噪声计
测试方法	① 采用打印机测试程序进行测试 ② 将机器放置于隔音箱中,将噪声计放置于被测机器上方 10cm 处 ③ 连续打印模拟单据,测试 1min,记录噪声平均值及最大值 ④ 连续打印黑块,测试 1min,记录噪声平均值及最大值
通过标准	① 打印单据时噪声不超过 63dB,打印黑块时噪声不超过 65dB ② 打印声音过渡自然,无异响、共振等情况

（5）连续打印测试。连续打印性能测试内容如表 3.9 所示。

表 3.9 连续打印性能测试

测试目的	测试打印机在连续打印时的工作情况
测试工具	打印机测试程序
测试方法	① 采用打印机测试程序进行测试 ② 使用产品自配的纸卷进行连续打印,纸卷打印完为止,观察打印效果是否符合要求
通过标准	① 打印清晰,无缺笔画、多笔画、晕染等异常 ② 打印过程中不能频繁地出现过热保护、缺纸保护、打印失步、自动关机等异常情况

（6）打印机异常情况测试。打印机异常情况性能测试内容如表 3.10 所示。

表 3.10 打印机异常情况性能测试

测试目的	测试打印机异常情况下是否符合设计要求
测试工具	打印机测试程序
测试方法	① 模拟缺纸检测电路损坏时的无纸打印情况,使用胶带将缺纸检测信号遮蔽使其无效,不装入纸卷,合上纸斗盖开始连续打印。观察机器是否进入过热保护,进入保护恢复后,验证打印机是否损坏 ② 在 ESD 等测试中观察在外部干扰导致机器死机挂起时,是否出现打印机不停加热的情况
通过标准	不能出现安全隐患,不应起火,不能损伤机器外壳

（7）打印机拉力测试。打印拉力性能测试内容如表 3.11 所示。

表 3.11 打印拉力性能测试

测试目的	测试打印机走纸时的垂直拉力大小
测试工具	打印机测试程序
测试方法	① 取 2m 长的打印纸,下端悬挂砝码,将上端用胶辊正常固定好热敏纸 ② 调整机器的角度,使打印时的进纸方向与地面垂直向上,启动连续单据打印测试 ③ 记录能连续打印标准单据最大不失步时的砝码重量
通过标准	打印机拉力不低于 160g

（8）双层纸打印测试。双层纸打印性能测试内容如表 3.12 所示。

表 3.12　双层纸打印性能测试

测试目的	测试灰度设置是否支持市场上使用的双层热敏纸
测试工具	打印机测试程序
测试方法	① 采用打印机测试程序的灰度测试项进行测试 ② 使用普通热敏纸,测试各级灰度设置下的打印机工作情况 ③ 使用双层热敏纸,记录最佳灰度等级
通过标准	① 在各级灰度设置下,使用普通热敏纸打印,打印过程顺畅,无失步、卡纸等异常 ② 设置适当灰度等级后,能正常使用双层热敏纸打印,且打印清晰

（9）打印机过热保护灵敏度测试。打印机过热保护灵敏度性能测试内容如表 3.13 所示。

表 3.13　过热保护灵敏度性能测试

测试目的	测试热敏打印机过热保护软件阈值设置是否符合要求
测试工具	打印机测试程序
测试方法	① 确认软件设置的能正常开启打印时的温度阈值和打印过程中过热保护的阈值温度 ② 设置高温箱温度为最高过热保护值,将被测机放入温度箱中 30min,然后逐步调低温度,记录能正常开启打印时的温度值 ③ 在该温度临界值连续打印黑块,观察机器是否能正确进入过热保护 ④ 将进入过热保护的机器放置在常温环境下 1min,重新检查是否能正常打印
通过标准	① 软件设置的过热保护阈值应满足打印机及产品规格要求 ② 能正常开启打印时的温度阈值低于过热保护阈值 ③ 过热保护阈值低于打印机规格书中的最高温度值 ④ 将进入打印过热保护的机器放置在常温环境下 1min 后,应能重新开启打印

3.5.2　磁头模块性能测试

为了保证磁头模块能兼容市面上各类磁卡,以及能适应快速刷卡和慢速刷卡等异常操作,需要对磁头模块进行性能测试。性能测试项包括刷卡成功率测试、读偏磁卡测试、读弱磁卡测试、读金属卡测试等。

（1）刷卡成功率测试。刷卡成功率性能测试内容如表 3.14 所示。

（2）读偏磁卡测试。读偏磁卡性能测试内容如表 3.15 所示。

（3）读弱磁卡测试。读弱磁卡性能测试内容如表 3.16 所示。

（4）读金属卡和全息卡测试。读金属卡和全息卡性能测试内容如表 3.17 所示。

表 3.14　磁头刷卡成功率性能测试

测试目的	测试磁头在各种刷卡速度情况下的读卡成功率
测试工具	磁卡测试程序、标准测试磁卡
测试方法	① 进入磁卡测试程序中的成功率模式测试项 ② 在中速(40～70cm/s)刷卡速度下,正向、反向各刷卡 100 次,记录读卡成功率 ③ 在慢速(10～40cm/s)刷卡速度下,正向、反向各刷卡 100 次,记录读卡成功率 ④ 在快速(70～100cm/s)刷卡速度下,正向、反向各刷卡 100 次,记录读卡成功率
通过标准	慢速、中速和快速刷卡每项测试成功率大于 95%

表 3.15　读偏磁卡性能测试

测试目的	测试磁头位置设计是否合理,磁头能否正常读取各类偏磁道卡
测试工具	磁卡测试程序、上偏卡、下偏卡
测试方法	① 进入磁卡测试程序中的成功率模式测试项 ② 在中速刷卡速度下,用不同偏磁程度的磁卡进行正向、反向各刷卡 50 次,记录读卡成功率
通过标准	① 能够正常读取上偏 0.50mm 到下偏 0.64mm 之间的各种偏磁卡 ② 每项测试读卡成功率在 95% 以上

表 3.16　读弱磁卡性能测试

测试目的	测试磁头读各类弱磁卡的表现
测试工具	磁卡测试程序、标准弱磁卡
测试方法	在慢速、中速和快速刷卡速度下测试各张弱磁卡的刷卡成功率,每张卡正向、反向各测试 10 次,记录结果
通过标准	不能超过 3 张弱磁卡无法读取,成功率 80% 以上

表 3.17　读金属卡和全息卡性能测试

测试目的	测试磁头读各类全息卡和金属卡的表现
测试工具	磁卡测试程序、测试磁卡(全息卡和金属卡)
测试方法	① 在慢速、中速和快速刷卡速度下测试各张全息卡的刷卡成功率,每张卡正向、反向测试各 10 次 ② 使用特制的金属卡片,进行刷卡测试,测试机器是否存在异常
通过标准	① 读取全息卡成功率在 95% 以上 ② 刷金属卡片时机器不存在死机等其他异常情况

（5）不规则手势刷卡成功率测试。不规则手势刷卡成功率性能测试内容如表 3.18 所示。

表 3.18　不规则手势刷卡成功率性能测试

测试目的	测试在刷卡手势不规范情况下的读卡成功率
测试工具	磁卡测试程序、标准测试磁卡
测试方法	① 将被测机器放置在水平台面,进入成功率测试界面 ② 测试磁卡内偏时的刷卡成功率,中速刷卡,保证磁卡在卡槽底部的最外侧。正向、反向刷卡各刷 100 次,记录刷卡成功率 ③ 测试磁卡外偏时的刷卡成功率,中速刷卡,保证磁卡在卡槽底部的最内侧。正向、反向刷卡各刷 100 次,记录刷卡成功率 ④ 测试磁卡内凹时的刷卡成功率,中速刷卡,拇指按住磁卡内侧中部使其变形后测试。正向、反向刷卡各刷 100 次,记录刷卡成功率 ⑤ 测试磁卡外凸时的刷卡成功率,中速刷卡,食指按住磁卡外侧中部使其变形后测试。正向、反向刷卡各刷 100 次,记录刷卡成功率
通过标准	① 在不规则刷卡手势下无明显无法读卡的情况 ② 刷卡成功率大于 50%

（6）磁头抗电磁干扰测试。抗电磁干扰性能测试内容如表 3.19 所示。

表 3.19　磁头抗电磁干扰性能测试

测试目的	测试外部电磁干扰对磁头读卡成功率的影响
测试工具	磁卡测试程序、标准测试磁卡、开关电源、手机、强磁体、RF 读卡器
测试方法	① 进入磁卡测试程序的普通卡测试项 ② 将干扰源靠近磁头,观察是否出现提示检测到刷卡情况 ③ 在刷卡过程中,将干扰源靠近磁头,每种干扰源分别刷卡测试 50 次,记录结果 ④进入待刷卡界面,将各种干扰源分别靠近磁头各放置 8h,观察是否存在因外部干扰导致出现检测到刷卡情况
通过标准	① 干扰源靠近磁头时不能出现误检测到刷卡情况 ② 干扰源靠近磁头时磁头读卡成功率无明显变化 ③ 干扰源分别靠近磁头各放置 8h,不能出现误检测到刷卡情况

（7）磁头寿命测试。磁头寿命性能测试内容如表 3.20 所示。

表 3.20　磁头寿命性能测试

测试目的	测试磁头寿命
测试工具	自动刷卡测试仪、工厂测试程序、测试用普通磁卡
测试方法	① 把机器固定在自动刷卡测试仪上 ② 进入测试程序的寿命测试项,启动测试 ③ 每自动刷卡 10 万次后,须用普通磁卡测试磁头功能 ④ 测试完成后,观察磁头及导卡槽磨损情况
通过标准	磁头寿命在 40 万次以上

3.6　硬件可靠性测试

硬件可靠性测试是为了评估产品的工作状态,在不同的环境下,保持产品功能可靠运行而进行的测试。硬件可靠性测试包括高温工作测试、温湿度测试、气体腐蚀测试、机械振动测试、跌落实验等。

硬件可靠性测试是将产品模拟暴露在多种使用环境条件下进行的测试,以评价产品在实际使用、运输和存储的环境条件下的性能。如高温工作测试,将无包装、不通电的实验样品在"准备使用"状态下放入高温箱内,将高温箱温度设定到55℃并开始运行,待高温箱温度达到稳定后,给实验样品上电并开始运行环境测试程序,持续工作16h,在实验过程中检查机器工作的正常性。硬件可靠性测试大部分都是在预先设置好的环境下进行测试的,属于黑盒测试,其测试方法相对简单。具体的硬件可靠性测试过程这里不一一列举说明,主要阐述一下进行硬件可靠性测试的注意事项。

(1)硬件可靠性测试不能代替前面章节讲到的信号质量测试、信号时序测试和硬件性能测试。由于测试难度存在差别,很多产品在开发过程中只做可靠性测试而没有进行信号质量测试、信号时序测试和硬件性能测试,导致不能从底层发现产品的问题。信号质量测试和信号时序测试对测试人员的能力要求较高,要求熟悉器件和硬件电路。硬件性能测试需要建立大量测试案例来进行测试,测试案例的建立依赖对各功能模块故障模式的深入分析。而可靠性测试很多时候只需要设置好测试环境,运行机器就可以了,对测试人员的能力要求较低。

(2)产品类型不同,可靠性测试的差别较大。以工作环境温度测试为例,消费类电子产品测试要求是0~50℃,工业类电子产品测试要求是−20~60℃,车规类产品测试要求是−40~70℃,其他特殊类产品测试要求可能会更高。

(3)适当跳出测试标准的限制,以产品应用的角度出发,让硬件功能都充分暴露在各种测试应力组合环境下。如长期户外使用类产品,有可能同时处于高温、高湿和高盐雾的应用环境,可靠性测试时要让产品同时暴露在这三种应力下进行测试。

(4)在测试过程中,如出现为了测试产品某项可靠性指标需增加非常高的测试成本,可考虑修改可靠性测试条件,以硬件性能测试结果为主要参考依据。

(5)在产品的重要里程碑阶段都需要进行产品可靠性测试。研发阶段对试样进行可靠性测试,找出产品在器件选型、结构设计、硬件设计等方面存在的问题,提前发现设计方面的缺陷并加以改进。产品验证阶段,对产品的各项指标进行全面的可靠性测试,给出评价结果,为产品发布提供依据。产品发布后也可以适当开展可靠性实验,监控产品质量的稳定程度,监控原材料质量变差或性能下降,以及工艺流程失控等。

(6)关于可靠性测试的测试结果分析,测试后出现的问题,可以分为两种类别。一种是在测试过程中容易重复出现的问题,二是在测试过程中非常难重复出现的问题。对容易重复出现的问题必须要有解决措施。对于非常难重复出现的问题,问题先挂起,或者是把问题定位到模块级,针对该模块进行性能测试找到问题的原因,不要为了复现该问题而耽误了大量的测试时间。

（7）合理划分测试问题的级别。问题严重程度不同,处理的优先级和解决措施也不同,可以将测试问题划分为五个不同的级别,如表 3.21 所示。

表 3.21　测试问题分级

问 题 级 别	解 决 措 施
提示问题(第一级)	① 提示问题是指在测试的操作过程中,站在测试人员的角度提出对产品设计的合理建议,不属于产品故障 ② 可暂时不解决,产品上市后不会导致返修的情况
间歇问题(第二级)	① 间歇问题是指在测试的过程中所出现的微小问题,表现为由于异常操作导致产品部分功能暂时缺失,正常操作后能够实现快速恢复,所造成的后果并不严重 ② 属于操作错误导致的问题,通过屏蔽不正确的输入数据来解决,或者是在产品说明书中声明错误操作带来的后果
一般问题(第三级)	① 一般问题是指在实际操作过程中可能会导致产品某个功能模块出现故障,造成该模块功能无法发挥,并且无法实现简单恢复,需要返厂维修 ② 优先级别一般,需要找到问题的原因并给予解决
严重问题(第四级)	① 严重问题是指故障发生后产品立即失效,且维修非常麻烦或者是维修成本非常高 ② 优先解决,从硬件、软件和结构三方面综合排查问题,找到解决措施
致命问题(第五级)	① 致命是指问题发生后会造成人员财产损失和对周围环境造成影响等非常严重的问题 ② 必须解决,如此类问题是设计导致的,须更换设计方案彻底避免。如此类问题是所选器件本身特性导致的,须在产品说明书中声明可能存在的危险,并与该器件供应商签订品质保障书,如锂电池类器件

3.7　硬件测试作用及意义

硬件测试是为了发现硬件设计错误与缺陷而执行测试操作的过程。通过测试为产品发布提供重要依据,同时通过测试也可以间接提升产品设计能力。在测试过程中,进行板级硬件信号质量测试和信号时序测试,需要从最底层了解硬件设计原理和软硬件配合的逻辑关系。产品的零缺陷构筑于最底层的设计,源于每个器件、每个单元电路、每个函数、每行代码,测试就是要排除每一处故障和每一处隐患,从而构建一个接近零缺陷的产品。

随着市场对产品质量要求越来越高,硬件测试工作也越来越得到重视。许多知名的国际性企业,硬件测试人员的数量要远大于硬件开发人员,而且对于硬件测试人员的技术水平要求也越来越高,硬件测试是评估产品硬件可靠性最重要的依据。产品质量关系着企业品牌的打造,一定程度上影响着企业的信誉、形象与综合效益,科学和规范地开展产品测试工作和加强产品质量检测是企业发展的必经之路。

一个优秀的测试工程师往往会站在用户角度,以用户的身份来测试问题、发现问题,反馈问题、验证问题,其价值是把控产品质量,以及对产品研发整体效率的提升,节约项目时间。质量、效率、成本是项目的三要素,测试工程师在项目中体现在以质量为核心,兼顾效率和成本。

第4章

PCB可靠性设计

4.1 概述

随着 PCB 工艺的提升和布线越来越密,PCB 的可靠性越来越重要。各类电子设备和系统都是以印制电路板为承载的硬件装配方式,即使电路原理图设计毫无问题,若印制电路板设计不当,也会对电子设备的可靠性产生重大影响。PCB 可靠性问题涉及信号完整性、电源完整性、地线干扰等方面。例如,印制电路板两条细平行线靠得很近,则会形成信号波形的延迟,在传输线的终端形成反射噪声,另外,元器件的布局不合理会在器件之间形成耦合干扰等。因此,在设计印制电路板的时候,应采用科学的方法进行印制电路板的可靠性设计和电磁兼容性设计。

4.2 PCB 层数和叠层结构

在进行 PCB 的器件布局和走线之前,要根据原理图中 CPU 的主频、器件密度、PCB 板成本控制等多方面来评估使用多少层数的 PCB。PCB 的层数有单层板、双层板和多层板之分,单层用得较少;双层板被大量使用,有较好的成本优势;多层 PCB 通常用于高速、高性能的系统,多层板的层叠结构设计非常重要,设计不合理会严重影响 PCB 的性能。本节就 PCB 的层数、多层板的层叠结构等方面进行详细阐述。

4.2.1 确定 PCB 层数

确定 PCB 的层数是一个纠结和复杂的过程。PCB 工程师往往希望 PCB 的层数多一些,走线方便。从产品性能方面来讲,也是层数多的 PCB 有优势,多层 PCB 产品电气性能良好,产品电磁兼容性优秀。但从产品成本、制板周期方面来评估,

PCB 层数越多价格越高,且制板周期长。确定 PCB 层数的基本原则是在保证能走线的情况下尽量减少 PCB 的层数。

(1) 由 CPU 的主频来确定 PCB 的层数。一般来说,CPU 的主频在 120MHz以上,要考虑 4 层板或以上层数的 PCB。主频低于 120MHz,则可考虑用双层板。

(2) 由电路中存储器的类型来确定 PCB 的层数。如果电路原理图用的存储器是静态 SRAM、并行 NOR FLASH、串行 NOR FLASH,则用双层板来设计。如果电路原理图用的存储器是动态的 SDRAM 和 NAND FLASH,则用 4 层或者以上层数的 PCB,因为动态的 SDRAM 走线要做阻抗匹配和等长处理,双面板非常难做阻抗匹配和等长。

(3) 由元器件的布局密度来确定 PCB 层数。元器件的布局密度用元器件 PIN密度来定义,PIN 密度＝板面积/(板上引脚总数/14),板面积的单位是平方英寸(in^2)(1 英寸≈2.54 厘米)。PIN 密度、信号层数、PCB 板层对应关系如表 4.1 和表 4.2 所示。表 4.1 是单面放置元器件的对应关系,表 4.2 是双面放置元器件的对应关系。

表 4.1　PIN 密度、信号层数、PCB 层对应关系(单面放元器件)

PIN 密度/in^2	信号层数(推荐)	板 层 数
0.8 以上	2 层	2 层
0.6～0.8	2 层	4 层
0.4～0.6	4 层	6 层
0.3～0.4	6 层	8 层
0.2～0.3	8 层	10 层
小于 0.2	10 层	12 层或以上

表 4.2　PIN 密度、信号层数、PCB 层对应关系(双面放元器件)

PIN 密度/in^2	信号层数(推荐)	板 层 数
0.6 以上	2 层	2 层
0.4～0.6	2 层	4 层
0.2～0.4	4 层	6 层
小于 0.2	6 层	8 层

(4) 以集成电路 BGA 封装来确定 PCB 的层数。BGA 封装引脚间距在 0.6mm或以上且引脚数在 100 以内,使用两层板。BGA 封装引脚间距在 0.6mm 以下且引脚数较多,使用 4 层板或以上层数的 PCB。

(5) 由产品的行业特性来确定 PCB 的层数。如手持巡检类产品,对整机电磁兼容性和静电性能要求非常高,至少用 4 层或者 4 层以上的 PCB,PCB 内存要有完整的 GND 平面。

(6) 特殊项目。如对 PCB 的制板周期有严格要求,建议使用两层 PCB。两层板的批量制板周期是 8~14 天,4 层及以上的多层板由于涉及多次压合,制板周期较长。

(7) 成本因素。如果产品的成本控制是项目的核心,比如要推出一款专门打价格战的产品,这种情况下,要考虑用单层板或双层板,单面板、双面板、4 层板和 6 层板的参考价格,可以按 50% 左右递增来计算。例如,单层板的参考价格是 0.04 元/平方厘米,双层板参考价格是 0.06 元/平方厘米,四层板的参考价格是 0.09 元/平方厘米。

4.2.2　单层 PCB

单层 PCB 作为电子设备的早期组件,在很早就开始使用。即使在今天,尽管 PCB 板制造工艺已经发生翻天覆地的变化,但单层 PCB 仍然在使用。

单层 PCB 由于其工艺简单和易于大量制造,大部分 PCB 生产厂家都可以生产单层板。单层板交货时间短,由于在加工过程中没有压合工艺,批量供货周期在两周以内。

单面只适合简单的 PCB 设计,零件集中在其中的一面,另一面是导线。因为只有一面走线,在设计线路上有很多严格的限制,布线间不能交叉而必须绕独自的路径,常用于小功率低成本电源板的设计中。

单面板的材质一般都采用酚醛纸基板,俗称纸板或胶板。最常用的型号是 FR-1(阻燃型)和 XPC(非阻燃型)两种,可以从板材后面字符的颜色来判断板材型号,一般红字为 FR-1(阻燃型),蓝字为 XPC(非阻燃型)。

单面印制电路板由于只有一面有导电图形,制作工艺相对简单,主要的工艺流程如图 4.1 所示。

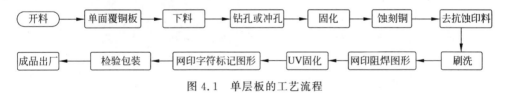

图 4.1　单层板的工艺流程

4.2.3　双层 PCB

双层 PCB 是相对于单层 PCB 而言,是指双面有铜,而且有金属化过孔,正反两面都可以布线。元器件可以焊接在顶层,也可以焊接在底层,通常来说,顶层叫 Top 层,底层叫 Bottom 层。

双层板的材质一般都采用 FR-4,FR-4 是双面玻纤合成板,由玻璃纤维材料和高耐热性材料压合而成,不含对人体有害的石棉成分。具有较高的机械性能和介电性能,以及较好的耐热性和耐潮湿性,同时具有良好的加工性,利于成型和钻孔。

双层板是最为常用的一种印制电路板,大量用在各种产品上。两面都可以走线,大大降低了布线的难度,因此被广泛采用。双层板的制造工艺相对于单面板的制造工艺要复杂些,增加了金属化孔等工艺环节,双层板主要的工艺流程如图 4.2 所示。

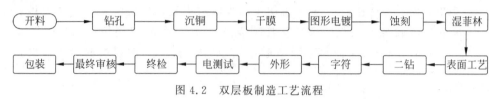

图 4.2　双层板制造工艺流程

双层板的表面处理主要有沉金工艺、镀金工艺、喷锡工艺。沉金工艺采用的是化学沉积的方法,通过化学氧化还原反应的方法生成一层镀层,可以达到较厚的金层。镀金采用的是电解的原理,也叫电镀方式,镀金工艺的 PCB 焊接性比较差。实际产品应用中,大部分都是沉金板,沉金工艺在印制线路板表面的镀层颜色稳定、光亮度好、可焊性良好。另外,镀金工艺容易产生金丝短路,沉金工艺只有在焊盘上有镍金不容易产生金丝短路。对于要求较高的板子,建议采用沉金工艺。

喷锡工艺是在铜的线路外层喷一层锡,能够有助于焊接,但是无法像黄金一样提供长久的接触可靠性。对于已经焊接好的元器件没什么影响,对于长期暴露在空气中的焊盘,可靠性是不够的。例如,有接地焊盘、弹针焊盘的 PCB,焊盘容易氧化锈蚀导致接触不良。其次,喷锡板的表面平整度较差,在 PCB 加工过程中容易产生锡珠,对细间隙引脚元器件易造成短路。另外,如果是双面 SMT 工艺也不宜用喷锡板,因为第二面已经过了一次高温回流焊,极容易发生喷锡重新熔融而产生锡珠或类似水珠受重力影响成滴落的球状锡点,造成表面不平整进而影响焊接。喷锡电路板可以用来做小数码产品的电路板,或者是产品使用环境较好的线路板,主要优势是价格相对便宜,不适合用来作精度较高、焊接间隙小的 PCB 板。

除了喷锡工艺、沉金工艺、镀金工艺外,还有裸铜板、OSP 工艺、浸银工艺、浸锡工艺等,每种表面处理工艺各有其独到之处,应用范围也不大相同。裸铜板,优点是成本低,表面平整,焊接性良好;缺点是容易受到酸及湿度影响,不能久放,拆封后需在 2h 内用完,因为铜暴露在空气中非常容易氧化。OSP 工艺不同于其他表面处理工艺,它的作用是在铜和空气间充当阻隔层,简单地说,OSP 就是在洁净的裸铜表面上,以化学的方法长出一层有机薄膜。因为是有机物,不是金属,所以比喷锡工艺还要便宜。这层有机物薄膜的唯一作用是在焊接之前保证内层铜箔不会被氧化。焊接的时候一加热,这层膜就挥发掉了,焊锡就能够把铜线和元器件焊接在一起。OSP 工艺的缺点是这层有机膜不耐腐蚀,一块 OSP 的电路板,暴露在空气中 10 天以上,就不能焊接元器件了。台式计算机主板有很多采用 OSP 工艺,因为台式计算机电路板面积大,采用 OSP 工艺在价格上有优势。浸银工艺介于 OSP 工艺和浸金工艺,工艺较简单、快速。浸银是置换反应,浸银过程中还包含一些有机物,主要是防止银腐蚀和消除银迁移问题,即使暴露在热、湿和污染的环境中,仍能提供很好的电性能和保持良好的可焊性。浸银工艺的优点是焊接面可焊性良好,不像 OSP 工艺存在导电障碍。其缺点是银的电子迁移问题,当暴露在潮湿环境下时,银会在电压的作用下产生电子迁移,另外作为接触面时(如按键面),其强度没有金好。

4.2.4　多层 PCB

多层 PCB 是指 4 层或 4 层以上的 PCB(理论上是可以作 3 层板的,但是 3 层板的价格比 4 层板还高,因此基本上就没有作 3 层板这一说法了),多层板有内层,其内层、Top 面和 Bottom 面都可以是走线层,每两层之间是绝缘介质层,介质层可以作得很薄。

多层板与单层板、双层板最大的不同是增加了内层,在制板工艺上需要压合,压合工艺是多层板的关键工序,压合工艺是把各层线路薄板黏合成一个整体的工艺。整个过程包括吻压、全压、冷压。在吻压阶段,树脂浸润黏合并填充线路中的空隙,然后进入全压,把所有的空隙黏合,再通过冷压使线路板快速冷却,并使尺寸保持稳定。在进行层压时,需要注意温度、压力、时间的控制。温度主要是控制树脂的熔融温度、固化温度等。压力控制方面,以排尽层间气体和挥发物为基本原则。时间控制方面,主要是加压时间控制、升温时间控制和凝胶时间控制。

多层板主要的工序流程如图 4.3 所示,关键的工序说明如下。

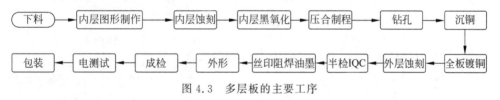

图 4.3　多层板的主要工序

(1)下料。从一定板厚和铜箔厚度的整张覆铜板大料上剪出便于加工的尺寸。

(2)图形制作。包括内层图形制作,在板上贴上干膜或丝印上图形抗电镀油墨,经曝光、显影后,作出线路图形。

(3)蚀刻。包括内层蚀刻,褪掉图形油墨或干膜,蚀刻掉多余的铜箔从而得到导电线路图形。

(4)内层黑氧化。增强内层铜箔的表面粗化度,进而增强环氧树脂板与内层铜箔之间的结合力。

(5)压合制程。把内层与半固化片、铜箔叠合在一起经高温压制成多层板,4 层板需要一张内层和两张铜箔。

(6)钻孔。在板上按计算机钻孔程序钻出导电孔或插件孔。

(7)沉铜。在孔内沉积一层薄薄的化学铜,厚度大约为 $0.3\sim2\mu m$。

(8)全板镀铜。也称一次镀铜,其作用是保护沉积的化学铜,把整块印制板作为阴极,通过电镀铜层把沉积的化学铜加厚到一定的程度。

(9) 丝印阻焊油墨。在板上印刷一层阻焊油墨,厚度约为 $35\mu m$。

4.2.5 多层 PCB 叠层结构设计

多层板的叠层结构设计对 PCB 电路性能影响较大,尤其是对 EMC 和静电方面的影响。如何确定多层板的叠层结构,主要遵从三点原则。首先是关键信号层要和 GND 层相邻,以方便阻抗控制。其次是电源层和 GND 层相邻以减少电源平面阻抗,同时要注意由于大部分情况是多路电源同时存在,不同的电源要进行局部铺铜处理。再有是尽量避免两个信号层直接相邻,相邻的信号层之间容易引入串扰,在两信号层之间加入地平面可以有效地避免串扰。本节以 4 层板、6 层板、8 层板、10 层板的叠层结构举例说明。

1. 4 层板叠层结构

4 层板常用的叠层结构如表 4.3 所示,不同的层叠方案说明如下。

(1) 方案 1: L1 是信号层和器件层,L2 是 GND,L3 是电源层,L4 是信号层和器件层。有独立地层和电源层,电气性能优秀。

(2) 方案 2: L1 是信号层和器件层,L2 是电源层,L3 是 GND,L4 是信号层和器件层。跟方案 1 类似,有独立地层和电源层,适用于主要元器件在 Bottom 层的情况。

(3) 方案 3: L1 是 GND,L2 是信号层,L3 是信号层,L4 是电源层。适用于元器件以插件为主的 PCB,Top 层为 GND,Bottom 层为电源层,进而构成屏蔽腔体。

(4) 方案 4: L1 是信号层和器件层,L2 是 GND,L3 是信号层,L4 是信号层和器件层,是最常用的叠层结构,有三层走线,可以满足复杂电路的走线需要。没有独立的电源层,电源层可采用走线的方式。较为复杂的系统往往有多路电源,如有 1.0V、1.2V、1.8V、3.3V、5.0V 等电压,即使采用单独的电源层,电源也会被分割成不同区域块,比较好的处理方式是电源层与信号层共用,优先满足走线需求。

表 4.3 4 层板层叠结构

层数	方案 1	方案 2	方案 3	方案 4
L1(Top)	信号层和器件层	信号层和器件层	GND	信号层和器件层
L2	GND	电源层	信号层	GND
L3	电源层	GND	信号层	信号层
L4(Bottom)	信号层和器件层	信号层和器件层	电源层	信号层和器件层

2. 6 层板叠层方案

6 层板常用的叠层结构如表 4.4 所示,不同的层叠方案说明如下。

(1) 方案 1: 是常用的 6 层板叠层结构,内存有三层走线。优点是走线方便,缺点是只有一层 GND,有阻抗要求的走线只能在 Top 面和第三层走线,参考第二层 GND。

（2）方案 2：对比方案 1 增加了一层电源地平面，具有较好的电磁吸收能力。同时，PCB 板的对称性很好，基本不会存在 PCB 板翘曲的情况。

（3）方案 3：有两层完整的地平面，有非常好的电磁吸收能力，性能优于方案 2。但电源的走线要重点考虑，在信号层或者是 Bottom 面走电源，考验 PCB Layout 工程师电源布线的能力。

（4）方案 4：跟方案 3 类似，把第 5 层作为电源层和地层来规划。在实际的应用中，可根据电源的复杂性和 Bottom 层的走线密度来确定是选择方案 3 还是方案 4。如电源的走线复杂度非常高，选择方案 4；如 Bottom 有非常多的高速信号，且高速信号需要做阻抗匹配，则选择方案 3。

表 4.4　6 层板层叠结构

层数	方案 1	方案 2	方案 3	方案 4
L1(Top)	器件层	器件层	器件层	器件层
L2	GND	信号层	GND	GND
L3	信号层	GND	信号层	信号层
L4	信号层	GND 和电源层	信号层	信号层
L5	信号层	信号层	GND	GND 和电源层
L6(Bottom)	器件层	器件层	器件层	器件层

3. 8/10 层板叠层方案

需要用到 8 层板或 10 层板的设计，往往不是因为整体走线和器件布局的难度大，也不是满足不了 PCB 电气性能的要求。大部分是由于使用了引脚密度小和引脚数多的 BGA 器件，使用 6 层板拉不出来 BGA 的走线，需要用 8 层板或者 10 层板的激光过孔来拉线。以及某些产品有特殊的要求，比如金融 POS 类产品，有安全认证的要求，PCB 内层必须有两层蛇形走线。因此 8 层板以上的 PCB 叠层结构，除了考虑信号层、地层、电源层、器件层的层叠结构，更重要的是要考虑激光过孔走线方式和 PCB 特殊的要求。常用 8 层板、10 层板的层叠结构分别如表 4.5 和表 4.6 所示，仅供参考。

表 4.5　8 层板层叠结构

层数	方案 1	方案 2	方案 3	方案 4
L1(Top)	器件层	器件层	器件层	器件层
L2	信号层	GND	GND	GND
L3	GND	信号层	信号层	信号层
L4	信号层	电源层	电源层	信号层
L5	信号层	GND	GND	电源层
L6	电源层	信号层	信号层	GND
L7	信号层	电源层	GND	信号层
L8(Bottom)	器件层/信号层	器件层/信号层	器件层/信号层	器件层/信号层

表 4.6 10 层板层叠结构

层数	方案 1	方案 2	方案 3	方案 4
L1(Top)	器件层	器件层	器件层	器件层
L2	GND	GND	GND	GND
L3	信号层	信号层	信号层	信号层
L4	信号层	信号层	GND	信号层
L5	GND	电源层	信号层	GND
L6	电源层	GND	GND	电源层
L7	信号层	信号层	电源层	信号层
L8	信号层	信号层	信号层	GND
L9	GND	电源层	GND	电源层
L10(Bottom)	器件层/信号层	器件层/信号层	器件层/信号层	器件层/信号层

4.3 PCB 器件封装可靠性设计

PCB 器件封装可靠性设计的目的是规范 PCB 元器件封装的焊盘设计,使得元器件能够很好地满足生产过程的焊接要求。PCB 器件封装须由专人制作并负责元件库的维护,使用统一的标准和进行统一的管理。PCB 器件封装可靠性设计注意事项如下。

(1) 标准器件的封装。标准尺寸元器件的封装可以直接从 CAD 软件的元件库中调用,如果自行设计,要结合器件数据手册中的焊盘设计尺寸和 CAD 软件元件库中的焊盘尺寸一起考虑。如有差别,以 CAD 元件库中的尺寸为主,因为 CAD 元件库的尺寸已经考虑兼容了市场上绝大部分厂家的物料,而器件的数据手册只是改厂家的设计尺寸,后续在进行物料变更时可能会碰到封装不兼容的情况。

(2) 器件封装丝印设计。器件封装丝印尽量按实际器件尺寸的 1∶1 来设计,以保证器件装到 PCB 板后,器件之间不相互干涉。如果该器件需要增加散热片,器件封装丝印要预留散热片的位置。

(3) 在根据器件数据手册制作封装时,建议都从 Top View 的角度来设计,Top View 就是将元件引脚背着自己看时的角度。如果设计的封装不是以 Top View 角度来设计,PCB 作好后很可能要把元件反向焊接到 PCB 的背面。

(4) 有的工程师习惯在表贴无源器件下方进行丝印标注,如贴片电容、贴片电阻、贴片二极管等器件,在元器件下方画出元器件标识丝印,以区分是贴片电容还是贴片电阻。其实这是最早期的做法,在器件小型化的趋势下,不要在器件下方标注丝印,一方面丝印图案过于复杂会影响到器件的丝印边框,另一方面丝印在 PCB 制板过程中存在位移偏差,容易造成丝印碰到焊盘,从而影响焊接质量。

(5) 对于有安装过孔的器件,在制作封装的时候,要注意过孔是金属化孔还是非金属化孔。一般情况下,如果器件固定引脚是塑胶用非金属化孔,如果器件固定引脚是金属用金属化孔,同时,金属化孔需要适当增加禁布线区。

（6）矩形片式元器件封装设计。片式元件封装设计应遵守对稳性原则。即两端焊盘必须对称,才能保证焊锡表面张力平衡。同时,焊盘间距要确保元件引脚与焊盘恰当搭接,使焊点能够形成弯月面。另外,焊盘宽度应与元件引脚的宽度基本一致。图 4.4 是片式元件封装尺寸图,表 4.7 是贴片器件的焊盘设计尺寸。

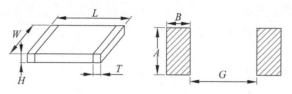

图 4.4　片式元件封装尺寸

图 4.4 中,L 是元件长度,W 是元件宽度,T 是元件焊端的宽度,H 是元件高度。焊盘宽度 $A = W \pm K$,电阻器焊盘的长度 $B = H + T + K$,电容器焊盘的长度 $B = H + T - K$,焊盘间距 $G = L - 2 \times T - K$。K 是常数,一般取 0.25mm。

表 4.7　贴片器件的焊盘设计尺寸

封 装 名 称	焊盘宽度 A/mil	焊盘长度 B/mil	焊盘间距 G/mil
1825	250	70	120
1812	120	70	120
1210	100	70	80
1206	60	70	70
0805	50	60	30
0603	25	30	25
0402	20	25	20
0102	12	10	12

4.4　元器件布局

元器件布局是在指定的板框内对元器件进行合理放置的过程。元器件布局至关重要,布局的好坏将直接影响布线的效果,以及板面的整齐美观程度。一块优秀的 PCB,是性能、质量和美观的集合体。本节将从元器件布局技巧和元器件布局遵循原则两方面来讲解。

4.4.1　元器件布局技巧

硬件设计界有一句俗话"PCB 设计 90% 在元器件布局,10% 在布线",这的确是一句大实话,掌握一定的元器件布局技巧可以起到事半功倍的效果。

（1）技巧1：弄清楚电路板组装工艺。在放置电路元器件之前，最好弄清楚电路板组装工艺，如元器件焊接工艺是波峰焊、贴片焊接还是手工焊接？是否需要对 PCB V 形切槽预留空间等？电路板制作工艺将影响元器件之间的布局空隙大小。

（2）技巧2：弄清电路板结构限制。布局前需要确切知道电路板的安装孔、边缘接插件位置，以及电路板的机械尺寸限制，这些因素影响着器件布局的面积大小。为了避免犯错，可以对那些机械限制位置设置一个禁止布局区域。

（3）技巧3：给引脚多的集成芯片周围留下一定空间。如果集成芯片之间的间距过小，就会有很大可能无法将它们的引线拉出来，走线的时候越到后来布线越难，有的时候为了拉一根线出来要挪动周围几十条走线，感叹早知如此、何必当初。

（4）技巧4：相同器件布局方向一致。对于相同的器件尽可能让它们排好队，保持一致的队形。一方面是美观的需要，另一方面也是为了便于后期电路板的组装、检查和测试。另外，如果采用的是波峰焊接，器件方向一致时电路板将匀速经过融化焊锡波峰，使得器件加热过程均匀，很容易保证器件焊点的一致性。

（5）技巧5：尽量减少引线交叉。在摆放器件的时候打开预拉线，显示没有布通引脚之间的连接关系，通过调整器件位置和方向，尽量减少器件之间引线交叉，可以为后面布线节省大量的精力。

（6）技巧6：先摆放板框边缘的器件。优先摆放因结构限制而无法任意移动的器件，比如板框边缘的外部接插件、开关、USB 端口等，这类器件往往是在做外观设计的时候就确定下的位置，不容许更改。

（7）技巧7：器件位置与原理图布局相似。在摆放元器件时，参考原理图上的位置关系进行摆放，实际上，在设计原理图的时候就已经优化了器件之间的位置关系，初步做到了连线最短、交叉最少。因此按照原理图上器件位置来指导 PCB 器件的摆放具有天然的合理性。

4.4.2　元器件布局原则

最好的 PCB 设计起源于元器件合理的布局，很多时候要像雕琢一件工艺品一样来布局电路板，优秀的 PCB 布局遵循以下几个原则。

（1）整体按电路的功能模块来摆放器件。根据电路原理图划分出不同的功能模块，一般情况下，可以分为核心功能区、输入接口、输出接口、驱动电路四个功能模块。核心功能区包括存储器电路、CPU 及其外围电路，核心功能区放置在 PCB 的中央位置，输入接口和输出接口放置在 PCB 的两侧，驱动电路靠近核心功能区，如图 4.5 所示。

（2）每个功能模块围绕其核心元器件来放置器件，如核心功能区域，围绕 CPU

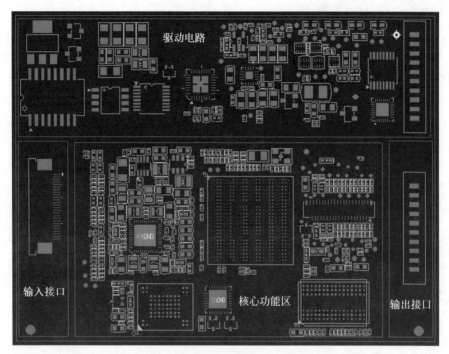

图 4.5　核心功能区、输入接口、输出接口、驱动电路的整体布局

来放置元器件。元器件应均匀、整体、紧凑地排在其周围,以 0°或 90°方向来放置元器件,相互平行或垂直排列,避免多角度放置元器件,尽量缩短各元器件之间的连接,以便布线时距离最短。

(3)发热元器件要均匀分布,识别出发热较为严重的元器件,均匀布局发热较为严重的元器件。可以考虑把发热元器件放置在 PCB 的边缘,有利于散热;温度检测敏感器件应远离发热量大的元器件;如果 PCB 是垂直安装,发热元器件应该布置在 PCB 的上方。

(4)元器件的排列要便于调试和维修,如小元器件周围尽量不要放置太大的元器件,需调试的元器件周围要有一定的空间。

(5)芯片的去偶电容要尽量靠近芯片的电源引脚,并使之与电源和地之间形成的回路最短。同时,元器件布局时应适当考虑使用同一种电源的器件尽量放在一起,以方便电源的走线。

(6)时钟器件布局。晶体、晶振和时钟分配器与其关联的集成电路要尽量靠近,同时要远离大功率元器件和散热器等发热的器件,以及远离板边和接口器件,晶振距离板边和接口器件至少大于 2.5cm。

(7)接口保护器件摆放顺序要求,信号接口保护器件的摆放顺序是 ESD/TVS管→隔离变压器→共模电感→电容→电阻,电源接口保护器件摆放顺序是压敏电阻→熔断丝→抑制二极管→共模电感。

（8）开关电源的器件布局。开关电源器件布局要紧凑,输入和输出要分开,严格按照原理图的要求进行布局,不要将开关电源的电容随意放置。开关元器件和整流器应尽可能靠近变压器放置,整流二极管尽可能靠近调压元器件和滤波电容器,以减小其线路长度,尽量让元器件布局顺应电流的流向。

（9）高压元器件的摆放。高压元器件和低压元器件之间最好要有较宽的电气隔离带,也就是说,不要将电压等级相差很大的元器件摆放在一起,这样既有利于电气绝缘,对信号的隔离和抗干扰也有很大好处。

（10）重量较大元器件的布局。重量超过 15g 的元器件可认为是重量较大的元器件,其布局要考虑固定方式和焊接工艺,在 PCB 上可用支架加以固定,然后焊接。如果是体积又大重量又重且发热的器件,不应放到电路板上,应放到独立的位置,通过电缆线与 PCB 连接。

4.5　PCB 走线

元器件布局完成后,接下来的工作是 PCB 走线。PCB 走线和元器件布局都是为了将原理图转变为可生产加工的电路板。在进行 PCB 走线前,要根据元器件的密度和走线难易重新确定一下 PCB 的层数和叠层结构,是否与之前计划采用的 PCB 层数和层叠结构相同,以及进行走线规则的设置,人脑毕竟不是机器,难免会有疏忽有失误,可以把一些容易忽略的问题设置到规则里面,让工具帮助检查,尽量避免犯错误。

（1）PCB 层数确定。应用 PCB 设计工具的统计功能,生成网络数量、网络密度、平均引脚密度数据。根据这些数据确定 PCB 的层数,引脚密度与 PCB 层数的对应关系可参考表 4.1。

（2）PCB 层叠结构确定。如果是双面板或者单面板,不存在 PCB 层叠结构说法,只有多层板才会考虑层叠结构的划分。多层板的层叠结构,主要考虑高速信号层、电源层和地层的分布,高速信号层应与一个 GND 层相邻,利用 GND 层的大铜箔来为信号层提供屏蔽和回流路径。如果电路板上有超高速信号,超高速信号最好夹在两个 GND 层之间,这样两个 GND 层的铜箔可以为超高速信号传输提供电磁屏蔽,有效地将超高速信号的辐射限制在两个 GND 层之间,不对外造成干扰。具体多层板层叠结构如何设计,可参考 4.2.5 节。

（3）走线规则设置。设置走线宽度、走线间距、走线安全距离参数,以及设置过孔大小、过孔与焊盘安全间距等参数,设置参数的时候须对 PCB 加工工艺的限制和 PCB 铜箔厚度、走线宽度、电流的关系非常清楚。国内较好的 PCB 厂的加工工艺技术能力如表 4.8 所示,PCB 铜箔厚度、走线宽度、电流的对应关系如表 4.9 所示。

表 4.8　PCB 加工工艺技术能力

项　目	批　量	样　品
层数	2～68 层	2～68
最大板厚	10mm	14mm
最小线径/线距(内层)	2.2mil/2.2mil	2.0mil/2.0mil
最小线径/线距(外层)	2.5mil/2.5mil	2.2mil/2.2mil
孔径(机械钻孔)	大于或等于 0.15mm(6mil)	大于或等于 0.1mm(4mil)
孔径(激光钻孔)	0.1mm(4mil)	0.050mm(2mil)
PCB 板最大尺寸	850mm×570mm	1000mm×600mm
最小 BGA 焊盘	0.18mm	0.18mm
最小 BGA 间距	0.35mm	0.3mm
表面工艺	喷锡、化学镍金、化学锡、OSP、化学银、金手指、电镀硬金/软金、化学镍钯金	喷锡、化学镍金、化学锡、OSP、化学银、金手指、电镀硬金/软金、化学镍钯金

表 4.9　PCB 铜箔厚度、走线宽度、电流的对应关系

铜皮厚度 35μm		铜皮厚度 50μm		铜皮厚度 70μm	
线宽/mm	电流/A	线宽/mm	电流/A	线宽/mm	电流/A
0.15	0.2	0.15	0.5	0.15	0.7
0.2	0.55	0.2	0.7	0.2	0.9
0.3	0.8	0.3	1.1	0.3	1.3
0.4	1.1	0.4	1.35	0.4	1.7
0.5	1.35	0.5	1.7	0.5	2.0
0.6	1.6	0.6	1.9	0.6	2.3
0.8	2.0	0.8	2.4	0.8	2.8
1.0	2.3	1.0	2.6	1.0	3.2
1.2	2.7	1.2	3.0	1.2	3.6
1.5	3.2	1.5	3.5	1.5	4.2
2.0	4.0	2.0	4.3	2.0	5.1
2.5	4.5	2.5	5.1	2.5	6.0

4.5.1　PCB 布线规则

PCB 布线,即铺设 PCB 上电信号的道路以连接各个器件,好比通过修路来连接各个城市通车。在 PCB 设计中,布线是完成 PCB Layout 设计的重要步骤,同时也是技巧最细、限定最高的步骤,甚至非常有经验的 PCB 工程师也对布线颇为头疼。下面是 PCB 布线的一些常用规则。

(1) 布线优先顺序。复杂的线优先走,BGA 器件的走线优先,能够把 BGA 的走线全部合理拉出来说明板的层数和信号走线层的设置是合理的。其次是器件密集区域的走线,从单板上连接关系最复杂的区域开始布线。然后是有特性阻抗要

求信号线优先走,如差分信号、高速时钟信号等关键信号优先布线。

（2）走线方向控制。相邻层的走线方向成正交结构,避免将不同的信号线在相邻层走成同一方向,以减少不必要的层间串扰。当 PCB 布线受到限制难以避免出现平行布线时,且信号速率较高时,应考虑增加地平面来隔离布线层。相邻层的走线方向如图 4.6 所示。

（3）避免出现走线开环的情况。在 PCB 布线时,为了避免布线产生的"天线效应",减少走线带来的干扰辐射和接收,不允许出现一端浮空的布线形式,否则可能带来不可预知的结果,如图 4.7 所示。

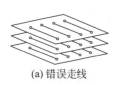
(a) 错误走线

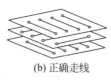
(b) 正确走线

图 4.6　相邻层的走线方向

(a) 错误走线

(b) 正确走线

图 4.7　走线避免出现开环情况

（4）走线长度控制。应使走线长度尽可能短,减少由走线长度带来的干扰问题。当电路对时序要求非常严格时,需对 PCB 的走线长度进行控制,以满足信号在接收端同步。走线做等长处理,即找出最长的走线,与其他走线调整到等长。

（5）走线环路最小规则。即信号线与其回路构成的环路面积要尽可能小,环路面积越小,对外的辐射越少,接收外界的干扰也越小。针对这一规则,在地平面分割时,要考虑到地平面与信号线构成的环路。减少环路面积走线示意图如图 4.8 所示。

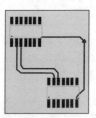
(a) 走线环路面积较大(干扰大)

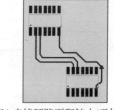
(b) 走线环路面积较小(干扰小)

图 4.8　走线环路面积

（6）时钟信号的布线。时钟信号走线应少打过孔,不能与其他信号线并行走线,且适当远离普通信号线,避免对信号线产生干扰。如果板上有专门的时钟发生器件,其下方不可走线,应在其下方铺铜,必要时对铺铜区域采取割地处理措施,防止时钟信号干扰到地平面。

（7）差分信号走线。差分信号线具有抗干扰能力强、信噪比高、辐射小和带宽容量大等优点,其应用非常广泛,例如,USB 接口、LVDS 显示屏接口等。差分信号线的走线要求是等长、等距、尽量靠近原则,当等长、等距、尽量靠近有矛盾时,以尽量靠近优先来走线。等长是为了保证两个差分信号时刻保持相反极性,减少共模分量;等距是为了保证两者差分阻抗一致,减少反射;尽量靠近是提高走线的抗干扰能力。另外,差分走线要有参考地平面,走线阻抗为100Ω。

(8) 走线串扰控制。走线串扰是指PCB上不同网络之间因较长的平行布线引起的相互干扰,是由于平行线间的分布电容和分布电感导致的。克服走线串扰的主要措施是加大平行布线的间距,遵循3W原则或在平行线间插入接地的隔离线。3W原则是当线中心间距不少于3倍线宽时,则可保持70%的电场不互相干扰。3W走线宽度示意图如图4.9所示。

(9) 高速信号走线避免产生天线效应。高速信号走线在PCB上如果产生了闭环的环形天线,将成倍增加电磁辐射强度。避免高速信号走线产生天线效应的方法是检查高速信号线的走线长度和信号的频率是否构成谐振,当布线长度为信号波长1/4的整数倍时,此布线可能产生谐振,而谐振就会辐射电磁波,产生干扰。

(10) 去耦电容走线。去耦电容是滤除电源上的干扰信号,使电源信号稳定。去耦电容走线的关键是电源和地先经过去耦电容再到芯片,如图4.10所示。

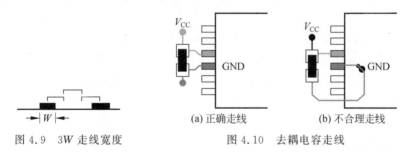

图 4.9　3W 走线宽度　　　　图 4.10　去耦电容走线

(11) 避免电源层重叠,为了减少不同电源之间的干扰,不同电源层在空间上要避免重叠,特别是电压相差较大的电源之间,如果难以避免,要考虑在中间增加隔地层。图4.11(a)中电源层出现了重叠,图4.11(b)中电源层没有重叠。

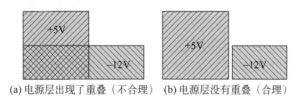

(a)电源层出现了重叠(不合理)　(b)电源层没有重叠(合理)

图 4.11　电源层布局

(12) 20H 走线规则。由于电源层与地层之间的电场是变化的,在板的边缘会向外辐射电磁干扰,称为边缘效应。为了减少边缘效应带来的辐射,可以将电源层内缩,使得电场只在接地层的范围内传导。20H 规则是以一个 H(电源和地之间的介质厚度)为单位,若电源层内缩 20H,则可以将 70%的电场限制在接地边沿内,如图 4.12 所示。

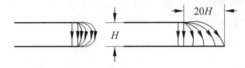

图 4.12　20H 走线规则

（13）避免走线形成自环。在多层板布线时，由于信号线在各层之间交叉来回走线，形成自环路的概率较大，自环路会造成辐射干扰。自环走线示意图如图 4.13 所示。

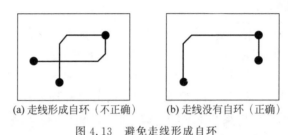

(a) 走线形成自环（不正确）　　　(b) 走线没有自环（正确）

图 4.13　避免走线形成自环

（14）关于自动布线。在不熟悉自动布线规则的情况下，建议不要使用 EDA 工具的自动布线功能。所有的 EDA 工具都会提供自动布线功能，只有在设置了自动布线工具的规则和具体的输入输出参数后，自动布线的质量在一定程度上才可以得到保证，否则自动走线会使用到每个信号层，而且会产生很多过孔。

（15）关于 PCB 走线的美观。走线的美观和走线的性能大部分情况下是相辅相成的，走线精炼、少走远距离的绕线、横平竖直、线宽合理，这样的走线既美观又能满足性能。

4.5.2　PCB 走线电磁兼容性设计

电磁干扰有两种方式，分别是传导干扰和辐射干扰。传导干扰是指通过导电介质把一个电信号上的信号耦合到另一个电信号上。辐射干扰是指干扰源通过空间辐射把其信号耦合到另一个电网络上。在 PCB 走线设计中，走线与走线之间、走线与器件之间包含多种耦合途径，合理的 PCB 走线可以有效减少信号与信号之间的耦合干扰，从而可以解决大部分产品的电磁兼容性问题。

（1）选择合理的走线宽度和走线长度。瞬变电流在 PCB 印制线上所产生的冲击干扰主要是由印制导线的电感成分造成的，因此应尽量减小印制导线的电感量。PCB 走线的电感量与其长度成正比，与其宽度成反比，因此短而精的导线对抑制干扰非常有利。时钟引线、并行总线、驱动器的信号线常常载有较大的瞬变电流，这类印制导线要尽可能的短。

（2）采用正确的布线策略减少线间干扰。在减少导线电感的同时也要考虑减少导线之间的互感和分布电容增加，不同层的走线采用井字形网状布线结构，一面横向布线,另一面纵向布线。另外,为了抑制印制板导线之间的串扰,在布线时应尽量避免长距离的平等走线,尽可能拉开线与线之间的距离。在一些对干扰十分敏感的信号线之间设置一根接地线,可以有效地抑制串扰。尽量减少印制导线的不连续性,例如,导线宽度不要突变。

（3）高速强辐射信号的走线策略。高速强辐射信号的上升沿和下降沿陡,产生的辐射频率远远大于信号的实际频率。走线时要做包地处理,包地处理可提供信号最短回流路径,同时也能消除与其他相邻信号的干扰。如果是多层板,除了同层用包地处理外,还可以上、下两层也是大面积的铺地。这样使信号的上、下、左、右都有地包着,可以有效减少高速信号对外辐射。

（4）传输线终端匹配。PCB高速信号走线,如果传输线终端不匹配,或者是信号走线阻抗不连续,电路就有可能出现功能性问题和EMI干扰,包括电压下降、冲击激励产生的振荡等问题。当电路终接的负载等于线路的特性阻抗时,在PCB走线上传输的信号会被吸收而不会产生反射现象。终端不匹配,大部分信号会反射回来,引起电路的过冲或欠冲,传输线终端反射电压可以通过以下公式来表示。

$$\rho = (R_t - Z_0)/(R_t + Z_0) \tag{4-1}$$

其中,ρ为反射率,R_t是终端阻抗,Z_0是线路的特性阻抗。当$R_t = Z_0$时,反射率为0,即没有反射,电压保持不变;当R_t为无穷大,即终端开路,此时反射率为1,电压100%反射,此时的电压为原来电压值的两倍;如果$R_t = 0$,即终端短路,反射率为-1,则总电压为零。从公式中可以看出,失配越大,则反射电压就越大,就会产生电路振荡。

针对传输线不匹配效应,通常采用控制走线的长度以及调节走线宽度改变特制阻抗来抑制传输线效应。按经验值,工作频率为10MHz信号走线,布线长度应不大于8.5in;工作频率为50MHz信号走线,布线长度应不大于3in。如果超过这个标准,就有可能存在传输线问题。解决传输线效应的另一个方法是选择正确的布线路径和终端拓扑结构,即采用菊花链拓扑结构布线和星状拓扑结构布线方式。菊花链拓扑结构布线,布线从驱动端开始,依次到达各接收端,在实际走线中,应使菊花链布线中分支长度尽可能短。星状拓扑结构布线可以有效地避免时钟信号的不同步问题,走线时要求每个分支的接收端负载和走线长度尽量保持一致,每条分支上都需要有终端电阻,其阻值应和连线的特征阻抗相匹配。菊花链拓扑结构布线方式如图4.14所示,星状拓扑结构布线方式如图4.15所示。

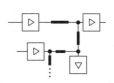

图4.14　菊花链拓扑结构布线

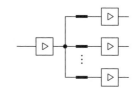

图4.15　星状拓扑结构布线

(5) 过孔设计。高速信号在走线过程中所用到的过孔越少越好,一个过孔可带来约 0.5pF 的分布电容,如有多个过孔可能会导致电路的延时。过孔的电容与电路板厚度、过孔焊盘直径有关,过孔的电容值可以用以下公式来计算。

$$C = 1.41\varepsilon \frac{TD_1}{D_2 - D_1} \tag{4-2}$$

其中,C 为过孔的寄生电容,D_2 为隔离孔直径,D_1 为孔焊盘直径,T 为电路板厚度,ε 为板基材介电常数。

(6) 电源与地的布线原则。PCB 的电源与地布线是否合理是整个电路板减小电磁干扰的关键因素之一,走线时应遵循以下原则。

① 增大电源走线与其他信号的间距以减少电容耦合的串扰。

② 电源线和地线应平行走线,以使分布电容达到最佳。

③ 根据承载电流的大小,应尽量加粗电源线和地线的宽度,减小环路电阻。同时使电源线和地线在各功能电路中的走向和信号的传输方向一致,这样有助于提高抗干扰能力。

④ 电源和地应成对布局,从而减小感抗和使回路面积最小。

⑤ 将地线构成闭环路以缩小地线上的电位差值,提高抗干扰能力。

⑥ 在多层板布线设计时,至少其中一层作为"全地平面",这样可以减少地阻抗,同时又起到屏蔽作用。

4.5.3 PCB 地线的干扰与抑制

PCB 不同位置的地电位存在差异,在电压的驱动下,"地线与地线"之间形成的环路有电流流动,由于电路的不平衡性,地线上的电流不同,从而在地线上产生差模电压导致地环路干扰。解决地线干扰的主要措施是解决地环路干扰和消除公共阻抗耦合。

1. 解决地环路干扰

解决地环路干扰可以从三方面采取措施,一是减小地线的阻抗,从而减小干扰电压;二是改变接地方式,如采用单点接地的方式;三是增加地环路的阻抗,从而减小地环路电流。

(1) 减少地线阻抗。用欧姆表测量地线的电阻时,地线的电阻往往在毫欧姆级或者是 0Ω,电流流过这么小的电阻怎么会产生 EMI 问题呢?要搞清这个问题,首先要区分开导线的电阻与阻抗是两个不同的概念。电阻指的是在直流状态下导线对电流呈现的阻抗,而阻抗指的是交流状态下导线对电流的阻抗,阻抗主要是由导线的电感引起的。任何导线都有电感,当频率较高时,导线的阻抗远大于直流电阻。如何做到降低地线阻抗?双面板的时候,GND 的走线尽量粗,空余的区域铺铜处理,多层板的 PCB 至少要有一层完整的地平面,不允许有连续的过孔把地平面分割。

（2）改变接地方式。根据电路频率的高低和地线回流路径确定接地方式,接地方式有单点接地、多点接地和混合接地。

单点接地方式是指线路中只有一个物理点被定义为接地参考点,凡需要接地均接于此。单点接地又分为串联单点接地、并联单点接地和混合单点接地。串联单点接地,各点之间的电位将互相影响,若各电路的电平相差不大,这种接地方式可以使用。并联单点接地是所有器件的地直接接到地线汇集点,各电路的地电位只与本电路的地电流及地线阻抗有关,不受其他电路影响,并联单点接地方式可以消除公共干扰。实际情况中,可以采用串联单点、并联单点混合接地方式,将电路按照特性分组,相互之间不易发生干扰的电路放在同一组,相互之间容易发生干扰的电路放在不同的组。每个组内采用串联单点接地,获得最简单的地线结构,不同组的接地采用并联单点接地,避免相互之间干扰,如图 4.16 所示。

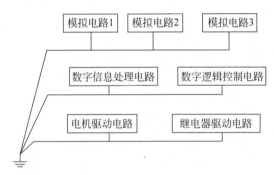

图 4.16　串联单点、并联单点混合接地方式

多点接地是指系统中各个接地点都接到距它最近的地平面上,以使接地线最短。这种方式由于地线较短,适用于高频电路。高频信号电路在接地阻抗上起主导作用的是电感,为了降低地线阻抗,在高频端都使用多点接地方式。如多层板,有一个完整的地平面,接地引线在 PCB 上走一小段距离后直接连接到地平面。

（3）增加地环路的阻抗。当阻抗无限大时,实际是将地环路切断,即消除了地环路,也就消除了环路电流带来的干扰,有如下几种方法。

① 使用隔离变压器。解决地环路干扰的最基本方法是切断地环路,用隔离变压器可以起到这个作用。两个设备之间的信号传输通过隔离变压器磁场耦合进行,从而避免了电气直接连接。为了提高变压器高频隔离效果,须在隔离变压器的初级线圈之间设置屏蔽层,同时屏蔽层的接地端须在接收电路一端。使用隔离变压器的缺点是不能传输直流、体积大、成本高。

② 浮地处理。如果将电路浮地,就切断了地环路,可以消除地环路电流。但有两个问题需要注意,一个是出于安全和电路功能的考虑,不允许电路浮地,比较可行的方法是通过接一个电感到地,电感对于频率较高的干扰信号接地阻抗较大,可以减小地环路电流。另一个问题是,尽管设备已经浮地,但设备与地之间还是有

寄生电容,这个电容在频率较高时会提供较低的阻抗,因此并不能有效地减小高频地环路电流。

③ 使用光隔离器件。光耦器件的寄生电容为 2pF 左右,能够对很高的频率起到隔离作用。但是光隔离器件会带来其他问题,如需要更多的外围器件,光连接的动态范围都达不到模拟信号传送要求等。

2. 消除公共阻抗耦合

消除公共阻抗耦合主要有两种方法,一个是减小公共地线的阻抗,这样公共地线上的电压也随之减小,从而控制公共阻抗耦合;另一个方法是通过适当的接地方式避免容易相互干扰的电路共用地线,一般要避免强电电路与弱电电路共用地线、数字电路与模拟电路共用地线等。

4.6 PCB 设计后期检查

在完成 PCB 设计后,还需要进行后期检查,尤其是对刚开始做 PCB 布线的工程师来说,需要对器件封装、器件布局、走线、丝印做后期检查。

(1) 元件封装检查。如果是新的器件,要进行焊盘间距检查,保证间距合理,焊盘间距直接影响到元件的焊接。对于插件式器件,过孔大小应该保留足够的余量,比实际器件的尺寸直径至少大 0.2mm。器件的轮廓丝印最好比实际器件尺寸要大一点,以保证器件可以顺利安装。

(2) 布局总体检查。IC 不宜靠近板边,同一模块电路的器件应靠近摆放,如去耦电容应该靠近 IC 的电源脚,组成同一个功能电路的器件应摆放在一个区域,层次分明。根据结构图纸检查插座的位置,确定插座的中心点位置与结构给出的定位一致,同时注意插座方向,插座都是有方向的,方向反了,线材就要重新定做,对于侧插的插座,插口方向应该朝向板外。

(3) 布线检查。线宽、线距要结合 PCB 板厂的制成工艺来检查,最小线宽和线距不能小于 PCB 厂家的制成能力,对于过大电流的走线,要检查走线承载电流的能力。差分信号走线检查,对于 USB、以太网等差分线,注意走线要等长、平行和同平面走线。高频信号走线检查回流路径,如果走线路径与回流路径的面积过大,就会形成一个类似单匝线圈向外辐射电磁干扰。模拟信号走线检查,模拟信号线应与数字信号隔开,同时走线应尽量避免从干扰源(如时钟、DC-DC 电源)旁边走过。

(4) PCB 结构审查。出 PCB 菲林文件前请确保已导入最新的结构板框图,检查单板限高,有不明确之处及时与结构工程师沟通,可以导出 PCB 的 3D 图,请结构工程师协助检查。检查结构限位器件,如对外接口位置、知识灯位置等。检查机械钻孔,机械钻孔大部分都应是非金属化孔,确保钻孔尺寸没有偏差。检查禁布区,检查 PCB 上的器件禁布区、走线禁布区、开窗亮铜区域和挖空区域等。

（5）PCB 丝印检查。标注检查,核对 PCB 的丝印、板名、PN 码等信息,检查关键器件的标注,如电池座标注、SIM 卡座的标注等。元件位号丝印检查,元件位号要摆放至合适的位置,密集的元件位号可以远离器件进行分组摆放,遵循从左至右、从下往上的原则,高密度 PCB 可以不放置元器件位号,但要检查位号文件的正确性。Mark 点检查,整板至少需要放置两三个 Mark 点,BGA 器件周围对角放置 Mark 点。

第5章

产品研发过程可靠性评审

5.1 概述

人们经常说产品的可靠性是设计出来的、生产出来的、管理出来的,但产品的可靠性首先是设计出来的,设计能力决定了产品的可靠性。设计能力的欠缺会造成硬件平台选择不合理、引入不成熟的技术、器件选择不当等,这些都将严重影响产品的可靠性。产品设计过程出现了问题,产品量产后无论怎么认真制造、精心使用、加强管理,也难以保证产品的可靠性。

当下行业之间竞争非常激烈,同类产品之间的竞争也逐渐加剧,要求企业不断开发新产品、引进新技术,而且新产品研制周期要短。这就要求对产品的设计方案须进行严格和科学的论证,以及进行阶段性可靠性评审。在产品研发过程中采取有效措施来提高产品的可靠性,把产品故障消灭在研发阶段,在研发阶段解决产品可靠性问题耗资最少、效果最佳。

5.2 产品可靠性与研发能力

对于产品可靠性的定义,比较被认可的说法是产品在规定条件和规定时间内完成规定功能的能力。规定条件主要指产品的工作环境条件,如压力、温度、湿度、腐蚀、辐射、冲击、振动、噪声等,同时也包括使用条件、维护条件、供电条件和操作人员的技术水平等。规定时间是指产品只能在一定的时间范围内达到可靠性指标,产品的可靠性不可能永远不降低,因此产品对使用时间的规定一定要明确。规定功能指的是产品规格书中给出的正常工作的功能指标。

产品可靠性设计不是由一个团队或者部门来单独开展的活动,也不要寄希望用一套流程和方法论来提高产品可靠性。产品可靠性设计要融入到产品开发过程中的每个任务和活动当中去。项目管理人员监督产品设计团队要有清晰的产品可靠性意识。研发人员必须综合考虑产品成本控制、产品维修保养周期、产品质量、产品行业特点等设计要求,并进行平衡优化来达到产品质量可靠、产品成本可控、项目周期可管。在产品研发过程中,一方面要进行功能和性能设计以满足产品的专用特性要求,另一方面要进行产品可靠性、维修性、测试性、安全性设计以满足产品的通用特性要求。两个设计同时达到了,才是一个真正合格可靠的产品,这就要求研发人员既能掌握产品性能设计,又能掌握产品可靠性设计。

提高研发工程师能力和加强产品测试是提高产品可靠性最有效和最直接的方法。可靠性设计就是如何让设计工程师承担产品可靠性的设计职责,如何让测试工程师承担产品可靠性的测试职责。不建议设立专门的可靠性设计工程师岗位,当研发工程师完成了产品设计,把产品转给可靠性工程师来负责时,由于可靠性工程师不了解具体的设计过程,可靠性工程师几乎无法影响产品的设计,也就没有办法对产品可靠性产生任何作用。

研发人员必须时刻认识到产品可靠性是设计出来的,没有什么比让设计工程师对他们所设计产品的可靠性负责更好的方式了。可靠性设计的目的是挖掘与确定产品潜在的隐患和薄弱环节,并通过设计手段进行预防与改进,有效地消除隐患和薄弱环节,从而提高产品的可靠性水平和满足产品可靠性要求。

5.3　硬件工程师的能力模型

在项目研发过程中,硬件工程师负责整个产品的硬件设计,当然如果产品非常复杂,是由一个硬件工程师团队来完成的,硬件工程师对产品的硬件可靠性负有主要责任。硬件工程师承担很多重要工作,在项目进行中,硬件工程师需要和各类研发人员打交道,负责关键技术问题的讨论与决策等。首先,硬件工程师与产品经理沟通或者与外界交流获取产品需求,把产品需求分解成具体的硬件功能模块。然后,跟芯片厂家或方案商联系,从中挑选出最合适的硬件平台,再进行器件选型。当原理图完成后,需要协调 PCB 工程师、结构工程师、电磁兼容工程师等资源进行 PCB 布局和走线讨论。同时与产品经理、项目经理、软件工程师、生产工程师、采购工程师沟通物料的到料情况和软硬件联调时间。在整个产品开发过程中,硬件工程师要运用自己的基础能力进行电路设计,运用设计能力进行产品可靠性设计,以及运用综合能力进行关键技术的评审。硬件工程师的能力模型如图 5.1 所示。

(1) 第一级是基础能力。基础能力是硬件工程师必备的能力,包括电路基础理论、单片机基础理论、电路设计能力。电路基础理论是对电路基本概念的理解,包含模拟电子技术基础和数字电路基础。单片机基础理论是对计算机基本原理的理解,包括单片机的控制方式、计算机底层驱动原理等。电路设计能力是指在掌握

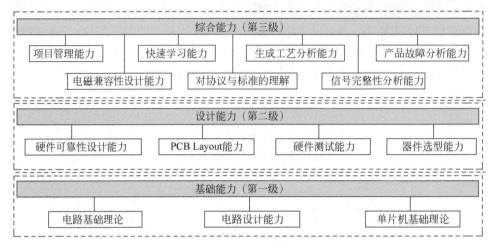

图 5.1　硬件工程师能力模型

了电路基础理论和单片机基础理论后,利用 CAD 软件进行电路原理图的绘制。

（2）第二级是设计能力。设计能力包括硬件可靠性设计能力、PCB Layout(布线)能力、硬件测试能力和器件选型能力。硬件可靠性设计能力是指在完成产品硬件功能设计的同时,能从各方面来考虑电路设计的可靠性,是硬件工程师设计能力的全面体现。关于 PCB Layout 能力和硬件测试能力,要避免硬件工程师只做原理图的设计,不具备 PCB Layout 能力和硬件测试能力的情况。器件选型就是做器件的对比和权衡取舍,器件种类非常繁多,器件选型能力要靠平时的积累,用过很多器件,做到心中有数才能做好器件选型工作。

（3）第三级是综合能力。综合能力包括电磁兼容性设计能力、对协议和标准的理解、信号完整性分析能力、产品故障分析能力、项目管理能力和快速学习能力等方面。硬件产品越来越复杂,对硬件工程师能力的要求也就越来越高,产品的可靠性、产品成本要求、产品开发周期很多时候是矛盾的,如何平衡各方面的设计,保证产品在市场上有竞争力,需要硬件开发人员用综合能力去判断和取舍,并做出合理的决策。

硬件设计上的一个小疏忽往往会造成非常大的经济损失,比如在进行 PCB 器件布局的时候,器件距离较近或者是出 PCB 制板文件时稍有错误,就会造成贴好的 PCB 板不能用;原理图设计的时候用错了一个器件导致信号偏差而出现产品通信问题,客户退货。产品的硬件设计问题都是大问题,硬件设计工程师工作责任重大,硬件设计人员要通过持续的学习和积累,逐步提高自身的设计能力,硬件设计能力是保证产品硬件可靠性的前提。另外,一个优秀的硬件工程师实际上就是一个项目经理,硬件工程师在项目中很多时候处于 Team Leader 的位置,要对产品全权负责,需要协调好各种资源,确保各个环节按部就班,需要对整个项目计划了然于胸,对可能出现的技术难题进行评估。

5.4　产品可靠性指标

在产品可靠性理论中,描述产品可靠性的指标有许多项,这里主要阐述一下产品可靠性最基本的四个指标,分别是产品可靠度、产品故障率、产品失效率和平均故障间隔时间。

(1) 产品可靠度。产品可靠度即产品正常工作的概率,是指产品在规定条件下和规定时间内完成规定功能的概率,产品可靠度是一个定量指标,通常用 R_t 表示。

$$R_t = \frac{N-M}{N} \times 100\% \tag{5-1}$$

R_t 是产品在时间 t 内正常工作的概率,N 是实验样品数,M 是在规定时间 t 内故障产品数量,$N-M$ 是规定时间 t 内仍然完好的产品数量。可靠度的物理意义是在某个实验时间段,仍然完好的产品数与实验产品总数的比例,即完好产品不失效的概率,实验样品按规定数量进行抽取,不可能无穷多,有足够数量即可。

在公式(5-1)中,当 $t=0$ 时,$R_t=1$,表示产品全部完好,产品实验工作在初期;当 $t=\infty$ 时,$R_t=0$,表示产品工作了无限长时间,产品全部达到寿命终止期。当 t 在一个合适的范围内,R_t 越接近 1 表示产品可靠度越好。

(2) 年产品故障率。产品故障率是指产品在其规定的条件下和在其规定的产品生命周期时间内,统计一年内失去规定功能的概率,一般用 F_t 表示。

$$F_t = \frac{n}{N} \times 100\% \tag{5-2}$$

N 是产品总数量,n 是一年内产品返修的数量,F_t 数值越大表示产品故障率越高。

(3) 产品失效率。产品失效率是指产品工作到 t 时刻的单位时间内的失效数与在 t 时刻尚能正常工作的产品数之比,用 $\lambda(t)$ 表示。

$$\lambda(t) = \frac{n(t+\Delta t) - n(t)}{[N - n(t)]\Delta t} \tag{5-3}$$

N 是实验样品数;Δt 是实验时的测试时间间隔,单位为 h;$n(t)$ 是时间从 0 到 t 时的产品失效数;$n(t+\Delta t)$ 是时间从 0 到 $(t+\Delta t)$ 时的失效数;$n(t+\Delta t)-n(t)$ 是 t 时刻后在 Δt 时间间隔内的失效数;$N-n(t)$ 是到时刻 t 时尚能正常工作的产品数。从公式(5-3)可以看出失效率越低,产品可靠性越高。

(4) 平均故障间隔时间。平均故障间隔时间体现了产品在规定时间内保持功能的一种能力,具体来说,是指相邻两次故障之间的平均工作时间。平均故障间隔时间越长,表示产品可靠性越高,平均故障间隔时间用 MTBF(Mean Time Between Failure)表示,MTBF 计算公式如下。

$$\mathrm{MTBF} = \frac{(T_1 + T_2 + T_3 + T_4 + \cdots + T_n)}{F} \qquad (5\text{-}4)$$

式中，T_i 表示第 i 台被测整机的累计工作时间，单位是 h；F 表示被测整机在实验期间出现的故障总数。

产品可靠性有固有可靠性、使用可靠性和环境可靠性之分。固有可靠性是指产品设计、制造时的内在可靠性，对电子产品来说，产品的复杂程度、电路设计、PCB 设计和结构设计是影响产品固有可靠性的重要因素。使用可靠性是指使用和维护人员对产品可靠性的影响，包括使用与维护的方式是否正确、设备选用是否合理、操作方法是否得当，以及其他人为的因素，使用可靠性在很大程度上依赖于使用设备的人。提高使用可靠性仍然要从设计的角度出发，如当产品被不合理操作时应能屏蔽错误的输入数据，返回到正常工作状态。环境可靠性是指产品所处的环境条件对产品可靠性的影响，提高产品的环境可靠性也需要从设计方面采取适当的防护措施，如在设计上应保证产品能适应较为恶劣的环境。

5.5　产品可靠性评审

产品可靠性评审是指产品设计到了一定阶段或在某个输出物完成时，组织有关方面的专业技术人员对产品阶段性的输出成果进行可靠性方面的审查和评定。以集体的智慧来弥补设计者的不足，使设计的输出结果更趋于合理。可靠性评审与设计评审可以充分融合，可以在一起进行评审，如原理图评审，既是原理图设计评审也是原理图可靠性评审。

（1）评审的作用。评审的作用是从产品外围，以标准化角度或者从行业要求等方面对输出物进行审查。评审的作用存在一定的局限性，由于评审人员很难在较短的时间内对输出物进行全面的理解，因此不应希望通过可靠性评审来解决大部分的产品可靠性问题，评审不是雪中送炭而是锦上添花。

（2）评审分工。评审分工是为了提高评审效率，以及控制问题讨论的范围和避免偏离评审主题，对参与人员进行适当分工。

① 评审组长。评审组长负责整个评审过程节奏的控制。评审开始前，组织评审人员认真理解评审材料，明确评审方法，分配评审任务。评审过程中，对需要讨论的事项和问题点，组织参与人员进行讨论，并达成一致意见。对争议非常大的问题点，可按少数服从多数的原则做出结论，持不同意见的评审人员应当在评审报告上签署不同意见并说明理由，否则视为同意。

② 评审员。按评审组长给出的评审计划，认证阅读待评审材料，保证对待评审材料的理解，在评审前提出自己的意见，评审过程中参与问题的讨论。

③ 设计者。按评审计划按时提交待评审材料或者评审样机，对待评审材料进行讲解，让评审人员更快地理解评审材料。评审过程中参与问题讨论并敢于

发表不同意见,从设计初衷等多方面来阐述自己的看法,以便得出最合理的评审结论。

（3）评审形式。根据评审对象不同,有三种评审形式,分别是同行评审、走查评审和审查评审。三种评审形式中,同行评审效果最佳、评审最严。三种评审形式的组织方式、评审过程等内容如表5.1所示。

表 5.1　同行评审、走查评审和审查评审

评审方式	组织形式	评审过程	参与者	输出	评审结论
同行评审	正式	① 要求准备充分,每个评审人须输出评审意见 ② 在评审组长的主导下,讨论评审意见,澄清误会和分歧,标识缺陷,给出评审结论,记录员给予记录	① 评审组长 ② 同行技术专家 ③ 作者	评审报告	评审人都是所涉领域的专家,评审提出的意见有非常大的参考意义。输出正式评审结论,设计者根据评审结论对输出物进行修改
走查评审	会议	评审前不需要给出评审意见,以走查的形式进行评审 可发散讨论问题,不输出正式评审报告	① 评审员 ② 作者	走查记录	评审意见供参考,输出走查记录表
审查评审	非正式	以邮件等形式发起评审,不组织集中讨论,评审人员将评审意见以邮件的形式反馈给作者	① 评审员 ② 作者	审查记录	评审意见供参考,不输出评审结论

（4）评审注意事项。评审的关注点是评审输出物的缺陷,而不应该是关注设计者的能力,虽然说输出物的质量跟设计者能力有非常大的关系。

① 评审过程允许一定程度的发散性,但切忌陷入过度讨论。在评审会上,出现争论时间较长的时候,记录该问题,不需要展开来讨论,人员多的情况下容易纠结于某个细节点,导致评审会议时间无限延长。

② 诫墨守成规、诫思维固化。在评审讨论时,不可固守既有的模式和方法,否则就会故步自封、难以进步。对产品技术要点、产品标准、性能需求的评审要多从用户的角度来考虑,每个人应该带着开放、创新的想法和本着互相学习、彼此借鉴、共同提高的态度参与到评审讨论中。另外,在评审理念上,不可僵化于设计者的思维模式。

③ 诚以偏概全。评审人员要考虑到产品设计的方方面面。产品的结构设计、硬件设计、软件设计是相互为一体的,有些意见对结构设计确实改善了但可能导致硬件问题,任何一个环节都有可能只在特定条件下成立,不能简单地拿一个方面说事,最终得出片面甚至是错误的结论,或者得出与事实完全相反的结论。另外,评审人员主要对自己擅长的领域进行评审,对还没有弄清楚功能的模块,不提出评审意见。

④ 营造良好的评审氛围,评审过程本身就是找缺陷的过程,讨论的过程中非常容易谈及设计者能力不足,陷入指责和争吵中。评审过程应当始终处于恰当的气氛和态度中,如果失去控制应立即休会。

⑤ 评审会完成后,设计者不应马上按评审结论进行设计上的修改,先对评审结论进行消化和理解。如果有遇到一些模棱两可的问题,还要向提出评审意见的评审人员再次确定意见的合理性,尤其是一些关键项的评审意见。

5.6 产品研发各阶段评审重点

按研发管理流程,产品设计一般分为 4 个阶段,分别是立项阶段、设计阶段、验证阶段、发布阶段。各个阶段产品可靠性评审重点说明如下。

(1) 立项阶段。立项阶段涉及产品可靠性的主要输出物有可行性技术分析报告、外观需求和关键器件清单等。评审方式和评审内容如表 5.2 所示。

表 5.2 立项阶段产品可靠性评审

评审部件	评审重点	评审人员
可行性技术分析报告	① 对新引入的技术进行重点评审,慎重使用行业的首创技术 ② 对使用的硬件平台进行充分评估,硬件平台是否是通用平台,从通用性和易用性等方面评审	① 产品经理 ② 硬件开发人员 ③ 软件开发人员
外观需求	① 外观与结构配合是否合理,整体造型要易于开模和加工 ② 外观与环境适应性评审:外观设计是否考虑了产品的各种使用环境 ③ 外观与硬件配合评审:外观设计是否满足产品电气性能要求	① 产品经理 ② 硬件开发人员 ③ 结构开发人员
关键器件清单	① 器件供应商评审:慎重选用规模特别小的供应商 ② 器件规格评审:禁止选用特殊规格的器件 ③ 器件降额设计评审:功率器件是否进行了降额设计 ④ 对新引入的器件进行重点评审:新器件是否进行了全面测试	① 产品经理 ② 项目经理 ③ 硬件开发人员 ④ 软件开发人员

（2）设计阶段。设计阶段涉及产品可靠性的主要输出物有硬件详细设计、软件详细设计、原理图、PCB 图。评审方式和评审内容如表 5.3 所示。

表 5.3　设计阶段产品可靠性评审

评审部件	评审重点	评审人员
硬件详细设计	① 对功能模块的设计注意事项进行重点评审：是否列出了每个功能模块的设计注意事项 ② 对硬件资源的分配进行评审：硬件资源分配是否考虑了软件控制的合理性 ③ 功能模块的设计指标评审：设计指标项是否考虑了产品适应性	① 产品经理 ② 项目经理 ③ 硬件开发人员 ④ 软件开发人员
软件详细设计	① 控制流程评审 ② 通信协议评审 ③ 驱动控制评审 ④ 应用接口评审	① 产品经理 ② 项目经理 ③ 硬件开发人员 ④ 软件开发人员
原理图	① 原理图 checklist 自查 ② 新模块电路评审：新引入电路是否进行验证与测试 ③ 电路降额设计评审 ④ 接口保护电路评审 ⑤ 滤波电路评审：滤波电路是否同时考虑了信号完整性和电磁兼容性	① 产品经理 ② 项目经理 ③ 硬件开发人员 ④ 软件开发人员 ⑤ 结构设计人员 ⑥ 工艺工程师
PCB 图	① PCB 图 checklist 自查 ② 结构禁布区与限位评审 ③ PCB 器件布局评审：器件布局是否按电路功能进行布局 ④ 板层数与层叠结构评审：板层数是否兼顾了成本与电气性能 ⑤ 关键走线评审：关键走线是否考虑了回流路径、阻抗控制等方面	① 产品经理 ② 项目经理 ③ 硬件开发人员 ④ 软件开发人员 ⑤ 结构设计人员 ⑥ 工艺工程师

（3）验证阶段。验证阶段涉及产品可靠性的主要输出物有硬件板级测试报告、硬件系统测试报告、产品可靠性测试报告等。评审方式和评审内容如表 5.4 所示。

表 5.4　验证阶段产品可靠性评审

评审部件	评审重点	评审人员
硬件板级测试报告	① 信号质量测试评审：板级信号质量测试是否涵盖了所有控制信号的测试 ② 信号时序测试评审：新引入电路的信号时序测试是否包括该电路所有控制过程的时序测试 ③ 电源模块测试评审	① 产品经理 ② 项目经理 ③ 硬件开发人员 ④ 软件开发人员 ⑤ 测试人员

续表

评审部件	评审重点	评审人员
硬件系统测试报告	① 硬件功能测试评审 ② 硬件性能测试评审：关键模块的性能测试案例是否考虑了产品使用场景和异常操作情况 ③ 整机模拟交易模式测试评审：模拟交易模式的测试数据是否足够等方面	① 产品经理 ② 项目经理 ③ 硬件开发人员 ④ 软件开发人员 ⑤ 测试人员
产品可靠性测试报告	① 单模式环境可靠性测试案例评审 ② 组合模式环境可靠性测试案例评审 ③ 机械可靠性测试评审 ④ 关键器件随整机寿命测试评审,关键器件是否满足整机的使用寿命	① 产品经理 ② 项目经理 ③ 硬件开发人员 ④ 软件开发人员 ⑤ 测试人员

（4）发布阶段。发布阶段涉及产品可靠性的主要输出物有小批量试产报告、产品制造工艺指导书等。评审方式和评审内容如表 5.5 所示。

表 5.5　发布阶段产品可靠性评审

评审部件	评审重点	评审人员
小批量试产报告	① 产品生产直通率评审 ② 生产过程检测方法、测试工具评审 ③ 老化测试过程评审 ④ 装配作业指导书评审	① 产品经理 ② 工艺工程师 ③ 硬件开发人员 ④ 软件开发人员
产品制造工艺指导书	① PCBA 贴片工艺评审 ② 产品组装工艺、产品可制造性评审 ③ 特殊工艺评审 ④ 工艺流程图评审	① 产品经理 ② 工艺工程师 ③ 硬件开发人员 ④ 软件开发人员

第6章

一款智能手持终端产品设计(具体案例)

6.1 产品需求

设计一款手持带打印功能的智能终端。具体需求：Android 系统,应用程序支持二次开发,须灵活实现客户所需要的功能,支持 4G、WiFi、蓝牙等多种通信方式,产品外观符合移动户外操作特性,产品主要应用在快递配送、物流速递、移动零售等行业。

在确定产品规格书前,要进行产品需求信息收集,产品需求信息收集由产品经理主导。产品需求信息收集最重要的一点是做行业分析。在资讯充分曝光的当今,要想创造一款市面没有的产品已经非常难,即使有这样的创新能力,产品上市后能够被市场认可也需要一个较长的过程。行业分析首先是收集同行产品有多少竞争对手,以及各竞争对手在市场上的占有率、规模、价格和盈利水平,分析出谁是行业领导者、挑战者和后起者。其次是分析行业的产品,在充分了解行业情况后,根据产品的定位,确定分析哪些厂家的产品,从纵向分析和横向分析两方面来进行。纵向分析又包括产品市场层面分析和产品技术方案分析,产品市场层面分析是产品定位、价格体系、客户群体等方面的分析;产品技术方案分析是产品架构、核心功能、硬件平台等方面的分析。横向分析是不同公司同类产品的对比分析,从产品外观设计、产品形态等方面进行分析。最后是行业产品销售成本和盈利模式分析,分析同行产品靠什么盈利,以及分析同行产品的运营方式、营销策略、获客渠道等。

6.1.1 产品规格书

收集完产品需求信息后,输出产品规格书,如表 6.1 所示。

表 6.1 产品规格书

功　能	描　述	备　注
外观结构特征		
产品类型	行业手持终端,带打印功能	
面壳/底壳	素材晒纹	
打印机盖/电池盖	素材晒纹	
防撞保护套	硅胶保护套	选配项
整体尺寸	整体尺寸约为 190mm×80mm×45mm(长×宽×高)	
整机重量	符合手持设备的要求,400g 以内	
侧按键	开关机按键	
基本特性		
硬件平台	四核 A53 内核,主频为 1.5GHz 或以上	
GPU	支持 720P 屏幕,以及 800 万像素＋200 万像素摄像头	
存储器	1GB＋8GB	
存储器扩展功能	支持 TF 卡	
操作系统	Android 7.1 或以上	
通信制式和频段	GSM/GPRS	850/900/1800/1900
	3G WCDMA	B1/B2/B5/B8
	FDDLTE	B1/B3/B7/B8/B20/B5/B28
SIM 卡	Nano 卡	在电池下方
多媒体功能		
显示屏	5.5in IPS 显示屏	
显示屏分辨率	720×1280px	
触摸屏	电容屏,5 点触摸屏,G＋G 工艺	
摄像头	后置摄像头,500 万像素,可选配 800 万像素	
闪光灯	支持	
喇叭	8Ω/1.5W	
听筒/麦克风	支持	
电源管理		
电池容量	可充电锂电池,电池电压 3.7V,电容容量 4400mAh	
时钟备用电池	3.0V/300mAh,扣式锂锰电池	
待机时间	充满电待机时间 300h 以上	
交易笔数	400 笔以上	
充电接口	USB Type-C	
行业特有功能		
热敏打印机	打印纸宽 58mm,打印速度 70mm/s	纸卷尺寸直径 40mm

续表

功　　能	描　　述	备　　注
非接触卡	ISO 14443 标准	选配功能
PSAM 卡	一个 PSAM 卡,使用 MICRO 卡座	选配功能
其他功能		
振动电机	支持	
定位功能	北斗/GPS	
蓝牙	BT5.0	
Wi-Fi	802.11a/b/g/n.ac	
传感器	光感应器 Light-Sensor	模组自带
	陀螺仪传感器 Gyro-sensor	模组自带
	重力感应器 Acceleration-sensor	模组自带
	磁场传感器	模组自带
适配器	5V/2A	
防护性		
防水防尘	适当防水防尘	
抗跌落	1.2m 抗跌落	
产品环境		
工作温度	$-10\sim50℃$	
储藏温度	$-40\sim70℃$	
相对湿度	10%～90%RH(无凝结)	

6.1.2　外观需求

产品外观需求须包括产品使用场景描述、产品风格要求等方面,如表 6.2 所示。

表 6.2　产品外观需求

产　品　名　称	打印智能终端
产品介绍	一款带打印功能的手持智能终端,5.5 in 显示屏,可设置超高亮度,室外强光下仍清晰可见。高灵敏度触摸屏,支持多点触控。4400mAh 大容量可拆卸电池,超长续航能力
产品使用场景描述	① 移动支付场景,付款后打印小票 ② 外卖接单,打印接单信息 ③ 商品管理,打印销售报表 ④ 小商店进销存管理,打印商品明细 ⑤ 排队叫号,打印排队叫号单 ⑥ 移动点餐,打印点餐信息
竞争对手产品	省略

续表

产 品 名 称	打印智能终端
塑胶件及模具成本控制	模具成本控制在 20 万元以内,单套结构注塑件成本控制在 25 元以内
行业设计要求	① 符合手持产品的设计要求 ② 满足 1.2m 的裸机跌落要求 ③ 适当防尘和防水 ④ 打印机开盖方式采用卡扣式开盖方式 ⑤ 符合支付产品设计潮流
外观设计风格要求	① 整体尺寸控制在 190mm×80mm×45mm(长×宽×高)以内 ② 简约美观、轻薄设计、机身紧凑 ③ 手持造型、握感良好、防滑手脱落设计 ④ 整体线条硬朗,既有工业设备的厚重感,也有手持设备的时尚感 ⑤ 产品表面做工不能太光滑,平滑中带有粗糙颗粒感,充分体现产品的质感 ⑥ 外观指示性设计:除产品的自身功能与特性,产品外观具有较好的指示性,产品按键、接口位置等符合人体工程学元素 ⑦ 外观舒适性设计:考虑手持产品在使用过程中的舒适性,以便用户在使用和操作产品时始终都能保持舒适状态 ⑧ 外观安全性设计:打印机纸仓和电池盖的设计考虑外观的安全性,保证在更换打印纸和电池时不会碰到尖锐的棱角
外壳材质及工艺要求	外壳材料 ABS+PC,采用注塑工艺
结构设计要求	① 开关机按键和 TF 卡位于机器的左侧面,USB Type-C 接口位于机器的右侧面 ② 锂电池可拆卸,PSAM 卡和 SIM 卡位于电池仓内
参考机型图片	省略
设计周期	① 设计周期为一个半月,包括中间的评审和修改,中途进行两轮的修改和评审,每次评审和修改的时间控制在一周内 ② 收到外观需求后两周内出第一轮外观效果图

6.2 产品研发过程管理

为了保证产品研发的顺利进行,需要对研发过程进行科学管理,制定相应的研发流程和项目管理制度。流程是为了达成特定目标而进行的一系列活动,结构化的产品研发流程不仅能识别出完成产品研发工作需要进行的活动,而且对这些活动进行了结构化的梳理与整合。结构化的研发流程将整个研发过程划分为几个大的阶段,规定了研发过程的起点与终点,识别出每个阶段必须进行的关键活动和相应的风险,以及明确研发过程的里程碑事件,定义业务决策评审点。

项目管理是在研发过程中应用监控、沟通等管理手段或工具对项目的相关人员及其执行的活动进行管理以达成研发目标。项目管理最重要的工作之一是制订详细的项目计划,项目计划涉及项目干系人管理、工作活动内容、沟通与协调机制、关键里程碑监控等。

研发流程与项目管理之间是相辅相成的,为了保证研发流程有效执行,需要用项目管理制度进行管理。如果没有规范的研发流程,项目管理就失去了管理的基础,高效的项目管理制度能保证研发流程井然有序地进行。

6.2.1　产品开发流程

流程永远是为提高效率服务的,建立适合自身的流程非常重要。不同公司有不同的组织架构和企业文化,不能用一套标准的产品开发流程来统一部署,但也不能没有流程。产品开发流程的目的是规范产品开发过程,促进新产品高质量、快速地上市,产品开发流程可根据项目复杂程度和参与人员的多少进行裁减和增加。

产品从无到有,从一个雏形想法到产品上市,要经历较为复杂的研发过程。不同的研发人员承担不同的工作内容,有序按既定的流程完成各自的工作内容,从而完成产品的设计。可以将产品开发过程分为 5 个阶段,分别是立项阶段、设计阶段、验证阶段、产品交付、产品生命周期管理,如图 6.1 所示。

图 6.1　产品开发过程阶段划分

1. 立项阶段

立项阶段即项目启动阶段,具体的工作内容包括发起项目、命名项目,以及确定产品的功能需求、确定产品的规格书,同时根据项目范围、投入成本来确定项目目标和制订详细的项目计划。在制订项目计划的过程中将任务分解为易于管理的活动,进行质量、进度、成本的精细化管理。质量是项目成功的基础和根本,质量管理包括制订质量计划表、加强过程评审等内容。进度管理是保证项目能够按期完成,项目进行过程中严格按项目计划实施各项研发任务,并确保有效执行,不能因为某个节点出现问题而影响整体进度。成本管理是保证项目在批准的预算范围内达成项目目标,制订资源分配计划、成本估算、确定项目预算以及成本控制。

（1）主要参与人员与职责。

① 产品经理。产品经理是本阶段的主要负责人,汇总市场信息后确定产品需求,编写产品规格书。同时与研发人员进行技术可行性分析,并协助项目经理制订项目计划等。

② 项目经理。确定项目成员,制订详细的项目计划,分解项目成员的具体工作任务等。

③ 产品研发。确定产品技术实现方案和进行关键器件选型,根据项目范围提出项目质量目标和产品可靠性指标。

（2）输入与输出。

① 输入《项目任务书》。

② 输出《产品规格书》《可行性技术分析报告》《ID 需求》《项目计划》《关键器件清单》。

2. 设计阶段

设计阶段工作内容繁重,各项设计工作全面展开,参与人员和输出物如下。

（1）主要参与人员与职责。

① 项目经理。管理和推动项目,组织各种评审会议,识别碰到的项目风险,并与项目成员讨论后给出风险解决措施。

② 结构开发人员。进行结构的详细设计,全面考虑产品的结构可靠性设计。

③ 硬件开发人员。编写硬件详细设计,以及绘制原理图和进行 PCB Layout,全面考虑硬件电路的可靠性设计。

④ 软件开发人员。编写软件详细设计,编制嵌入式程序流程图,开发底层驱动程序和编写系统代码等。

⑤ 测试人员。制定测试案例,编写测试方案。

（2）输入与输出。

① 输入《产品规格书》《可行性技术分析报告》《外观需求》《项目计划》《关键器件清单》。

② 输出《硬件详细设计》《软件详细设计》《结构 3D 图纸》《原理图》《PCB 图》《BOM》等。

3. 验证阶段

验证阶段主要的工作是产品的测试工作和进行试产验证,主要参与人员与输出物如下。

（1）主要参与人员与职责。

① 项目经理。安排样机试制和小批量试制,以及组织项目成员开展产品的全面测试和验证工作。

② 结构开发人员。解决测试过程中的结构设计问题。

③ 硬件开发人员。参与具体的硬件测试工作,分析和解决测试过程中的硬件问题。

④ 软件开发人员。解决软件测试过程中的问题。

⑤ 测试人员。按测试方案进行产品全方位的测试,整理测试报告。

（2）输入与输出。

① 输入《硬件详细设计》《软件详细设计》《结构 3D 图纸》《原理图》《PCB 图》《BOM》。

② 输出《硬件板级测试报告》《硬件系统测试报告》《软件系统测试报告》《产品可靠性测试报告》《产品说明书》《小批量试生产报告》。

4.产品交付

召开产品交付决策评审会,发布产品交付通告。同时对测试遗留问题进行风险评估,一个产品不可能完美,对测试过程中不能解决的问题要做充分评估,不能遗留测试过程中的致命问题,对遗留问题还需要进行持续分析与解决。

项目总结主要是产品设计经验总结、能力提升总结和项目管理经验总结。产品设计经验总结分领域进行总结,提炼产品设计的公共知识点,把类似的设计经验复用到其他产品上。能力提升总结,总结项目中新技术、新器件、新电路、新工艺的使用情况和使用效果,在总结和锻炼中提升自身能力。项目管理经验总结,总结项目中为了加快项目进度、提升产品质量、降低产品成本采取的措施和管理方法。

5.产品生命周期管理

产品生命周期是指产品从正式进入市场开始,到最终退出市场环节为止所经历的整个存在于市场流通中的过程,产品生命周期管理主要是产品质量的管理。

6.2.2　项目计划表

按产品开发流程来制订项目计划,整个项目周期为 7 个月左右,不包含产品的生命周期管理和产品的认证周期,项目计划表如表 6.3 所示。

表 6.3　项目计划表

序号	任务名称	工期	前置任务	备注
立 项 阶 段			
1	产品需求整理	5 个工作日		
2	输出产品规格书	2 个工作日	1	
3	产品可行性技术分析	5 个工作日	2	
4	关键器件选型	5 个工作日	3	
5	产品外观需求整理	2 个工作日	4	
外观与结构设计			
6	结构内部堆叠设计	5 个工作日	5	
7	第一轮外观效果图	5 个工作日	6	
8	外观效果图评审与修改	10 个工作日	7	
9	确定外观效果图	2 个工作日	8	
10	外观手板制作	5 个工作日	9	
11	确定产品外观	4 个工作日	10	
12	产品内部结构设计	10 个工作日	11	
13	结构设计评审与修改	5 个工作日	12	
14	结构手板制作	5 个工作日	13	
15	结构手板评审与结构设计修改	5 个工作日	14	
16	模具报价	5 个工作日	15	
17	模具工艺分析	5 个工作日	16	
18	开模	25 个工作日	17	

序号	任 务 名 称	工期	前置任务	备 注
19	第一次试模	2 个工作日	18	
20	模具修改与试模	10 个工作日	19	
21	模具确定	5 个工作日	20	
22	结构件签样与承认	5 个工作日	21	
	硬 件 设 计			
23	器件选型	5 个工作日	3	
24	硬件详细设计	5 个工作日	23	
25	原理图设计	10 个工作日	24	
26	PCB Layout	15 个工作日	25	
27	PCB 制板	5 个工作日	26	
28	BOM 整理	2 个工作日	27	
29	PCBA 样品制作	5 个工作日	28	
30	软硬件调试	15 个工作日	29	
31	测试样机装配	5 个工作日	30	
32	硬件板级测试	10 个工作日	31	
33	硬件系统测试	10 个工作日	31	
34	测试总结	5 个工作日	33	
35	第二轮原理图和 PCB 修改	5 个工作日	34	
36	PCB 制板	5 个工作日	35	
37	小批量试产	10 个工作日	36	
38	硬件回归测试	5 个工作日	37	
39	整机可靠性测试	10 个工作日	37	
40	小批量试产总结	2 个工作日	39	
41	第三轮原理图和 PCB 优化	3 个工作日	40	
42	产品转量产	5 个工作日	41	
	软 件 设 计			
43	软件总体设计	10 个工作日	3	
44	驱动层代码编写	20 个工作日	43	
45	系统层代码编写	20 个工作日	44	
46	软硬件调试	15 个工作日	45	
47	软件第一轮测试	10 个工作日	46	
48	第一轮测试问题修改	5 个工作日	47	
49	软件第二轮测试	10 个工作日	48	
50	第二轮测试问题修改	5 个工作日	49	
51	软件第三轮测试	10 个工作日	50	
52	量产软件发布	5 个工作日	51	
	产 品 交 付			
53	资料归档	5 个工作日	22,42,52	
54	产品发布	2 个工作日	53	
55	项目总结	2 个工作日	54	

6.3 外观与结构设计

产品外观设计与产品结构设计紧密相连,在进行外观设计之前先进行产品内部结构堆叠设计,否则外观设计完成后由于内部结构的限制,实现不了外观曲面要求,导致外观设计要进行重大的调整。产品外观设计是产品形状、产品色彩及其结合体的整体效果设计。产品形状是指产品的三维造型,是产品外形轮廓。产品色彩是指产品的配色,配色与三维造型结合在一起为产品带来一定的美感。产品结构设计是产品内部结构和机械部分的设计。一款外观和结构设计优秀的产品,不仅可以实现产品差异化,从视觉上吸引购买者的注意,还可以提高产品的附加值。

6.3.1 产品内部排布设计

产品内部排布设计原则是优先考虑硬件 PCB 布局,其次是装配工艺。PCB 布局方面,该产品采用 5.5 英寸显示屏,内部的水平空间较大,硬件上采用一块 PCB 设计方案,前面章节已经提到过,采用一块 PCB,整机产品在静电、电磁兼容性方面有很大的优势。装配工艺方面,应注意如下几点。

(1) 主板 PCB 固定在前壳上,用四个螺钉固定主板,接口位于主板的边缘。

(2) 打印机芯用卡扣的方式安装,减少内部的安装螺钉。

(3) 非接触卡的天线位于打印机盖上,用 FPC 软板绕制。

(4) 内部放置一个塑胶支架,喇叭、打印机芯、后置摄像头和天线固定在支架上,然后再把支架固定在前壳上。这样设计装配工艺简单,后壳与主板、前壳没有电气连接。

(5) 电池座放置在主板上,使用可拆卸的锂电池。

(6) 显示屏和触摸屏来料是一个整体,采用全贴合方式,装配的时候从外面贴在面壳上。

内部堆叠示意图如图 6.2 所示。

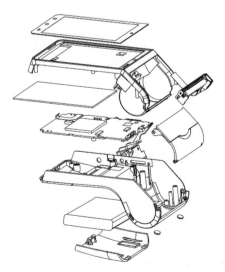

图 6.2 内部结构排布图

6.3.2　外观设计

在进行外观设计之前,建议要做竞品的外观分析,并形成竞品外观分析报告。竞品分析可以分为直接竞品分析、潜在竞品分析、转移性竞品分析。直接竞品是最好理解、最常分析的竞品,是与产品目标用户相同、产品功能也相同的同类产品,这类产品的外观分析可以直接进行产品尺寸、外观曲线、产品重量等方面的对比,得出经验值,找到借鉴参考价值。潜在竞品是类似目标用户和类似产品形态的产品,这类产品的外观分析重点是判断产品外观未来的发展趋势。转移性竞品指的是在特定的使用环境和场景下形成竞争的产品,这类产品的外观分析重点是判断产品生命周期,接下来产品的形态是否会发生颠覆性的变化。

竞品分析的最大好处是了解对手产品的同时,也可以间接了解使用该产品的用户,帮助产品实现市场定位。更深一层意义,随时了解竞争对手的产品形态的发展状况,然后对产品系列化进行战略调整,挖掘细分市场用户群体和空缺市场,调整产品运营策略。

针对具体产品的外观设计,应注意如下几方面,从手持产品发展趋势、人体工学设计、色彩表达等方面来挖掘外观设计亮点。

(1) 手持产品外观设计趋势是轻薄便携、时尚潮流,因此在进行产品外观设计和内部堆叠设计时要想尽各种办法把产品往轻薄方向设计。PCB 上的器件高度和电池的厚度是影响产品厚度最关键的因素,PCB 采用 1.2mm 厚度的材质,禁止使用器件高度超过 3mm 的器件。电池厚度控制在 7mm 以内,紧贴 PCB 放置。

(2) 外观人体工学设计。手持产品的定义是移动产品和口袋产品。移动产品的意义是方便携带和单手可操作,口袋产品的意义是一种口袋大小的设备。因此产品的重量和体积要控制在一定范围内,做到握感好、操作便捷等。

(3) 外观的工业感设计。行业类产品往往比消费类产品的生命周期长,因此在做行业类产品的外观设计时,既要注重产品造型的美观性,也要注重产品造型的工业感设计,做到美感和功能的协调统一。

(4) 重视色彩的表达。产品的外观色彩能引起审美愉悦感,色彩要与整体造型进行搭配,运用好色彩搭配,会给产品外观设计带来无限的可能。

(5) 外观表面处理工艺和结构成型工艺。表面处理在考虑美观的同时,要适当满足行业产品的耐蚀性和耐磨性,结构成型工艺采用塑胶注塑工艺。

图 6.3　外观线条示意图

外观线条示意图如图 6.3 所示。

6.3.3　产品结构设计要点

确定了外观效果图后,开始产品的结构设计。产品结构设计是产品机械零部件的具体设计。结构设计的总体思路是整机装配简单、内部堆叠合理、零部件相互配合可靠,这三方面做好了,产品的结构可靠性就不会太差,后续碰到细小问题时通过模具的修改和调整注塑材料来解决,具体如下。

(1) 面壳设计。显示触摸模块用强力胶贴合在面壳上,面壳的强度要有一定的保证,否则在温度突变的环境下面壳变形将导致显示屏与面壳贴合不可靠。另外,为了避免机器跌落的时候直接碰到触摸屏玻璃,面壳的四周要高出 0.5mm。

(2) 打印机出纸口结构设计。出纸口间隙控制在 1.5~2.0mm,撕纸刀与打印机头之间的距离不大于 10mm,以避免打印时空余部分过多浪费纸张。

(3) 打印机盖结构设计。须保证打印机盖与机壳的间隙,使打印机滚轮在正常工状态时能处于活动位置,严格控制零件的误差。

(4) 主板装配方式。主板紧贴显示屏安装,显示屏的金属背板通过导电布与主板的 GND 连接,结构上预留一定空间位置。

(5) 静电爬电距离的考虑。PCB 板不能太靠近产品的边缘缝隙,至少保证 5mm 的距离,避免静电空气放电损坏到电路板。

(6) 后置摄像头装配方式。后置摄像头固定在支架上,摄像头的连接排线要尽可能短,与主板的连接采用按压式连接器,以方便装配。

(7) 喇叭采用自带腔体的喇叭。结构上已没有空间位置用作腔体,喇叭放置在内部支架上,以卡扣的方式安装,适当做防尘处理。

(8) 电池盖结构设计。电池盖易装易拆,电池盖与底壳配合良好,装上后不能有位移,电池盖的卡扣支持多次安装和拆卸。

(9) 关于底壳和面壳的材料。材料为 PC+ABS,底壳和面壳壁厚为 2.5mm,决定壁厚的主要因素是结构强度是否足够、是否能抵御脱模力、能否均匀分散注塑过程所受的冲击力。

(10) 整机装配螺钉种类和数量的控制。螺钉种类控制在 3 种以内,螺钉数量控制在 20 颗以内。

(11) 内部塑胶螺柱的设计原则。长度不超过本身直径的 4 倍,长度太长时会引起气孔、烧焦、充填不足等情况。同时要使用加强筋从侧面支撑,螺柱尽量不要单独使用,应连接至外壁或与加强筋一同使用。螺柱形状以圆形为主,其他形状注塑过程走胶的流动性不好,拔模角度外取 0.5°,内取 0.5°。

(12) 整机的装配工序。结构设计要充分考虑产品可装配性,从设计角度避免了复杂的装配工序。装配的原则是预处理工序先行和先进行基础零部件装配,以及集中安排使用相同工装的工序。整机装配流程如图 6.4 所示。

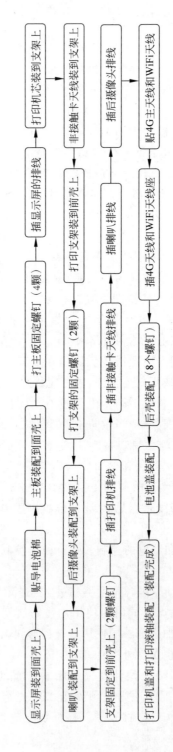

图 6.4　装配流程图

6.4　硬件设计

　　硬件设计的核心工作是元器件选型、原理图绘制和 PCB Layout 这三方面,其他文档类的工作,如硬件概要设计、硬件详细设计等都需要服务于三方面。本节结合具体产品,就元器件选型、原理图绘制和 PCB Layout 进行具体描述。

6.4.1　元器件选型

　　该产品是一款行业类手持产品,产品的生命周期至少为 3 年。因此元器件选型要从保证产品可靠性和较长产品生命周期来考虑,元器件厂家应选用中等规模或以上的厂家,同时要求具有一定知名度。器件购买渠道方面,直接从原厂购买或者从原厂正规的代理商处购买,避免采购到次品。关键元器件清单如下。

　　(1) 电阻类器件选型。全部选用贴片电阻,主流封装是 0402,精度为 1%(目前 1%精度的电阻与 5%精度的电阻价格相差已很小)。部分需要调试的电阻,如非接触卡天线电路的匹配电阻,选用 0603 封装。关于生产厂家的选择,选用国巨 Yageo 的电阻。国巨股份有限公司创立于 1977 年,是中国台湾第一大无源元件供货商,拥有全球产销网络,购买方便。

　　(2) 电容类器件选型。电容也全部选用贴片封装,以便于 PCBA 的生产。对电容值精度要求较高的电路选用 NPO 电容,NPO 贴片电容具有较好的温度特性,在 $-55\sim125$℃温度范围内,电容容量变化量为 $\pm30\times10^{-6}$/℃。大容量的滤波电容选用 X7R 电容,X7R 电容在 $0\sim70$℃温度范围内电容容量变化量为 ±15%。关于生产厂家的选择,选用风华高科的电容。广东风华高新科技股份有限公司成立于 1984 年,现已成为国内大型元器件生产厂家,具有完整与成熟的产品链。

　　(3) 电感类器件选型。电路中用到的电感是功率电感。功率电感选型主要从电感的感值、额定电流、测试频率等参数来选择合适的型号,同时电感的饱和电流 I_{sat}、直流电阻、温升电流 I_{rms} 也是电感的重要参数。关于生产厂家的选择,选用顺络电子的电感。深圳顺络电子股份有限公司成立于 2000 年,公司规模较大,有全系列的电感产品。

　　(4) 磁珠类器件选型。磁珠是一种抗干扰元件,可把交流信号转换为热能,其作用是消除存在于传输线的高频噪声。磁珠的主要参数是直流阻抗、交流阻抗和额定电流,根据这三个参数值来确定具体型号。关于生产厂家的选择,选用硕凯电子的磁珠。硕凯电子股份有限公司创立于 2004 年,在全国拥有多处生产基地,拥有设备先进的 EMC 实验室,主营产品包括全系列磁珠和静电保护器件等。

　　(5) 二极管选型。电路上用到的二极管种类不多,分别用到了发光二极管、肖特基二极管和瞬态抑制二极管。肖特基二极管和瞬态抑制二极管的选型注意事项在 1.6.3 节已经阐述了,这里主要阐述发光二极管的选型。发光二极管主要参数有正向电压 VF、正向电流 IF、反向电压 VR、最大功耗 PD、使用寿命等。正向电压是指发光二极管通过正向电流时正极和负极之间产生的电压降,用符号 VF 表示,常用的贴片发光二极管正向电压为 2.0~3.5V,当电压降超过了正常的正向电压,发光二极管可能会被击穿,但如果小于正向电压时发光二极管不发光。正向电流是指发光二极管在正常工作时的电流,普通发光二极管的工作电流为 2~20mA。反向电压是指发光二极管两端所允许加的最大反向电压,超过此值时,发光二极管可能被击穿损坏,常用的发光二极管最大反向电压为 5V。最大功耗是指允许加在发光二极管两端正向电压与流过它的电流之积的最大值,超过此值时发光二极管会损坏。发光二极管为固体冷光源,不存在灯丝发光易烧、热沉积、光衰等缺点,在恰当的电流和电压下,使用寿命可达 10 万小时。发光二极管、肖特基二极管选用风华高科的,瞬态抑制二极管选用硕凯电子的。

(6) 晶体三极管和 MOS 管的选型。晶体三极管选型在 1.6.5 节已经讲述了,这里主要讲述 MOS 管的选型。根据电路要求,先确定选用 N 沟道还是 P 沟道 MOS 管,低压侧开关选 NMOS,高压侧开关选 PMOS。然后再确定额定电流,额定电流是电路满负载情况下能够承受的最大电流,所选的 MOS 管要能承受该电流值。另外,MOS 管并不是理想的开关器件,存在导通电阻,要考虑导通压降对电路的影响。如果 MOS 管用在交流电路中,还需要考虑 MOS 管的开关性能,影响MOS 管开关性能的参数有很多,最主要的参数是栅极/漏极、栅极/源极和漏极/源极的间电容,这些间电容会产生开关损耗。关于生产厂家的选择,选用长晶科技的晶体三极管和 MOS 管。江苏长晶科技有限公司前身为江苏长电股份科技有限公司,江苏长电科技成立于 1972 年,总部在江苏南京,在深圳、上海、北京、中国香港等地设立子公司,有全系列的晶体三极管、MOS 管产品。

(7) 连接器选型。连接器的选型注意事项在 1.6.8 节已经做了介绍,这里不再重复介绍。关于生产厂家选择,天线座子选用立讯精密工业股份有限公司的。立讯精密工业股份有限公司成立于 2004 年 5 月 24 日,有通信级、企业级、汽车级规格的连接器,厂家规模较大。天线座子属于比较精密的连接器,须选用通信级别的连接器。FPC 连接器选用精实电子的连接器,精实电子在 FPC 连接器行业里属于中等规模的公司,但有价格优势。精实电子集团创建于 1986 年,专业生产 FPC、B to B、Wire to Board 等连接器,先后在浙江、深圳、苏州、安徽建立了生产制造基地,在中国香港、中国台湾、韩国建立了产品销售公司。

(8) 石英晶振选型。石英晶振的选型注意事项在 1.6.7 节已经做了详细说明,这里不再重复介绍。石英晶振在电路中属于较为关键的器件,使用的数量不会太多,品牌厂家和非品牌厂家价格相差不大。而且石英晶振电路一旦出现问题,分析起来比较困难,如石英晶振不起振,不起振跟石英晶振本身有关系,同时跟其主器件、PCB 走线、外围电容等都有关系,在这种情况下,首先要保证石英晶振本身的品质,才有利于分析故障的原因。因此石英晶振选型以质量优先来考虑,选用有一定知名度和规模较大厂家的石英晶振。关于生产厂家的选择,选用惠伦晶体科技的石英晶振。广东惠伦晶体科技股份有限公司成立于 2002 年,是一家专业研发、生产和销售晶体谐振器的高新技术企业。

(9) 电源类芯片选型。小功率的电源芯片选用圣邦微电子的芯片。圣邦微电子(北京)股份有限公司专注于高性能、高品质模拟集成电路的研发和销售,圣邦微的 LDO 和 DC/DC 转换芯片种类较为齐全。较大电流的电源芯片选用 MPS 的芯片,Monolithic Power Systems(MPS)是一家领先的国际半导体公司,在电源芯片领域市场占有率较高。具体型号是 MP3423,这是一款具有输入输出断连功能、内置同步整流的升压变换器,启动电压最低 1.9V,具有浪涌电流限制和输出短路保护功能。内部集成的 P 型 MOS 管,提高了芯片的效率,当芯片关断时,PMOS 会断开输入和输出的连接以减小静态电流。600kHz 开关频率允许其使用小型外部元件,内部补偿和软启动可最大限度地减少外部元器件的使用数量。

(10) 接口芯片的选型。热敏打印机电机驱动芯片选用德州仪器的 DRV8833,该芯片是比较老的型号,但使用非常普遍,品质稳定、价格合理,工作电压范围较宽(2.7~10.8V)。DRV8833 具有两个 H 桥驱动器,每个 H 桥的输出驱动器模块由 N 沟道功率 MOSFET 组成,用于驱动电机绕组。芯片内部集成过电流保护、短路保护、欠压锁定和过热保护功能,另外,还提供了一种低功耗休眠模式。

非接触卡芯片选用恩智浦半导体公司的 OM9663,该芯片支持卡片的类型比较多,可以满足不同客户需求,支持 ISO/IEC 14443-A、MIFARE、ISO/IEC 14443-B 和 FeliCa 卡片标准,符合 EMV 非接触式协议规范 V2.0.1 所要求的发射功率。OM9663 的通信接口支持 SPI、I^2C 和 RS-232 三种,可以选择任一种接口与主处理器通信,接口扩展性较好。芯片有断电模式、待机模式和低功耗卡片检测三种模式,其中,低功耗卡片检测模式是手持移动设备必须具有的功能,否则寻卡过程功耗很大。

(11) 4G 核心模块选型。在高通 MSM8909、联发科(MTK)MT6739、紫光展锐 SC9832E 之间选择,经过各方面的对比,选用 MTK 的 MT6739 平台,三个平台性能与参数对比如表 6.4 所示。MT6739 是针对中低端市场的硬件平台,性价比较高,CPU 主频为 1.5GHz/四核 A53,GPU 主频 570MHz/PowerVR GE8100,上行网络速度为 50Mb/s,下行网络速度为 150Mb/s,支持 LTE-FDD 和 TD-LTE 网络,支持 TAS 2.0 智能天线技术,支持北斗/GPS/GLONASS 定位系统。选用 MTK 平台最大的好处是 Android 系统已经做了很多优化,软件方面的工作量较少,可缩短软件研发周期。

表 6.4   MSM8909、MT6739、SC9832E 对比

平台	工艺	CPU 架构	主频	GPU	内存	网络	量产时间	软件开发难度	价格
高通 MSM8909	28nm	四核 A7	1.1GHz	Adreno304	LPDDR3	LTE Cat4	2014	较大	较高
联发科 MT6739	28nm	四核 A53	1.5GHz	PowerVR GE8100	LPDDR3	LTE Cat4	2018Q2	较大	一般
紫光展锐 SC9832E	28nm	四核 A53	1.4GHz	Mali T820 MP1	LPDDR3	LTE Cat4	2017Q4	较小	一般

(12) 其他类器件的选型,原则上都需要选择行业内中等或偏上规模的供应商,说明如下。

① 咪头选型。选用深圳市奥仕电子有限公司的动圈款式咪头。深圳市奥仕电子有限公司是一家专业做抗干扰消噪咪头的生产厂家。咪头有正负极性之分,一般来说,锡点独立的是正极,锡点连到了咪头外壳的是负极。咪头主要参数有指向性、信噪比、DB 值、频率响应等,咪头频率范围一般是 20Hz～20kHz。

② 喇叭选型。由于内部结构空间的限制,选用一款带腔体的喇叭(8Ω/1.5W)。生产厂家选择东莞市盛群电声科技有限公司。东莞市盛群电声科技有限公司拥有自动化生产线及设备,其产品应用于智慧家居、消防系统、网络摄像头、医疗设备、车载系统等方面。喇叭的主要参数有额定功率、最大功率、阻抗、谐振频率、输出音压、有效频宽,从这几个参数来选择具体的型号。

③ 纽扣电池选型。选用锂二氧化锰纽扣电池,标称电压 3.0V,容量 300mAh。锂锰电池采用化学性质非常稳定的二氧化锰作为正极材料和能量非常高的锂作为负极材料,具有储存寿命长、安全性高、不爆炸、不起火等特点。关于生产厂家的选择,选用深圳市力电电池有限公司的锂锰纽扣电池。深圳市力电电池有限公司专业从事纽扣电池的研发、生产和销售,有系列化的高容量 3.0V 锂二氧化锰纽扣电池。

④ 锂电池选型。选用东莞市钜大电子有限公司的聚合物锂电池。该厂家规模较大,有较强的定制设计能力,拥有安全实验室、环境实验室、环保实验室、电性能实验室,能够自主完成原/辅材料、零配件和电池模组的全项目测试。

⑤ 测试电源适配器选型。电源适配器规格是 5V/2A,是非常通用的适配器,选型相对容易,价格是主要考虑的因素,选择中等规模厂家即可。选用天宝电子(惠州)有限公司的电源适配器,天宝电子始创于 1979 年,专注电源技术研发 40 年。

⑥ 打印机芯的选型。选用厦门普瑞特科技有限公司的热敏打印机芯,具体型号是PT48D,该款热敏打印机芯体积较小,适合用在手持设备上,同行很多产品都用该款打印机。打印逻辑电压为 2.7～5.5V,加热电压为 4.2～10V,电源范围较宽,最高打印速度为100mm/s。

元器件选型清单如表 6.5 所示。

表 6.5　元器件选型清单

物料名称	物料描述	封装	品牌
电阻类器件			
电阻	贴片电阻,10kΩ±1%-0402-1/16W	0402	国巨
电阻	贴片电阻,0Ω±1%-0402-1/16W	0402	国巨
电阻	贴片电阻,100kΩ±1%-0402-1/16W	0402	国巨
电阻	贴片电阻,10MΩ±1%-0402-1/16W	0402	国巨
电阻	贴片电阻,15kΩ±1%-0402-1/16W	0402	国巨
电阻	贴片电阻,1kΩ±1%-0402-1/16W	0402	国巨
电容类器件			
电容	贴片瓷片电容,10pF±5%-0402-50V-NP0	0402	风华高科
电容	贴片瓷片电容,15pF±5%-0402-50V-NP0	0402	风华高科
电容	贴片瓷片电容,22pF±5%-0402-50V-NP0	0402	风华高科
电容	贴片瓷片电容,0.1μF±10%-0402-16V-X7R	0402	风华高科
电容	贴片瓷片电容,4.7μF±10%-0603-16V-X7R	0603	风华高科
电感、磁珠类器件			
功率电感	贴片电感,22μH±20%-3.0×3.0×1.5mm-520mA		丰晶
功率电感	$L=1.5\mu$H±20%,$I_{rms}=2.3$A,DCR$=113$mΩ		丰晶
功率电感	$L=2.2\mu$H±20%,$I_{rms}=6$A,$I_{sat}=9.4$A,DCR$=25$mΩ		丰晶
共模电感	共模电感,90Ω@100MHz-0805-400mA		丰晶
绕线电感	绕线电感,560nH±5%-400mA		丰晶
贴片磁珠	贴片磁珠,0603-3A	0603	硕凯
二　极　管			
二极管	整流二极管,300mA-SOD323-75V	SOD323	风华高科
二极管	肖特基二极管,200mA-SOT23-30V	SOT23	风华高科
瞬态抑制二极管	TVS 二极管,5V-0.3pF-15kV-0.1μA-SOD-882	SOD-882	硕凯
瞬态抑制二极管	TVS 二极管,5V-10pF-15kV-SOD-882	SOD-882	硕凯
晶体三极管			
三极管	贴片硅 PNP 三极管,1.5A-SOT23	SOT23	长晶科技
三极管	贴片硅 NPN 三极管,0.5A-SOT23	SOT23	长晶科技
MOS 管	PMOS,2.8A-SOT-23	SOT-23	长晶科技

物料名称	物 料 描 述	封装	品牌
连 接 器			
天线座子	天线连接扣端子,H1.25mm		立讯精密
电缆插座	WAFER座,5PIN-2.0mm间距-立式-SMT		精实
电缆插座	WAFER座,2PIN-1.25mm间距-立式-SMT	,	精实
FPC插座	FPC座,6PIN-0.5mm-高度 H=2.0mm-下接-掀盖式		精实
FPC插座	FPC座,24PIN-0.5mm-高度 H=4.4mm-立式		精实
石 英 晶 振			
贴片晶振	27.12MHz-±20PPM-12pF-3225 贴片封装	SMD3225	惠伦晶体
电 源 芯 片			
LDO	最大输入电压 10V,精度 3.3V±2%,250mA 输出	SOT23	圣邦微电子
DC-DC芯片	MPS MP2155 Single Inductor Buck-Boost Converter	QFN10	MPS
DC-DC芯片	MPS MP3423 Step-Up converter	QFN14	MPS
接 口 芯 片			
马达驱动芯片	DRV8833-接口芯片,步进电机驱动芯片-QFN16	QFN16	TI
非接触卡芯片	非接触卡接口芯片,HVQFN32-OM9663	HVQFN32	NXP
核 心 模 块			
Android 模块	ARM CORTEX-A53 MT6739 平台		MTK
其 他 类 器 件			
咪头	Φ4.0mm-厚 1.3mm-2.2kΩ		奥仕电子
喇叭	喇叭,8.0Ω-1.5W-87dB		盛群
摄像头	摄像头,500 万像素-ZC-JS5648AF-01-自动变焦		三赢兴
纽扣电池	锂锰电池,3.0V,容量 300mAh		力电
锂电池	3.7V/4400mAh		钜大
电源适配器	输入 100~240V-50/60Hz,输出 5V/2A		天宝
打印机芯	热敏打印机 PT48D-58mm 纸张宽度-384 点/行		普瑞特

6.4.2　原理图绘制

原理图采用分页式的绘制方法,一共 10 页,如图 6.5～图 6.14 所示。图 6.5 是第 1 页(MT6739 的电路);图 6.6 是第 2 页(天线电路);图 6.7 是第 3 页(非接触卡电路);图 6.8 是第 4 页(显示屏电路);图 6.9 是第 5 页(打印控制电路);图 6.10 是第 6 页(SIM 卡和 SAM 卡电路);图 6.11 是第 7 页(摄像头电路);图 6.12 是第 8 页(USB 接口电路);图 6.13 是第 9 页(电源电路);图 6.14 是第 10 页(喇叭和咪头电路)。

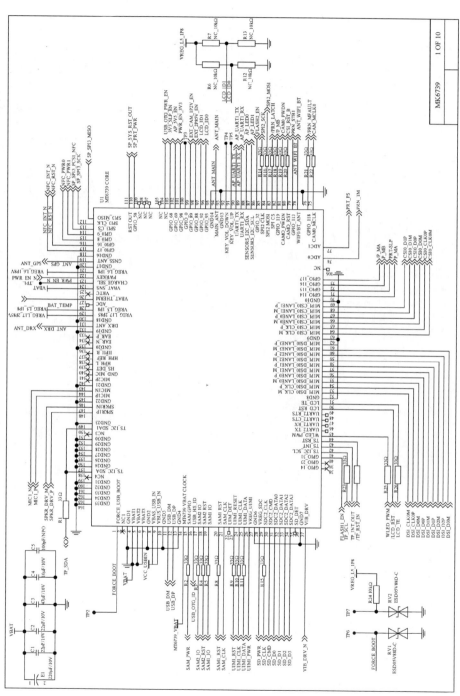

图 6.5 MT6739 的电路

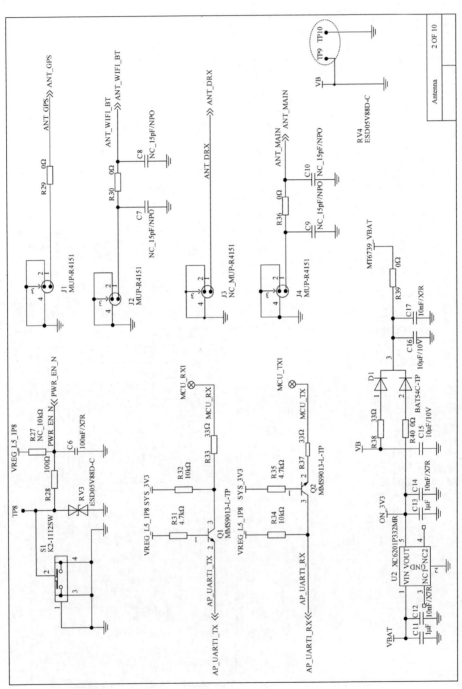

图 6. 6　天线电路

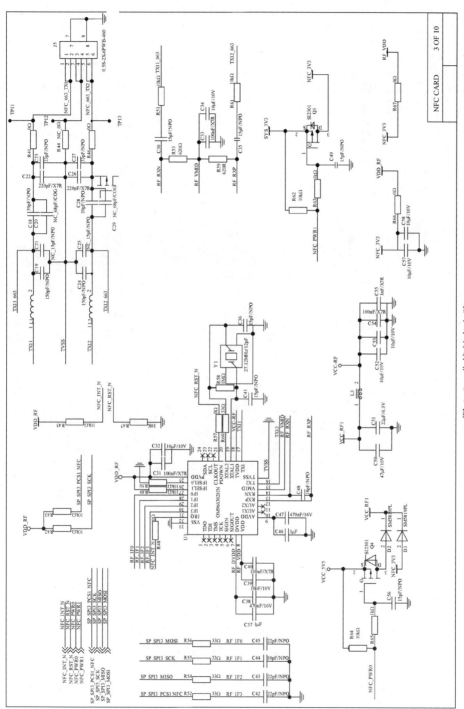

图 6.7 非接触卡电路

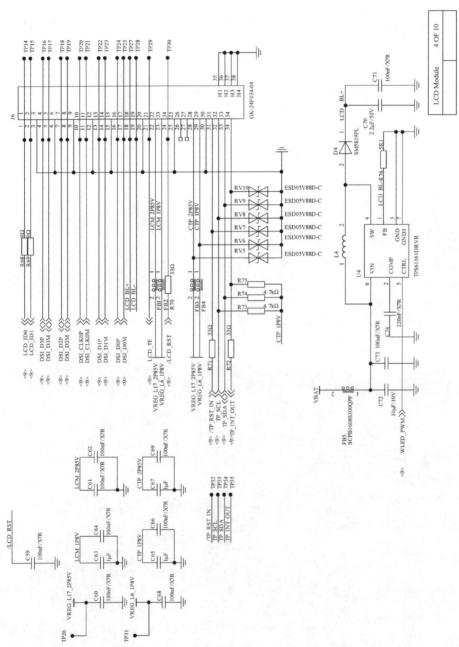

图 6.8 显示屏电路

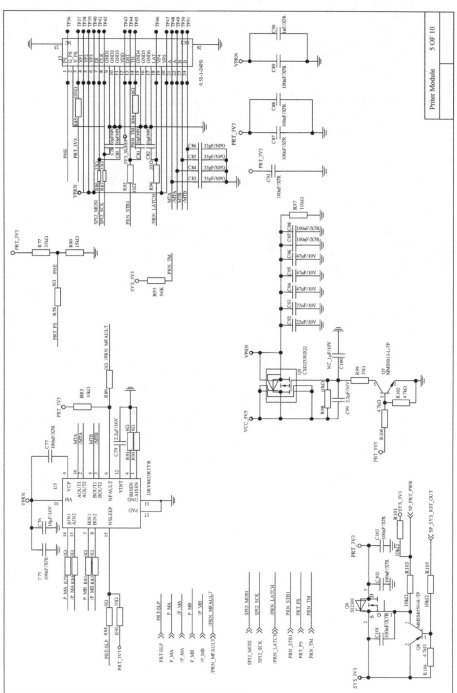

图 6.9 打印控制电路

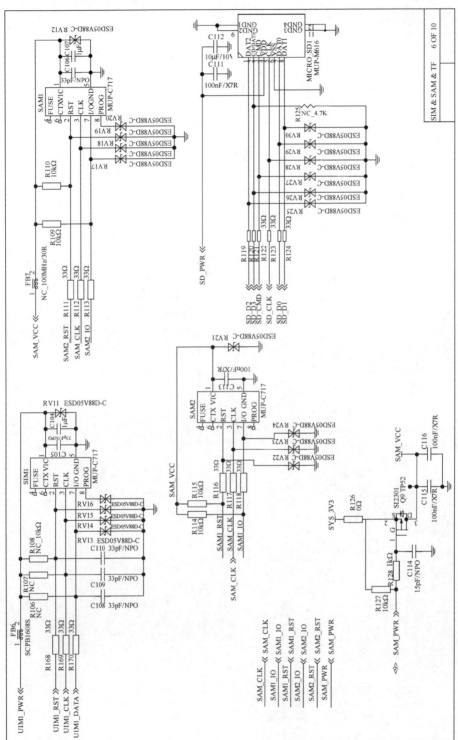

图 6.10 SIM 卡和 SAM 卡电路

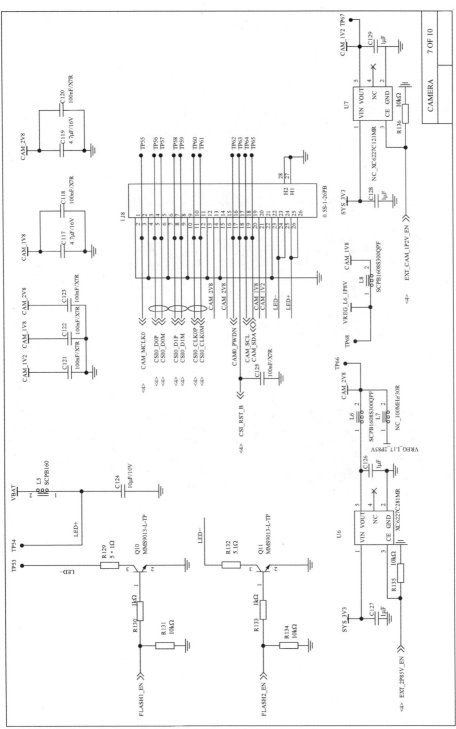

图 6.11　摄像头电路

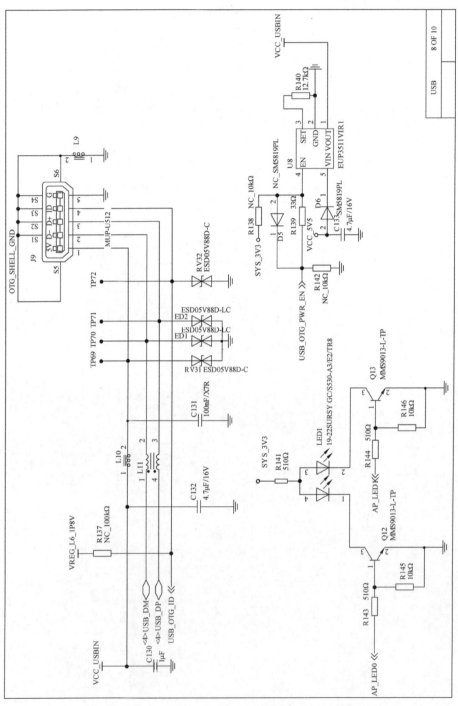

图 6.12 USB 接口电路

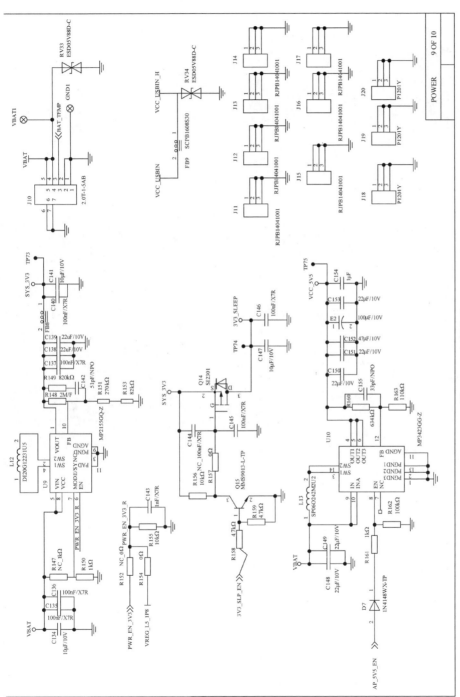

图 6.13　电源电路

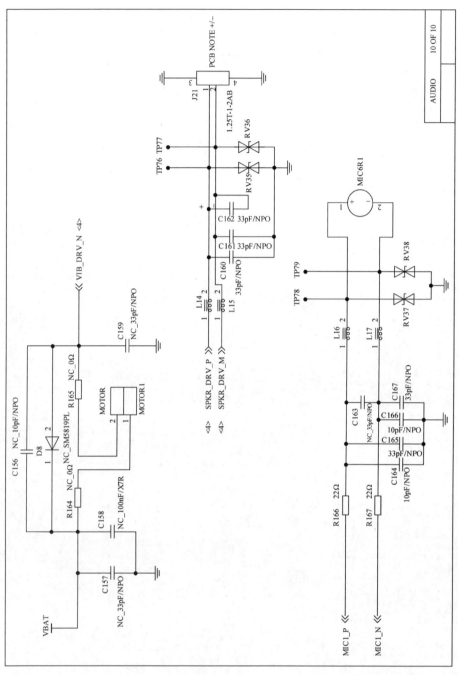

图 6.14　喇叭和咪头电路

6.4.3　原理图分析

该产品是一款手持行业类产品,除了考虑通用的电路设计要求外,还需要考虑手持产品的特性,例如需要具有优秀的无线通信性能和高效的电源管理电路等方面。原理图的设计要点分析如下。

(1) 4G 模块的电源供电电路。4G 模块 MT6739 电源输入范围为 $3.4\sim 4.2V$,在通信的情况下,模块的持续工作电流非常大,可达 3A 左右。若供电能力不足会有电压跌落,当电压跌落到 3.1V 以下,将造成模块自动关闭等异常情况,因此锂电池要有足够大放电电流,同时电路上要增加滤波电容。电路上在靠近模块的电源引脚位置放置一颗 $220\mu F$ 的电解电容和多颗 $10\mu F$ 陶瓷电容,另外,为了抑制电源波动冲击,确保电源的稳定,在电源前端加一颗额定功率在 0.5W 以上的齐纳二极管,并靠近模块的电源引脚摆放,起到稳压作用。

(2) 开关机电路。上电后,拉低模块的开关机引脚时间超过 1.6s 后开机,引脚内部有上拉,其高电平电压典型值为 1.8V。在开关机按键附近放置一颗 ESD 器件用于静电保护,并增加滤波电路防止按键信号抖动,如图 6.15 所示。

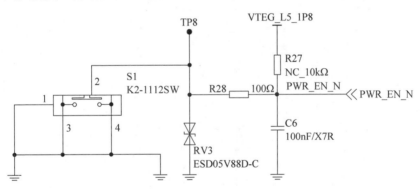

图 6.15　纽扣电池供电电路

(3) 充电和电池管理电路。MT6739 模块集成了锂电池充电管理功能,外部不需要设计充电电路,模块可以对锂电池进行充电管理。充电过程分为涓流充电、恒流充电、恒压充电,为了延长电池的寿命,涓流充电又分为两部分,分别是涓流 A 曲线充电和涓流 B 曲线充电。电池电压低于 2.8V 时使用涓流 A 曲线进行充电,电池电压在 $2.8\sim 3.2V$ 时使用涓流 B 曲线进行充电。当电池电压在 $3.2\sim 4.2V$ 时进行恒流充电,恒流充电最大电流是 1.7A。当电池电压达到 4.2V 时进行恒压充电,此时充电电流逐渐下降,充电电流降低到 100mA 左右,截止充电。

(4) 纽扣电池供电电路。为了延长纽扣的使用寿命,纽扣电池供电电路采用双电源供电模式。在开机或者是有外电的情况下由锂电池供电,BAT54 双二极管起隔离和切换作用,该电路要考虑二极管的正向压降和反向漏电流对电路的影响,电路图如图 6.16 所示。

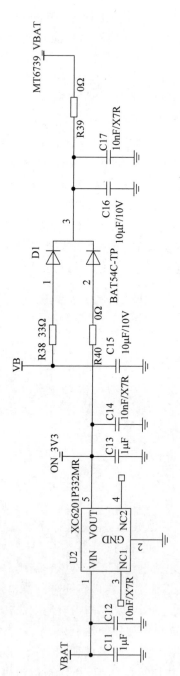

图 6.16 纽扣电池供电电路

(5) USB 接口电路。USB 接口支持高速(480Mb/s)和全速(12Mb/s)模式,信号上增加低容值的 ESD 二极管,电源线上增加 TVS 管,对 USB 接口进行保护。同时,数据线上串联共模电感,防止外部电磁干扰,如图 6.17 所示。

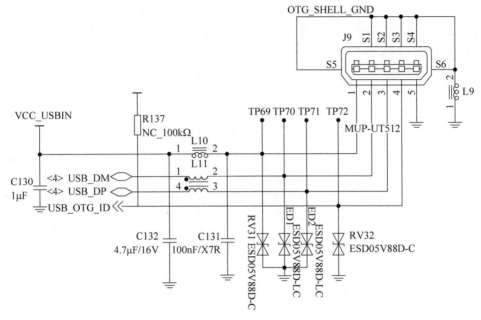

图 6.17　USB 接口电路

(6) I^2C 接口电路。触摸屏与模块之间的通信接口是 I^2C 接口,I^2C 接口是开漏输出,外部须加上拉电阻,通信速率支持 3.4Mb/s,接口电平 1.8V,触摸屏属于外部输入接口,增加静电防护电路。

(7) TF 卡电路。4 位数据宽度,电路上串联 33Ω 的匹配电阻,减缓信号上产生的过充。另外,读写 TF 卡时电流较大,为保证电压稳定,在 TF 卡座电源引脚上增加滤波电路并联 10μF 和 100nF 电容。

(8) SIM 卡电路。为了确保 SIM 卡的性能,SIM 卡座靠近模块摆放。关于电路设计注意事项,电源引脚旁路电容不超过 1μF,并且靠近卡座放置;信号引脚增加 TVS 管,选用 TVS 管寄生电容不大于 20pF;信号线须串联 33Ω 的电阻用于抑制杂散 EMI,同时并联 33pF 电容用于滤除射频干扰。原理图如图 6.18 所示。

(9) 天线接口电路。预留 π 型匹配电路,电路如图 6.19 所示,其中电容默认不焊接,电阻贴 0Ω,走线特性阻抗 50Ω。

(10) 音频接口电路。喇叭电路,模块内置了 D 类功放,外围使用低通滤波电路将数字功放 PWM 波形还原出来。咪头电路,选用内置射频滤波的驻极体麦克风,从干扰源头减弱射频干扰,33pF 电容用于滤除模块工作在 900MHz 频率时的

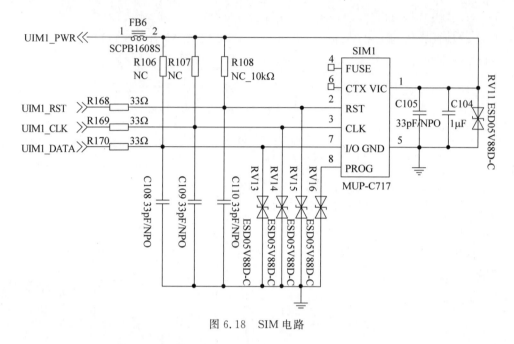

图 6.18　SIM 电路

图 6.19　天线接口电路

高频干扰,如果不加该电容,在通话时有可能会听到射频噪声,10pF 的电容是用来滤除模块工作在 1800MHz 频率时的高频干扰。

(11) 摄像头接口电路。摄像头使用两组 MIPI 差分数据线接口,摄像头模组 1.8V 的电压由模块提供,2.8V 电压由外部 LDO 提供。

(12) 电源电路。VBAT 转 3.3V 是整个系统的电源;VBAT 转 5.5V 是供给打印机驱动的电源。VBAT 转 3.3V 电路,使用 MPS 的 DC-DC 芯片 MP2155,MP2155 驱动电流 2.2A,单电感升压/降压变换器。最明显的好处是,输入电压可以在输出电压之上、等于输出电压或低于输出电压,这样就算锂电池电压低于 3.3V,输出电压仍然可以稳定在 3.3V。芯片采用电流模式和固定频率的 PWM 控制,具有较好的动态响应,内部集成了低内阻 P 通道 MOSFET,外部不需要增加续流二极管。VBAT 转 5.5V 电路,使用 MPS 的 MP3423,MP3423 在输入电压较低的情况下仍然能输出 5V/3A 功率,以满足打印时的电流要求。

（13）PSAM 卡电路。模块输出已经是 ISO 7816 标准协议的接口，直接连接 PSAM 卡座即可，支持两个 PSAM 卡，信号线 RST、CLK 和 I/O 线上串联 33Ω 电阻，同时增加 ESD 静电防护器件。

（14）非接触卡电路。非接触卡控制芯片是 NXP 的 OM9663，芯片的 TVDD（PIN 脚 18）在读卡的时候电流较大，峰值电流可达 500mA，在靠近芯片的该引脚处增加滤波储能电路。

（15）打印控制电路。打印机芯是普瑞特的 PT48D，电路上要有过热保护和缺纸检测功能。关于打印电源电路的设计，须特别注意 MOS 管 Q5 的通流能力，通流能力要大于打印机时的最大电流，打印时最大电流可达 3A。关于马达驱动电路的设计，马达驱动芯片是 DRV8833，DRV8833 有两组输入和两组输出，AIN1 和 AIN2 为一组输入，AOUT1 和 AOUT2 是与其对应的输出；BIN1 和 BIN2 为另一组输入，BOUT1 和 BOUT2 是与其对应的输出。NSLEEP 是芯片低功耗控制信号，当 NSLEEP 为低时，芯片将进入低功耗模式，内部的 H 桥不工作，电荷泵也停止工作，不打印时把该引脚拉低。

（16）晶振电路。每一种晶振都有各自的特性，按晶振生产厂商所提供的参数来匹配其外部电路，晶振的关键指标有等效电阻、负载电容、频率偏差等。在实际的晶振电路设计中，可以通过示波器观察晶振的振荡波形来判断晶振是否工作在最佳状态。测量晶振的输出脚，工作良好的晶振，其波形应该是一个漂亮的正弦波，如果峰值偏小可适当减小外接负载电容，反之如果峰值偏大可适当增加外接负载电容。并联在晶振输入端和输出端的电阻常用来防止晶振被过分驱动，用示波器测量，如果检测到非常清晰的正弦波则晶振未被过分驱动，如果正弦波形的波峰和波谷两端被削平则晶振被过分驱动，这时需要调整该电阻的阻值直到正弦波不再被削平为止。

6.4.4　PCB 布线设计

产品内部只有一块 PCB，即主 PCB，采用 4 层板来设计，Top 和 Bottom 都可以放元器件，层叠结构如表 6.6 所示。由于篇幅的原因，具体的 PCB 元器件布局图和 PCB 布线(Layout)在此不提供图片，PCB 布线注意事项说明如下。

表 6.6　主板 PCB 层叠结构

层　数	描　述	备　注
L1(Top)	走线层和器件层	4G 核心模块和不能二次过炉的器件放在该层
L2	GND	
L3	走线	电源采用局部铺铜方式
L4(Bottom)	走线层和器件层	

（1）USB 接口是高速信号，为了确保 USB 通信性能，其信号走线周围需要包

地处理,走线阻抗 90Ω,按差分信号的等长、等距要求来走线,另外,USB 接口的 ESD 器件尽量靠近 USB 插座放置。

(2) SIM 卡电路 PCB 布线。SIM 卡信号线布线长度不能超过 200mm,布线远离射频信号。为了防止其时钟信号和数据信号相互串扰,两者布线不能太靠近,最好在两条走线之间增加一条地线。

(3) TF 卡电路走线要求。TF_CLK、TF_DATA0、TF_DATA1、TF_DATA2、TF_DATA3 均为高速信号线,走线特性阻抗为 50Ω,尽量在内层走线,走线适当做等长处理。

(4) 显示屏和摄像头的 MIPI 信号走线。MIPI 信号为高速差分信号线,传输速率高。走线须满足 100Ω 差分阻抗,阻抗误差±10%。不能和其他信号线交叉走线,同一组 MIPI 走线做等长控制,不同组 MIPI 信号线之间保持 1.5 倍线宽间距,防止串扰。为保证阻抗的一致性,走线不要跨接不同的 GND 平面。MIPI 走线总长度不超过 300mm,同组差分线长度误差控制在 3.5mm 以内,不同组差分线长度误差控制在 7mm 以内。

(5) 喇叭和麦克风电路的音频走线。音频走线遵循差分信号的走线要求,走线远离射频信号和高速的时钟信号。

(6) 4G、Wi-Fi、蓝牙的天线走线。走线远离干扰源,走线特性阻抗为 50Ω,且走线不能太长。

(7) 打印机电路的走线要求。在打印的过程中电流非常大,MOS 管 Q5 的电源输出走线做局部铺铜处理,储能电容 C92、C93、C94、C95、C96 靠近打印机插座放置。打印机的缺纸检测信号和过温检测信号是模拟信号,走线要做包地处理,适当远离高频数字信号。

(8) SPI 信号走线要求。相邻信号走线间距遵循 3W 原则,SPI_MISO、SPI_MOSI 以 SPI_CLK 的线长为基准,误差控制在 20mm 以内。

(9) DC-DC 电源电路 PCB 设计要求。DC-DC 电路容易产生 EMI,原因是开关管在导通和断开两个状态时,电路的工作状态差别很大,中间存在高频变化的信号。PCB 的走线要尽量降低寄生电感,芯片输出端到电感的走线尽可能短。具体的电路中,如图 6.13 中的 U9(MP2155)的 SW1、SW2 到电感 L12 的走线应尽可能短,另外,输出反馈回路分压电阻 R148 和 R151 要适当远离电感 L12,同时走线要少打过孔,距离反馈端 FB 尽量短。关于地回路,MP2155 的 GND 与输出端滤波电容的 GND、反馈回路的 GND 要尽量短,减少地阻抗。

6.5　软件设计

产品采用 MT6739 平台,MT6739 是联发科 2018 年针对中低端手机产品推出的旗舰平台,经过几年的市场验证,软件系统已经很稳定。软件设计充分借鉴原厂的软件平台,Android 系统可直接参考原厂提供的系统,软件工作重点是应用接口封装和部分底层驱动。软件对外提供标准的 Android 接口,客户按接口进行应用程序的开发。

由于篇幅的原因,本书对软件设计不做详细的阐述,这里只做简单的介绍。整个软件架构分为 5 个层级,分别是硬件驱动层、Linux 内核层、系统运行库层、应用框架层、应用层。硬件驱动层有非接触卡的驱动、打印机的驱动、SAM 卡的驱动等。Android 系统服务依赖于 Linux 内核,如系统安全性、内存分配管理、各种进程管理、网络协议栈和驱动模型等。系统运行库层提供了 framework 层所需要的系统级实现。应用框架层是编写应用时所使用的 API 框架,使用这些框架可以简化应用程序的开发。应用层是系统对用户所提供的应用程序,是与用户进行直接交互的操作界面。

6.6 产品测试

项目进入验证阶段后,产品的测试工作全面展开。要充分认识到测试的重要性,把测试放在与研发同等重要的位置。本节针对具体的产品,主要讲述硬件板级测试、硬件系统测试、软件测试和产品可靠性测试。

6.6.1 硬件板级测试

硬件板级测试是对 PCBA 的测试,完整的板级测试需要对 PCBA 上每个电信号进行测试,涉及时序的信号,还需要进行信号时序测试。硬件板级测试对测试人员要求较高,首先要熟悉电路原理图,以及能够判断测量出来的信号是否符合电路设计的要求,其次要熟悉各种测试工具,如数字示波器、电子负载等设备。下面以非接触卡模块的硬件板级测试举例说明,希望读者在阅读之后,触类旁通,深知硬件板级测试的重要性并掌握其测试方法。

非接触卡模块的电路原理图如图 6.7 所示,硬件板级测试的内容是电源电路测试、晶振电路测试、SPI 信号质量测试和 SPI 信号时序测试。

1. 电源电路测试

(1)测试内容。

① 测试 OM9663 芯片 TVDD 电压精准值和纹波。

② 测试 OM9663 芯片 DVDD 电压精准值和纹波。

(2)测试要求。

① TVDD 电压精准值 $5V\pm3\%$,纹波范围 $5V\pm3\%$。

② DVDD 电压精准值 $3.3V\pm3\%$,纹波范围 $3.3V\pm3\%$。

(3)测试方法。在正常读卡的情况下,用数字示波器测试电压纹波,用数字万用表测电压精准值。

(4) 测试数据。用数字万用表测试 TVDD、DVDD 的电压值,电压值分别是 5.12V、3.34V,符合要求。

① TVDD 纹波电压 96mV,波形如图 6.20 所示;TVDD 电压精准值 5.12V (万用表测试),测试结果符合要求。

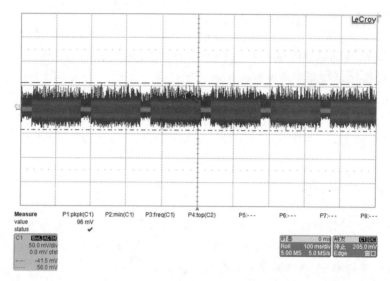

图 6.20　TVDD 纹波电压

② DVDD 纹波电压 34.4mV,波形如图 6.21 所示;DVDD 电压精准值 3.34V (万用表测试),测试结果符合要求。

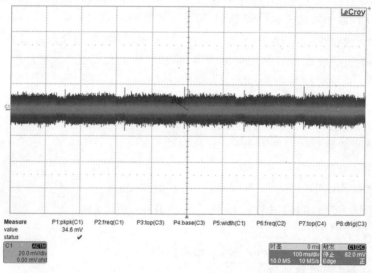

图 6.21　DVDD 纹波电压

2. 晶振电路测试

(1) 测试内容。

① 晶振时钟频率。

② 晶振起振时间。

③ 晶振的波形质量。

(2) 测试要求。

① 时钟频率。频率偏差 27.12MHz±30PPM。

② 起振时间。起振时间小于 100ms。

③ 波形质量。要求是标准的正弦波,晶振没有被过分驱动。

(3) 测试方法。用数字示波器测试晶振的输出引脚。

(4) 测试数据。

① 时钟频率的测试波形如图 6.22 所示,示波器测量频率偏差仅作为参考值。

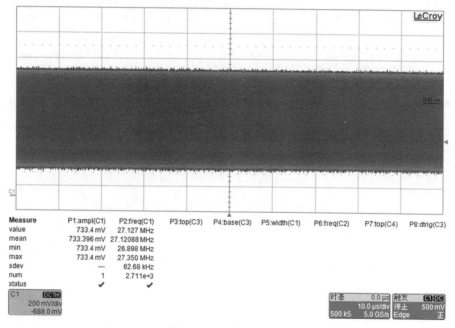

图 6.22 时钟频率测试

② 起振时间的测试波形如图 6.23 所示,起振时间 1.52ms,符合要求。

③ 波形质量如图 6.24 所示,标准的正弦波,符合要求。

3. SPI 信号测试

(1) 信号质量测试。

① 测试内容。测试 SPI 的信号质量。

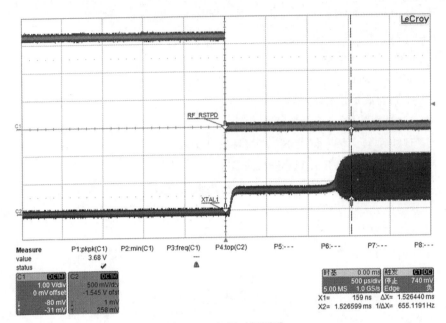

图 6.23　起振时间测试

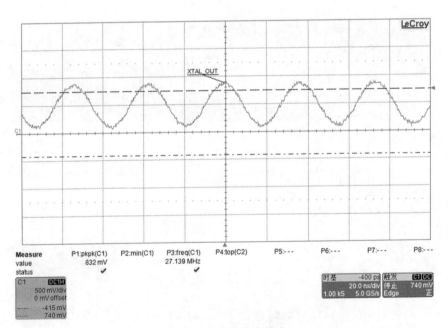

图 6.24　波形质量测试

② 测试标准。VL 满足−0.1~0.4V,VH 满足 3.0~3.6V,无明显过充。

③ 测试数据。RF_CLK 的信号质量波形如图 6.25 所示,VH=3.404V,VL=0.015V,无明显过充,符合要求。RF_nCS 的信号质量波形如图 6.26 所示,

VH＝3.289V,VL＝0.008V,无明显过充,符合要求。RF_MISO 的信号质量波形如图 6.27 所示,VH＝3.378V,VL＝0.029V,无明显过充,符合要求。RF_MOSI 的信号质量波形如图 6.28 所示,VH＝3.371V,VL＝0.018V,无明显过充,符合要求。

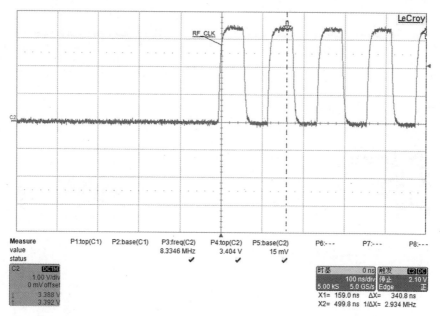

图 6.25　RF_CLK 信号质量波形

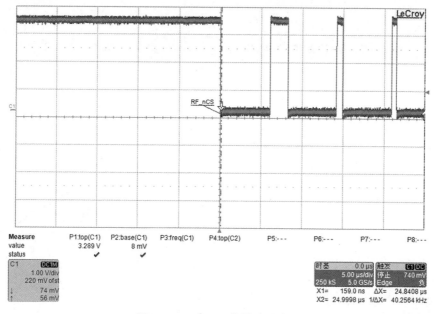

图 6.26　RF_nCS 信号质量波形

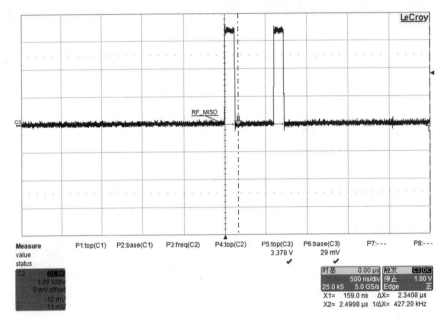

图 6.27 RF_MISO 信号质量波形

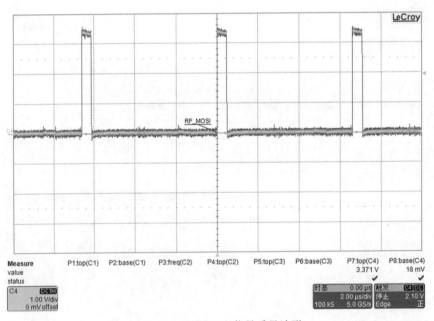

图 6.28 RF_MOSI 信号质量波形

（2）信号时序测试。

① 测试内容。测试 SPI 正常操作时的时序。

② 测试要求。时序图如图 6.29 所示,时序节点的时间要求如表 6.7 所示。

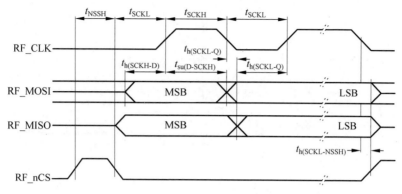

图 6.29　SPI 时序图

表 6.7　SPI 时序节点的时间要求

参　　　数	符合	最小值	最大值	单位
时钟低电平时间	t_{SCKL}	50		ns
时钟高电平时间	t_{SCKH}	50		ns
CLK 上升沿到数据输出保持时间	$t_{h(SCKH-D)}$	25		ns
MOSI 数据输出到 CLK 上升沿采样建立时间	$t_{su(D-SCKH)}$	25		ns
CLK 下降沿到 RF_nCS 上升沿的时间	$t_{(SCKL-NSSH)}$	0		ns
RF_nCS 高电平时间宽度	t_{NSSH}	50		ns

③ 测试数据，t_{SCKL} 时序如图 6.30 所示，$t_{SCKL}=59.4\text{ns}>50\text{ns}$，符合要求。$t_{SCKH}$ 时序如图 6.31 所示，$t_{SCKH}=59.8\text{ns}>50\text{ns}$，符合要求。$t_{h(SCKH-D)}$ 时序如图 6.32 所示，

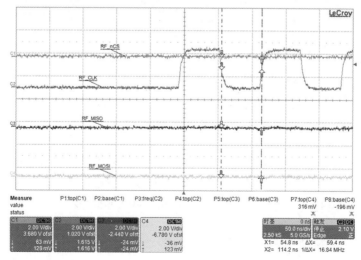

图 6.30　t_{SCKL} 时序

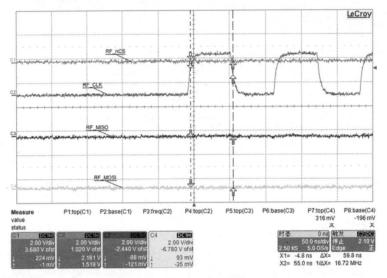

图 6.31 t_{SCKH} 时序

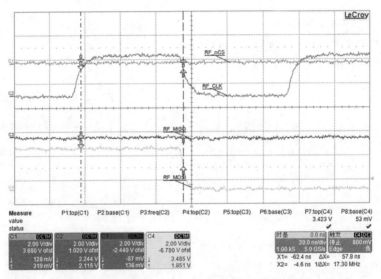

图 6.32 $t_{\text{h(SCKH-D)}}$ 时序

$t_{\text{h(SCKH-D)}}=57.8\text{ns}>25\text{ns}$，符合要求。$t_{\text{su(D-SCKH)}}$ 时序如图 6.33 所示，$t_{\text{su(D-SCKH)}}=61.8\text{ns}>$ 25ns，符合要求。$t_{\text{(SCKL-NSSH)}}$ 时序如图 6.34 所示，$t_{\text{(SCKL-NSSH)}}=1.32\mu\text{s}>0\text{ns}$，符合要求。$t_{\text{NSSH}}$ 时序如图 6.35 所示，$t_{\text{NSSH}}=616.2\text{ns}>50\text{ns}$，符合要求。

6.6.2 硬件系统测试

硬件系统测试属于黑盒测试，黑盒测试不关注内部硬件逻辑，只关注测试项是否满足要求，硬件系统测试分为硬件功能测试、硬件性能测试和电气指标测

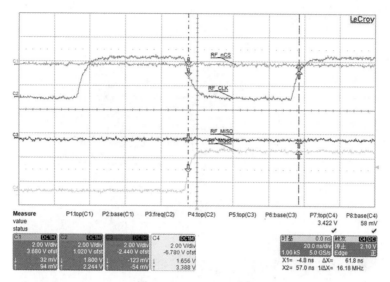

图 6.33　$t_{su(D\text{-}SCKH)}$ 时序

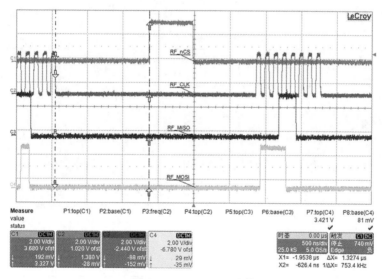

图 6.34　$t_{(SCKL\text{-}NSSH)}$ 时序

试。电气指标测试是指产品要符合的电气安全要求,如产品电气安全须满足 GB 4943.1—2011《信息技术设备安全第 1 部分》,产品电磁辐射须满足 GB 9254—1998《信息技术设备的无线电骚扰限值和测量方法》。硬件功能测试和硬件性能测试在前面的章节已经阐述了,这里不再重复讲解。针对具体的产品,下面以非接触卡功能模块的性能测试为例具体说明,希望能起到较好的指导作用。非接触卡功能模块的性能测试内容有最大读卡距离测试、读卡盲区测试、读卡成功率测试等。

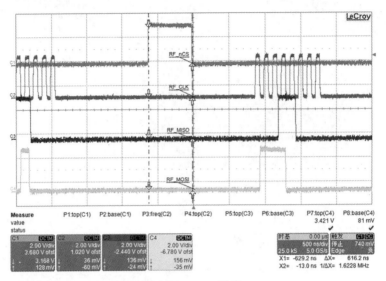

图 6.35 t_{NSSH} 时序

(1) 最大读卡距离测试。最大读卡距离性能测试内容如表 6.8 所示。

表 6.8 最大读卡距离性能测试

测试目的	检验读各种测试卡的最大读卡距离
测试工具	typeA 卡、typeB 卡、Mifare 卡、Felica 卡、双界面 A 卡、双界面 B 卡
测试方法	卡片位于天线位置的正上方,读取两次,记录最大读卡距离
通过标准	① typeA 卡最大读卡距离大于或等于 4cm ② 其他卡最大读卡距离大于或等于 3cm

(2) 读卡盲区测试。读卡盲区性能测试内容如表 6.9 所示。

表 6.9 读卡盲区性能测试

测试目的	验证在有效读卡范围内是否存在盲区
测试工具	非接触卡、自动寻卡程序
测试方法	进入读卡器自动寻卡程序,上下前后左右地移动卡片,记录不能寻卡的位置
通过标准	以读卡中心点为圆心 $\Phi=3cm$ 的范围内,0～3cm 读卡距离无盲区

(3) 读卡成功率测试。读卡成功率性能测试内容如表 6.10 所示。

表 6.10 读卡成功率性能测试

测试目的	验证读卡能力能否达到预期的读卡效果
测试工具	卡片和测试程序
测试方法	在 3cm 和 2cm 处,分别用 typeA、typeB、Mifare、Felica 卡测试 50 次,记录读卡结果
通过标准	读卡成功率大于 98%

（4）低温读卡测试。低温读卡性能测试内容如表 6.11 所示。

表 6.11　低温读卡性能测试

测试目的	检验在低温环境下的读卡性能
测试工具	测试程序、typeA 卡、typeB 卡、Mifare 卡和 Felica 卡
测试方法	将待测样机放置在温度－10℃环境下存放 1h,取出后上电测试,记录读卡效果
通过标准	读卡成功率大于 98％

（5）高温读卡测试。高温读卡性能测试内容如表 6.12 所示。

表 6.12　高温读卡性能测试

测试目的	测试在高温、高湿环境下的读卡性能
测试工具	测试程序、typeA 卡、typeB 卡、Mifare 卡和 Felica 卡
测试方法	将待测样机放置在温度 60℃、湿度 95％的环境下存放 1h,取出后上电测试,记录读卡效果
通过标准	不存在盲区,且满足最大读卡距离要求

（6）读卡倾角测试。读卡倾角性能测试内容如表 6.13 所示。

表 6.13　读卡倾角性能测试

测试目的	验证最大读卡倾角
测试工具	各类卡片、测试架、自动寻卡程序、量角器
测试方法	以读卡区域中心的 Y 轴和 X 轴为参考,测试 A 卡、B 卡、M1 卡在表面的最大读卡角度
通过标准	最大读卡角度大于 30°

（7）金属板、同频率设备抗干扰测试。金属板、同频率设备抗干扰性能测试内容如表 6.14 所示。

表 6.14　金属板、同频率设备抗干扰性能测试

测试目的	验证金属台面对读卡器性能的影响和多台同频率设备读卡时的相互影响
测试工具	非接触卡、自动寻卡程序
测试方法	① 模拟实际使用环境,将设备放置在金属台面上,分别用 A 卡、B 卡进行读卡操作,记录读卡成功率 ②测试两台设备读卡时的相互影响,将任意两台产品平行靠在一起,分别用 A 卡、B 卡读卡测试 200 次,记录读卡成功率
通过标准	① 金属台面读卡成功率 98％以上 ② 同频率设备读卡成功率 98％以上

6.6.3　软件测试

软件测试是对软件进行质量检验,力求发现软件设计的各种缺陷,并督促其修正缺陷,从而控制和保证软件的质量。由于需要修正缺陷和进行验证,软件测试是一系列过程活动,贯穿于软件设计的整个过程。软件测试与硬件测试有较大的区别,硬件测试的目的主要是保障电路的可靠性,以及与硬件相关联功能模组的可靠性,软件测试的目的主要是保证软件流程的正确性,以及正确的软件逻辑关系。测试的过程也不一样,硬件测试主要是针对硬件本体的测试,如信号测试、性能测试和电气指标测试等;软件测试主要是通过对软件的输入进行控制,从而得到不同的测试结果,通过输入输出的差异判断是否正确和准确。

(1) 软件测试要防止“过度设计”。过度设计是指为了测试一些功能需求,设计出非常臃肿的测试用例,导致测试时间长,软件修改难度大,从而忽视了软件测试工作的终极目标与核心价值。软件测试的首要目的是保障软件的可用性,而不是保障软件的零缺陷。测试工作须依赖完整和规范的需求文档,测试用例的目录结构要进行严格的分类。

(2) 关于软件缺陷。软件缺陷是软件中所存在的问题,最终表现为用户所需要的功能没有完全实现,不能满足或不能全部满足用户的需求。从内部软件逻辑来看,软件缺陷是软件代码所存在的错误;从外部看,软件缺陷是系统所需要实现的某种功能的失效。软件缺陷范围更广,涵盖了软件错误,还涵盖很多轻微性的、不一致性等问题。软件错误属于软件缺陷,是程序或系统的内部缺陷,往往是软件代码本身的问题,软件错误会导致系统的某项功能失效。在测试过程中要对软件缺陷进行有效的判断,对软件缺陷等级做出明确定义,逐步建立软件缺陷的分类,对于轻微级的缺陷,要大胆放行,对严重的缺陷要进行多次验证和回归测试。

(3) 设计好测试用例。作为软件测试人员,最基本的技能就是设计测试用例。测试需求和范围通过测试用例体现出来,测试用例是执行软件测试的基础,只有设计好测试用例才能保证测试的覆盖率。如何设计好测试用例? 可以按思维导图的形式来编写测试用例,按思维导图的形式,思路清晰、功能点一目了然。在编写之前,仔细阅读需求文档,整理出系统的功能点,最基本的是要保证软件功能点的测试,另外尽可能地把所有执行路径和逻辑关系都列出来,同时考虑边界值、异常情况、用户的操作习惯等。

(4) 软件黑盒测试和白盒测试。黑盒测试是把程序看作一个不能打开的黑盒子,在完全不考虑内部结构和内部特性的情况下来考察数据的输入、条件限制和数据输出,进而完成测试。黑盒测试是指根据用户的需求和已经定义好的产品规格,针对用户界面的测试,检验程序是否能正确接受输入数据而产生正确的输出信息,以保障软件功能的完整性。白盒测试是针对程序语句、路径、变量状态等方面的测试,例如,检验程序的各个分支是否得到满足,检验程序是否按照事先预定的路径进行执行。

黑盒测试的优点是比较简单,不需要了解程序内部的代码及实现,与软件的内部实现无关,从用户角度出发,能很容易地知道用户会用到哪些功能,会遇到哪些问题。白盒测试的优点是可以增大代码的覆盖率,提高代码的质量,发现代码中隐藏的问题。白盒测试的缺点是程序运行会有很多不同的路径,不可能测试所有的运行路径,另外,测试基于代码,只能测试开发人员做的对或不对,而不能知道设计的正确与否,可能会漏掉一些功能需求。在实际的软件测试中,白盒测试与黑盒测试结合进行,从软件逻辑和软件功能两方面来发现软件缺陷。

(5) 手工测试和自动化测试两者相互补充。手工测试发现缺陷效率高、容易实施,但覆盖率量化困难,重复测试效率低,依赖人力资源,难以在短时间内完成大量的测试用例。自动化测试效率高、高复用性、覆盖率容易度量,缺点是自动化测试前期投入比较大,测试工具本身的问题影响测试的质量。

以上只是提到了软件测试的一些方法和注意事项,针对具体的软件测试过程,因篇幅所限,此处不便进一步阐述。

6.6.4　可靠性测试

可靠性测试是指产品在预期的使用、运输、储存的所有环境下,保障产品可靠运行而进行的测试,是将产品暴露在自然的或人工的环境条件下经受其作用,以评价产品在实际使用、运输和储存的环境条件下的性能,并分析研究环境因素对其影响程度和作用机理。通过使用各种环境实验设备模拟气候环境中的高温、低温、高温高湿以及湿度骤变等情况,加速产品在使用环境中的状况,来验证产品是否达到预期的质量目标,以确定产品可靠性指标。

产品可靠性测试分为环境可靠性测试、机械可靠性测试、关键器件随机寿命测试。环境可靠性测试包括温度环境测试、湿度环境测试、气压环境测试、盐雾环境测试等。机械可靠性测试包括跌落测试、振动测试、防尘防水测试等。机械可靠性测试的目的是检验结构设计的合理性和机械材料的适应性。关键器件随机寿命测试是针对关键器件的寿命测试,以判断器件寿命是否符合产品可靠性要求。针对具体产品,环境可靠性测试、机械可靠性测试、关键器件随机寿命测试说明如下。

1. 环境可靠性测试

(1) 低温储存测试,测试内容如表 6.15 所示。

表 6.15　低温储存测试

测试目的	测试样品耐低温储存能力
测试方法	① 将无包装、不通电的样品放入温箱内,样机数量 5 台 ② 温度 −30℃,储存时间 24h
通过标准	① 实验前后外观无明显差别,符合外观检查标准,机械性能无异常 ② 常温下恢复 2h 开机,各项功能正常

（2）高温储存测试，测试内容如表 6.16 所示。

表 6.16　高温储存测试

测试目的	测试样品耐高温储存能力
测试方法	① 将无包装、不通电的样品放入温箱内，样机数量 5 台 ② 温度 70℃，储存时间 24h
通过标准	① 实验前后外观无明显差别，符合外观检查标准，机械性能无异常 ② 常温下恢复 2h 开机，各项功能正常

（3）低温工作测试，测试内容如表 6.17 所示。

表 6.17　低温工作测试

测试目的	测试样品在低温条件下能连续工作的能力
测试方法	① 将样品放入温箱内，样机数量 5 台，上电运行老化程序，各功能模块组合工作 ② 温度 −20℃，时间 2h
通过标准	测试过程中样机工作正常

（4）高温工作测试，测试内容如表 6.18 所示。

表 6.18　高温工作测试

测试目的	测试样品在高温条件下能连续工作的能力
测试方法	① 将样品放入温箱内，样机数量 5 台，上电运行老化程序，各功能模块组合工作 ② 温度 60℃，时间 2h
通过标准	测试过程中样机工作正常

（5）湿热储存测试，测试内容如表 6.19 所示。

表 6.19　湿热储存测试

测试目的	测试样品耐湿热储存能力
测试方法	① 将无包装、不通电的样品放入温箱内，样机数量 5 台 ② 温度 50℃，相对湿度 96%，储存时间 24h
通过标准	① 实验前后外观无明显差别，符合外观检查标准，机械性能无异常 ② 常温下恢复 2h 开机，各项功能正常

（6）湿热工作测试，测试内容如表 6.20 所示。

表 6.20　湿热工作测试

测试目的	测试样品在湿热条件下能连续工作的能力
测试方法	① 将样品放入温箱内，样机数量 5 台，上电运行老化程序，各功能模块组合工作 ② 温度 40℃，相对湿度 96%，持续工作 2h
通过标准	测试过程中样机工作正常

(7) 低温冷启动测试,测试内容如表 6.21 所示。

表 6.21　低温冷启动测试

测试目的	确定样品在低温环境下是否能够冷启动
测试方法	① 在 -25℃ 环境下储存 2h ② 给机器上电,进行冷开机 100 次,记录测试结果
通过标准	① 低温下开机成功率 100% ② 允许显示屏显示变慢,但不能不显示

(8) 高温冷启动测试,测试内容如表 6.22 所示。

表 6.22　高温冷启动测试

测试目的	确定样品在高温环境下是否能够冷启动
测试方法	① 在 65℃ 环境下储存 2h ② 给机器上电,进行冷开机 100 次,记录测试结果
通过标准	① 高温下开机成功率 100% ② 允许显示屏显示变慢,但不能不显示

(9) 常温工作温升测试,测试内容如表 6.23 所示。

表 6.23　常温工作温升测试

测试目的	检验产品在连续工作情况下的发热和散热性能
测试方法	① 将一支温度计探头固定在产品外壳处,另一支温度计探头放置在产品内部 PCB 板的表面 ② 记录温度计显示的温度值,作为温度的初始值 ③ 给产品上电并分别执行连续打印、4G 连续通信、非接触模块连续寻卡或读卡 ④ 连续工作 0.5h,每 10min 记录一次温度值
通过标准	温升值满足产品规格书要求,与相应的安全规范冲突时以安全规范为准

2. 机械可靠性测试

(1) 运输包装跌落测试,测试内容如表 6.24 所示。

表 6.24　运输包装跌落测试

测试目的	检验包装盒及整机的抗跌性
测试工具	跌落测试台、硬木板
测试方法	把带包装盒的机器,放在跌落实验机 1.2m 的高度位置,按 6 面 4 角做跌落实验
通过标准	① 6 面和 4 角无严重破损和变形 ② 拆开包装后机器无破损、无散落 ③ 上电开机测试,各项功能均正常

(2) 裸机带电工作跌落测试,测试内容如表 6.25 所示。

表 6.25　裸机带电工作跌落测试

测试目的	测试样机工作跌落的可靠性
测试工具	跌落测试台、硬木板
测试方法	① 裸机上电开机 ② 跌落高度为 1m，按 6 面 4 角做跌落实验
通过标准	① 跌落实验后，允许外观有轻微损伤，但不能有裂隙，不能影响使用 ② 允许电池盖、打印机盖散落，但不能损坏，重装后可正常使用 ③ 实验后样机各项功能正常

（3）运输包装振动测试，测试内容如表 6.26 所示。

表 6.26　运输包装振动测试

测试目的	检验整机包装的振动性能
测试工具	振动台
测试方法	① 把带包装盒的机器放入大包装箱内，将大包装箱固定在振动台上 ② 分别对三个互相垂直的轴线方向进行振动测试
通过标准	① 6 面和 4 角无破损、无变形，拆开包装后机器无破损 ② 实验后样机各项功能正常

（4）裸机带电工作振动测试，测试内容如表 6.27 所示。

表 6.27　裸机带电工作振动测试

测试目的	验证裸机带电工作时的抗震强度
测试工具	振动台
测试方法	① 将裸机开机放在自动振动平台上，运行老化程序，并固定好 ② 扫频实验，振幅 0.75mm，频率分别为 10Hz、60Hz、10Hz，循环 5 次 ③ 分别对三个互相垂直的轴线方向进行振动测试
通过标准	① 振动过程中无关机情况 ② 实验后样机各项功能正常

3. 关键器件随机寿命测试

（1）锅仔片按键寿命测试，测试内容如表 6.28 所示。

表 6.28　锅仔片按键寿命测试

测试目的	测试锅仔片按键使用寿命
测试工具	按键寿命测试仪、专用测试程序
测试方法	① 将 1 台测试样机固定在按键寿命测试仪上，在常温下测试，测试开关机按键，调整测试仪的速度，速度为 180 次/分钟，加重 400g，启动测试 ② 将 1 台测试样机固定在可移动按键寿命测试仪上，在 55℃的环境下，测试开关机按键，调整测试仪的速度，速度为 180 次/分钟，加重 400g，启动测试 ③ 将 1 台测试样机固定在可移动按键寿命测试仪上，在 0℃的环境下，测试开关机按键，调整测试仪的速度，速度为 180 次/分钟，加重 400g，启动测试 ④ 以上 3 个用例，每 10 万次检查一次按键功能是否正常
通过标准	按键寿命大于一百万次

（2）打印机芯寿命测试，测试内容如表 6.29 所示。

表 6.29 打印机芯寿命测试

测试目的	测试打印机芯的使用寿命是否符合要求
测试工具	打印机测试程序
测试方法	① 采用打印机测试程序的打印寿命项测试 ② 测试环境为常温 25℃ ③ 供电方式为适配器供电 ④ 打印内容为普通单据，打印灰度为默认值，打印时间间隔为 1s ⑤ 热敏打印纸采用标准纸卷，截取 30cm 左右长度头尾相接，不闭合打印机盖，连续打印 ⑥ 测试过程中，每连续打印 10 000m 检查打印效果 ⑦ 完成测试后，须检查打印机的打印效果，以及检查缺纸、过热检测功能是否正常
通过标准	热敏打印机寿命须满足 50 000m 的打样长度

6.7 产品量产与维护

产品发布后，进入量产阶段，第一批客户的产品使用情况跟踪非常重要。产品从概念设计到过程研发，再从过程研发到产品发布，各个阶段虽然都经过严格管控和可靠性设计评审，但仍然可能存在遗漏的地方，产品的可靠性需要经历市场的验证。按经验，前面 2000 台机器的故障率要特别关注，一旦出现故障，对故障进行快速定位，找到问题的根源和解决措施。对电路问题进行电路原理的修改，对器件问题重新进行器件选型，对软件问题进行 bug 修复，对制造工艺问题进行工艺的改进等。

从理论上讲，产品上市后遵守浴盆曲线的故障规律，如图 6.36 所示。产品的故障率分为三个阶段，分别为早期故障期、偶然故障期和损耗故障期。早期故障期和损耗故障期的产品故障率都较高。但是如果产品故障率的三段式浴盆曲线全部在客户使用过程中表现出来，客户肯定是不满意的，客户购买产品后就认为是合格的产品，同时这也是设计工程师所不愿看到的。产品可靠性设计就是为了改变这

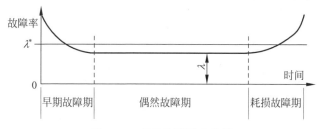

图 6.36 产品故障浴盆曲线

条浴盆曲线的趋势和故障发生的阶段,把浴盆曲线改造成一条近似直线形状且故障尽量低的理想曲线,几乎不存在早期故障期和耗损故障期,从产品上市到产品生命周期结束的时间内,产品故障率都在极低的范围内。

　　产品的早期故障率之所以较高,其原因主要还是设计与制造缺陷造成的,电路设计缺陷、器件选型不合理、材料缺陷、加工工艺等方面导致产品在投入使用后很短时间就出现故障。如果从元器件的选型开始,对导入的每个器件进行了全面评估,确保其性能参数符合设计要求,然后再严格按品质体系标准筛选出优质的元器件和供应商(第 1 章内容);电路设计上正确使用每个器件,借鉴成熟电路,对新引入的电路进行充分验证(第 2 章内容);产品测试方面,全面进行产品功能测试、产品性能测试和产品可靠性测试,设计出最合理的测试案例(第 3 章内容);PCB 设计方面,进行器件的合理布局和走线,同时器件布局和走线充分考虑了信号完整性和电磁兼容性(第 4 章内容);研发过程可靠性评审方面,对研发过程的关键输出物组织可靠性评审,及时发现设计缺陷并采取有效措施(第 6 章内容);真正做到各个研发环节、测试环节和评审环节有问题闭环解决,把问题消灭在研发阶段,产品早期返修率就会很低。